液化天然气接收站运行技术手册

中石油江苏液化天然气有限公司◎编著

中国石化出版社

图书在版编目(CIP)数据

液化天然气接收站运行技术手册／中石油江苏液化天然气有限公司编著．—北京：中国石化出版社，2019.12
ISBN 978-7-5114-5631-1

Ⅰ.①液… Ⅱ.①中… Ⅲ.①液化天然气储存-运行-技术手册 Ⅳ.①TE82-62

中国版本图书馆 CIP 数据核字（2019）第 287495 号

中国石化出版社出版发行
地址:北京市东城区安定门外大街 58 号
邮编:100011 电话:(010)57512446
发行部电话:(010)57512575
http://www.sinopec-press.com
E-mail:press@sinopec.com
北京柏力行彩印有限公司印刷
全国各地新华书店经销
*
787×1092 毫米 16 开本 12.75 印张 309 千字
2020 年 1 月第 1 版　2020 年 1 月第 1 次印刷
定价:88.00 元

编 委 会

前　言

天然气作为一种清洁能源，是传统能源的有效替代，在能源、交通和环境保护等领域越来越受到青睐。2000~2017年，国内天然气需求实现了惊人的十倍增长。由于液化天然气更加易于运输和储存，因此近些年国内液化天然气接收站的建设和投运日益增多，通过外购液化天然气并加工气化供给用户，极大缓和了国内天然气供给紧张的态势。

随着国家天然气需求量的猛增以及国家政策的支持，国内有关大型国有企业以及民营企业纷纷加快液化天然气接收站建设的进度，但相比世界其他国家，国内液化天然气接收站建设运行起步较晚，运行技术仍处于初级阶段，继续加快大型液化天然气接收项目建设，强化设备自主研发能力，不断培育行业人才将是我国液化天然气产业技术发展的重要支撑。本书是在调研国内已运行接收站的基础上，结合参编人员近十年的现场运行管理经验，撰写而成的国内第一本液化天然气接收站运行技术手册，突出了理论和实践相结合的特点。本书从接收站技术管理以及生产运行角度出发，详细阐述了液化天然气接收站工艺流程、工艺设备、控制系统、计量系统、安全消防系统、辅助设施和运行操作等方面的内容，可供能源领域，尤其是液化天然气专业的工程技术人员、操作人员阅读使用。

本书在以贺永利为主任的编委会统一指导下撰写完成，缪晓晨任主编，王立国、庄芳、朱斌斌、胡本源为副主编。参编人员有：陈伟、李志龙、翟广琳和王雪颖撰写了第二章第四节、第五节和第四章；胡小波和朱斌斌撰写了第一章和第八章第四~七节、第九节；陈雄、刘萍、孙继伟和巩志超撰写了第二章第一~三节、第六~八节；罗涛、张水红和李福聪撰写了第三章；王伟、王顺学、田青燕和曹中撰写了第五章；吴小飞、汪世涛和刘涛撰写了第六章；李云龙、巩志超和田小富撰写了第七章；刘召和孙继伟撰写了第八章第一～三节、第八节。

在本书的编写过程中，得到了国内液化天然气接收站诸多运行技术人员的关心和支持，并向其参考和借鉴了液化天然气接收站的相关运行技术，在此表示衷心感谢。同时，向本书所参考引用的文献和资料的原作者表示由衷的感谢！

由于国内液化天然气接收站设计、施工和运行特点各不相同，并随着液化天然气行业的发展，工艺与工程技术不断飞速发展和进步，相信今后会有更多的新内容丰富本书。限于笔者水平，书中不当之处在所难免，敬请各位读者指正。

编著者

目　　录

第一章　概　述

第一节　LNG 特性

一、LNG 组成

LNG(Liquefied Natural Gas)是液化天然气的英文简称，是一种在液态状况下的无色流体，主要由甲烷组成，组分中可能含有少量乙烷、丙烷、氮或通常存在于天然气中的其他组分(表 1-1)。

表 1-1　LNG 常压泡点下的性质

摩尔分数/%	组成 1	组成 2
N_2	0.1	0.36
CH_4	99.87	87.2
C_2H_6	0.03	8.61
C_3H_8	0.20	2.74
$I-C_4H_{10}$	0.00	0.42
$N-C_4H_{10}$	0.00	0.65
C_5H_{12}	0.00	0.02
摩尔质量/(kg/mol)	16.21	18.52
泡点温度/℃	-162.6	-161.3
密度/(kg/m^3)	421.0	468.7

二、LNG 物理特性

LNG 是天然气在经过净化及超低温状态下(1atm、-162℃)冷却液化的产物。液化成 LNG 后天然气体积大大减小，在 0℃、1atm 时约为天然气体积的 1/625，也就是说相同状态下，$1m^3$LNG 气化后可得 $625m^3$ 天然气。

液化天然气无色无味，主要成分是甲烷，很少有其他杂质，是一种非常清洁的能源。LNG 的密度和沸点取决于其组分，密度通常在 420~470kg/m^3，而沸点在 1atm 下通常在 -166~-157℃。当 LNG 转变为气体时，其密度为 1.5kg/m^3，比空气重，当温度上升到 -107℃时，气体密度和空气密度相近。意味着 LNG 气化后，温度高于-107℃时，气体的密度比空气小，容易在空气中扩散。

三、LNG 安全特性

1. 燃烧特性

燃烧范围是指可燃气体与空气形成混合物，能够产生燃烧和爆炸的浓度范围。通常用燃烧下限(LEL)和燃烧上限(UEL)界定燃烧范围。LNG 气化变成天然气后，在空气中，它的燃烧范围为5%~15%，因此体积分数低于5%和高于15%都不会燃烧。LNG 的燃烧下限高于汽油、柴油等燃料。天然气性质较为稳定，以甲烷为主要成分的天然气与空气混合后，在没有火源的情况下，自燃温度较高，约为450℃，比汽油、柴油等燃料高，可以说LNG的安全性较汽油、柴油都高。

2. 低温特性

LNG 既具有可燃的特性，也具有低温的特性。从安全角度考虑，操作人员在操作时要做好防冻措施，防止低温对人体产生低温灼伤。同时，在低温条件下，会使一些材料变脆、易碎。液化天然气(LNG)接收站中的设备与管线在引入 LNG 时要缓慢，一般要经过一个冷却的过程，使其缓慢、均匀地降温。如果急剧地降温，会引起管道在支架间弯曲，由于应力高，甚至可以引起管线的断裂和设备的损坏。

3. 生理影响

1）窒息

LNG 蒸气是无毒的，但如果吸入纯的 LNG 蒸气，人体会迅速失去知觉，几分钟后窒息死亡。人体暴露在体积分数为9%的甲烷含量环境中没有什么不良反应，如果吸入更高含量的气体，会引起前额和眼部有压迫感，但若迅速恢复呼吸新鲜空气，这种不适感就会消失。如果持续暴露在这样的环境下，会引起意识模糊，甚至窒息。当天然气的体积分数达到40%以上时，吸入过量的天然气会引起缺氧窒息。当吸入的天然气的体积分数达到50%以上时，同时空气中氧气的体积分数低于10%，会对人体产生永久性伤害。

窒息的生理特征的四个阶段(表1-2)：

表1-2　窒息的生理特征

阶　段	氧气体积分数/%	生理特征
第一阶段	14~21	脉搏增加，肌肉跳动影响呼吸
第二阶段	10~14	判断失误，迅速疲劳，对疼痛失去知觉
第三阶段	6~10	恶心，呕吐，虚脱，造成永久性损伤
第四阶段	<6	痉挛，呼吸停止，死亡

2）冻伤

LNG 与外露的皮肤短暂地接触，不会产生伤害，但如果持续接触，会引起严重的低温灼伤，皮肤及皮下组织冻结，很容易撕裂并留下伤口。人体持续在低温 10℃以下的环境中，会有低温麻醉的危险。

冻伤在临床上分为非冻结性损伤和冻结性损伤，根据冻伤的程度，把冻伤分为(表1-3)：

表1-3　不同冻伤程度下的特征

冻伤程度	程　度	特　　征
Ⅰ度（红斑性冻伤）	皮肤浅层冻伤	局部皮肤发白，继后红肿，可有局部发痒、刺痛、感觉异常
Ⅱ度（小泡性冻伤）	皮肤全层冻伤	损伤皮肤深层，局部红肿明显，可有水泡出现，内有血清样或血性样液体，疼痛剧烈，数日内水泡干枯，2~3周形成黑色干痂，脱落后创面愈合

续表

冻伤程度	程 度	特 征
Ⅲ度（坏死性冻伤）	皮肤和皮下组织冻伤	损伤达皮肤深层、皮下组织或肌肉骨骼，损坏部位呈紫黑色，感觉消失，周围组织水肿，疼痛剧烈，创面愈合慢，常留下瘢痕与功能性障碍

冻伤的处理方法：

（1）当皮肤与低温表面黏结时，可采用热水加热的方法使皮肉解冻，挪开冻结部位，将伤员移至温暖地方。

（2）除去所有妨碍冻伤部位血液循环的衣物。

（3）将冻伤部位立即进行水浴，水温在40~45℃，不能使用干燥或直接加热方式；如果水温超过45℃，会加剧冻伤区的身体组织。

（4）立即将伤员送往医院做进一步治疗。

（5）如果伤员大面积冻伤，且体温已经下降，就需要将伤员浸泡在40~45℃的水中，尽快送往医院。

（6）冻伤部位在加热后开始疼痛、肿胀，应当对冻伤部位进行缓慢、持续地加热，直至皮肤由灰白色变成粉灰色或红色。

第二节 LNG接收站介绍

LNG接收站是指具有专用的LNG接卸码头供LNG船舶靠泊，将船舶内的LNG接卸到LNG储罐后，使其气化再分配的工厂。它主要由专用码头、卸货装置、LNG管道、LNG储罐、增压设备、气化设备、蒸发气回收装置、计量单元、控制及安全保护系统等组成。

一、LNG接收站分类

LNG接收站按照功能分类，一般分为基本负荷型接收站、调峰型接收站。

基本负荷型接收站是指下游有用气量较大的固定用户，接收站的外输量受季节影响不明显，装置持续在一定的负荷范围内运行。装置负荷月度的不均匀系数变化不大。

调峰型接收站是指下游没有用气量较大的固定用户，接收站的外输量受季节影响较大，一般在冬季或夏季会出现几个月的用气高峰，其他月份外输量很小，甚至可能会出现零外输的现象。装置负荷月度的不均匀系数变化很大。

因为LNG接收站装置设备启动和停止较为便利，调峰及应急保安供气响应快，且瞬时调峰量大，所以国内LNG接收站的调峰作用日益突显。

二、国内LNG接收站现状

LNG（液化天然气）是当前最安全、适合长距离运输并可直接利用的清洁能源，其经济性和环保性的优势已经受到越来越多的关注。近年来，LNG的生产和贸易日趋活跃，成为世界油气工业新的热点。在能源需求不断增长的背景下，我国对LNG的需求也在逐年增加。进口LNG规模持续增长，进口LNG规模从2009年的553.2×10^4t增长到2016年的2615.4×10^4t，年均复合增速25%。我国海上LNG进口来源涉及多个国家，澳大利亚所占比例最大（表1-4和表1-5）。

表 1-4 国内已投产的接收站

序号	投产时间	单 位	地 点	项目名称	现有规模/10^4t	当前进度
1	2011 年	中国石油昆仑能源	江苏如东	江苏 LNG 接收站	650	加建扩建
2	2011 年	中国石油昆仑能源	辽宁大连	大连 LNG 接收站	600	验收投产
3	2013 年	中国石油昆仑能源	河北唐山	唐山 LNG 接收站	650	加建扩建
4	2014 年	中国石化	山东青岛	青岛 LNG 接收站	300	验收投产
5	2018 年	中国石化	天津	天津 LNG 接收站	300	加建扩建
6	2014 年	中国海油	天津	天津浮式 LNG 接收站	220	加建扩建
7	2017 年	广汇	江苏启东	启东 LNG 分销转运站	60	加建扩建
8	2008 年	申能	上海	上海五号沟	50	加建扩建
9	2009 年	申能(中国海油)	上海	上海洋山港	300	验收投产
10	2012 年	中国海油	浙江宁波	宁波 LNG 接收站	300	加建扩建
11	2008 年	中国海油	福建	莆田 LNG 接收站	520	加建扩建
12	2006 年	中国海油	广东	大鹏 LNG 接收站	680	验收投产
13	2012 年	九丰	广东	东莞九丰	120	验收投产
14	2013 年	中国海油	广东	珠海 LNG 接收站	350	验收投产
15	2017 年	中国海油	广东	粤东 LNG 项目	200	验收投产
16	2016 年	中国石化	广西	广西北海 LNG	300	验收投产
17	2014 年	中国石油昆仑能源	海南	中油海南 LNG 储备库(二级站)	60	验收投产
18	2014 年	中国海油	海南	海南 LNG	200	验收投产

注：加建扩建，指项目投产后，进行加建或工程扩建；投产时间，指顺利接第一船 LNG 的时间。

表 1-5 国内在建的接收站

序号	投产时间	单 位	省 份	项目名称	现有规模/10^4t	当前进度
1	未定	英泰	辽宁	浮式 LNG	50	开工建设
2	未定	太平洋油气	河北	沧州 LNG	260	开工建设
3	未定	中国海油	山东	烟台浮式	150	开工建设
4	未定	中国海油	江苏	江苏盐城	300	开工建设
5	2018 年	新奥	浙江	舟山 LNG 接收及加注站项目	300	开工建设
6	2018 年	中国石化	浙江	温州 LNG	300	开工建设
7	2020 年	中国海油	福建	福建漳州 LNG	300	开工建设
8	2018 年	深燃集团	广东	深圳市 LNG 调峰库工程	50	工程竣工
9	2018 年	中国海油	广东	深圳 LNG 接收站	400	工程竣工
10	2019 年	潮州华丰	广东	潮州闽粤经济合作区 LNG 储配站项目	150	开工建设
11	未定	中国海油	广西	广西防城港	60	开工建设

截至 2018 年 3 月，中国已建成 LNG 接收站 18 座，分布在沿海 11 个省市；开工建设和工程竣工共 11 座，分布在 8 个省市。

第三节 液化天然气接收站工艺流程

接收站 LNG 根据组分可以分为贫液与富液，根据运行工况，接收站可以分为卸船、装车、LNG 气化外输、NG 增压外输、零外输工况。接收站的工艺流程简图如图 1-1 所示。

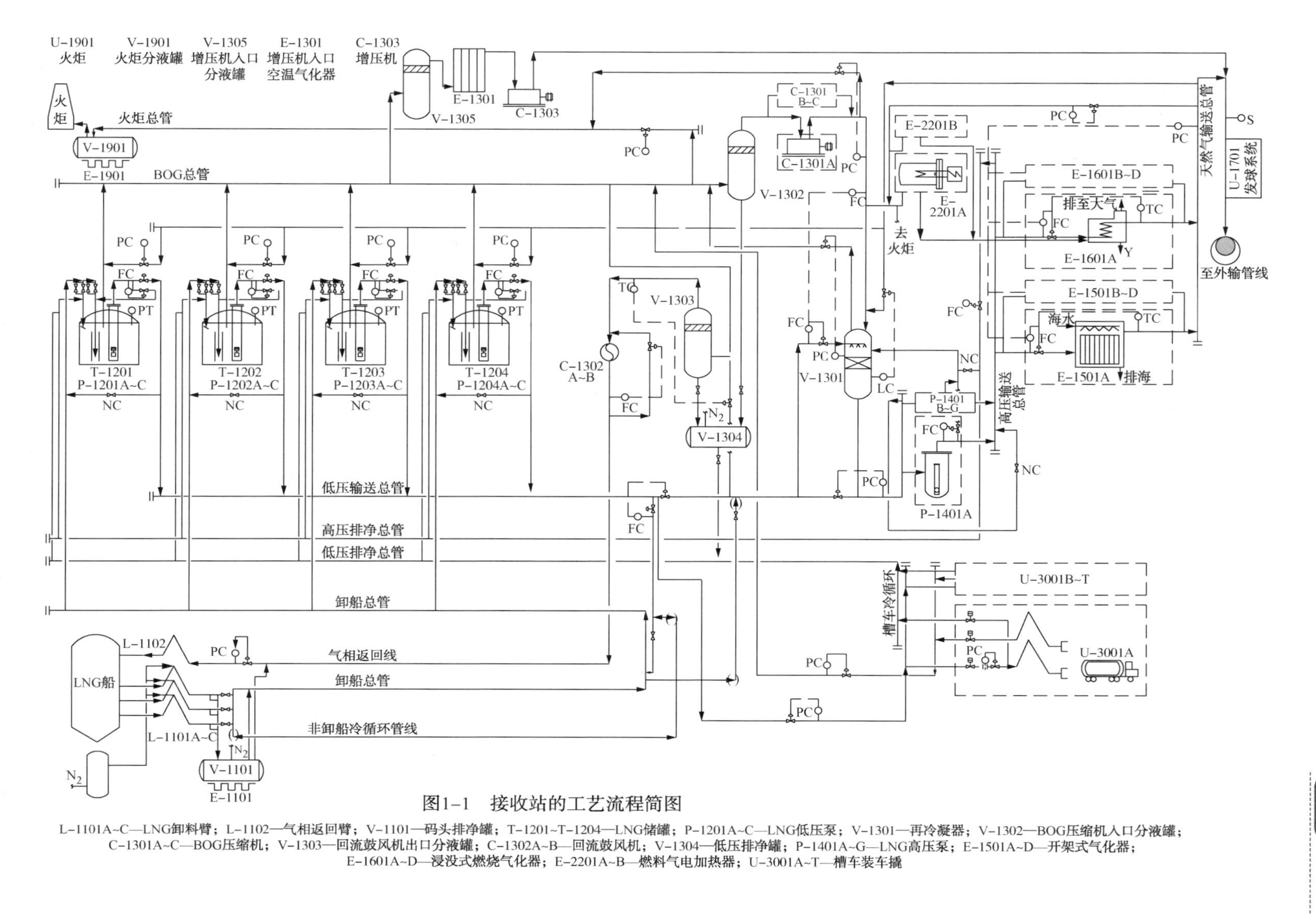

图1-1 接收站的工艺流程简图

L-1101A~C—LNG卸料臂；L-1102—气相返回臂；V-1101—码头排净罐；T-1201~T-1204—LNG储罐；P-1201A~C—LNG低压泵；V-1301—再冷凝器；V-1302—BOG压缩机入口分液罐；C-1301A~C—BOG压缩机；V-1303—回流鼓风机出口分液罐；C-1302A~B—回流鼓风机；V-1304—低压排净罐；P-1401A~G—LNG高压泵；E-1501A~D—开架式气化器；E-1601A~D—浸没式燃烧气化器；E-2201A~B—燃料气电加热器；U-3001A~T—槽车装车撬

一、LNG 卸船流程

船舱内的 LNG 经卸船泵加压后，进入船上的卸料管线，通过液相臂将 LNG 输送到岸上的卸料总管，最终进入储罐。卸船过程中，岸上的 LNG 储罐会闪蒸出大量 BOG，这部分 BOG 经岸上的鼓风机加压或者通过 LNG 储罐与船舱的压差自然返气后，经过气相臂进入船舱平衡舱压，以保证船舱的安全(图 1-2)。

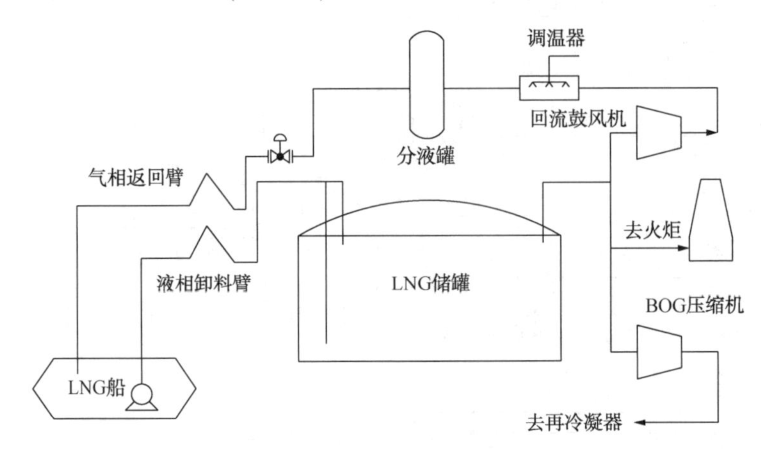

图 1-2　LNG 卸船流程简图

二、LNG 气化外输工艺流程

储存在储罐的 LNG 经低压泵一级加压，另一部分去再冷凝器用于冷凝液化 BOG，另一部分通过再冷凝器的旁路阀直接进入高压泵井，两部分汇合后的 LNG 经高压泵二级加压后进入气化器，LNG 在气化器中由液态变成气态的 NG，被输送到外输天然气管道(图 1-3)。

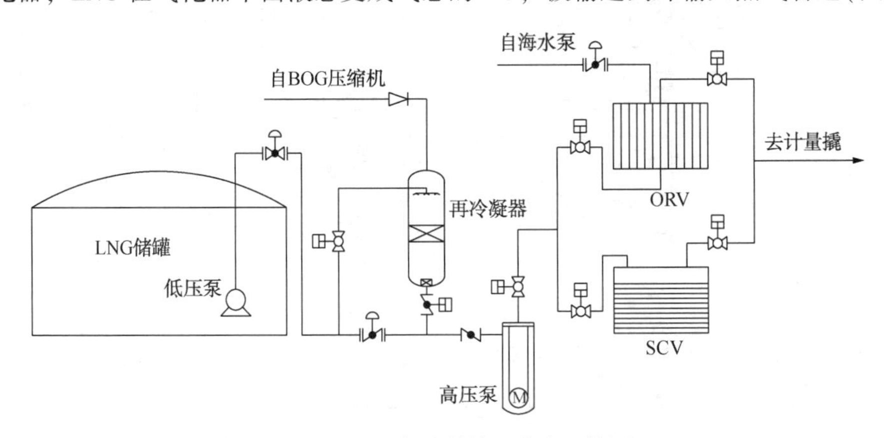

图 1-3　LNG 气化外输工艺流程简图

三、BOG 增压外输工艺流程

接收站在运行过程中，由于大气与储罐和工艺管线内低温介质间的热传导，设备运转产生一定热量等原因，接收站会闪蒸出一定量的 BOG 气体。在零外输工况下，接收站无法通过再冷凝的方式回收 BOG 气体，为了避免 BOG 放空火炬，造成资源浪费，国内接收站一般采用 BOG 增压外输的方式将 BOG 直接外输至外输天然气管网。

接收站 BOG 增压外输流程是 BOG 经过 BOG 压缩机加压后，通过管道输送至增压机，再经过增压机的二次加压，后进入外输天然气管道(图 1-4)。

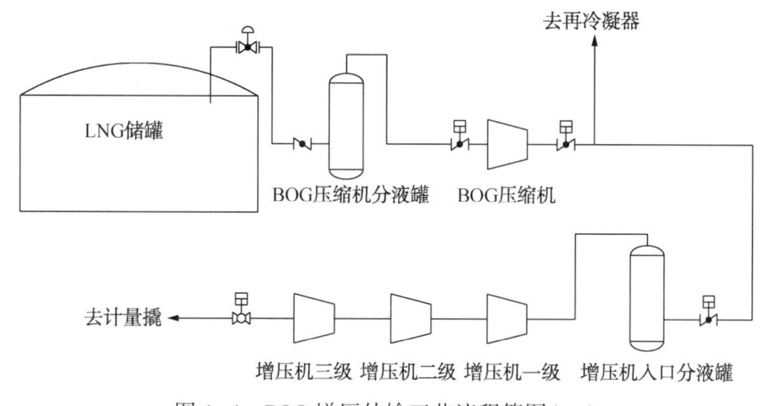

图 1-4 BOG 增压外输工艺流程简图(一)

如果接收站在设计之初就考虑了增压外输流程，此流程可以不经过 BOG 压缩机，储罐内的 BOG 可以直接经过增压机外输至外输天然气管线(图 1-5)。

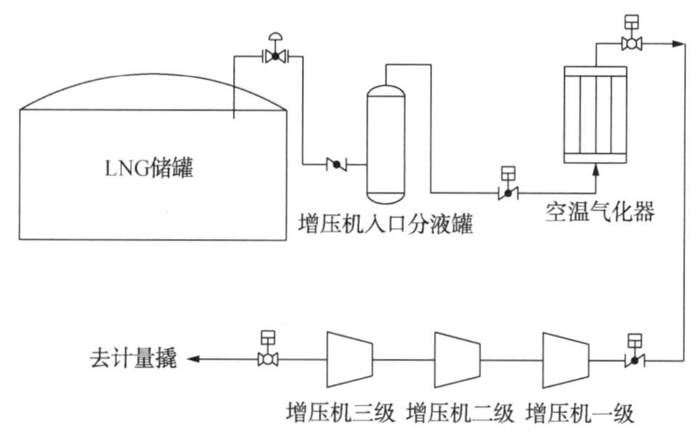

图 1-5 BOG 增压外输工艺流程简图(二)

四、LNG 装车工艺流程

储罐中的 LNG 经低压泵加压后进入低压输出总管，经过分支进入槽车装车管线。每个装车撬均能够独立连接到槽车装车管线，并设置有液相装车臂和气相返回臂，同时具有独立的切断阀，在紧急情况下能立即将故障的装车撬隔离。为保证槽车装车管线始终处于冷态，主管线上设置流量调节阀，调整保冷量(图 1-6)。

五、LNG 装船工艺流程

如果接收站装船与卸船共用一套卸料系统，则工艺流程为储罐中的 LNG 经装船泵加压后，通过流程切换，将 LNG 引入到卸船总管内到达码头，经过卸料管线的止回阀旁路进入卸料臂，再由卸料臂将 LNG 输送到船舱。装船过程中，船上会产生大量 BOG，这部分 BOG

经船上的鼓风机加压后，经过气相臂进入码头的气相管线，最终返回到 LNG 储罐平衡罐压，以保证储罐的安全(图 1-7)。

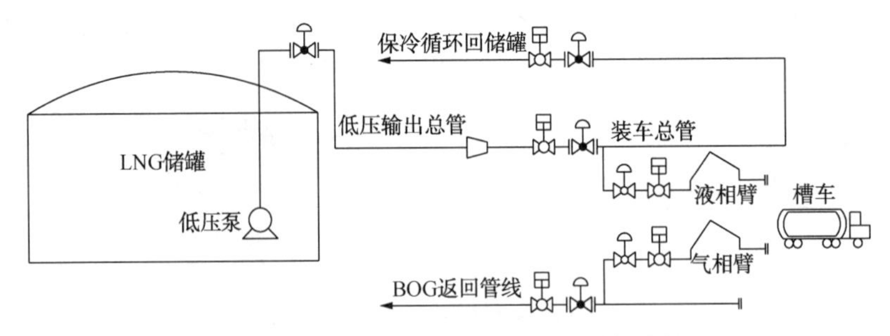

图 1-6　LNG 槽车装车工艺流程简图

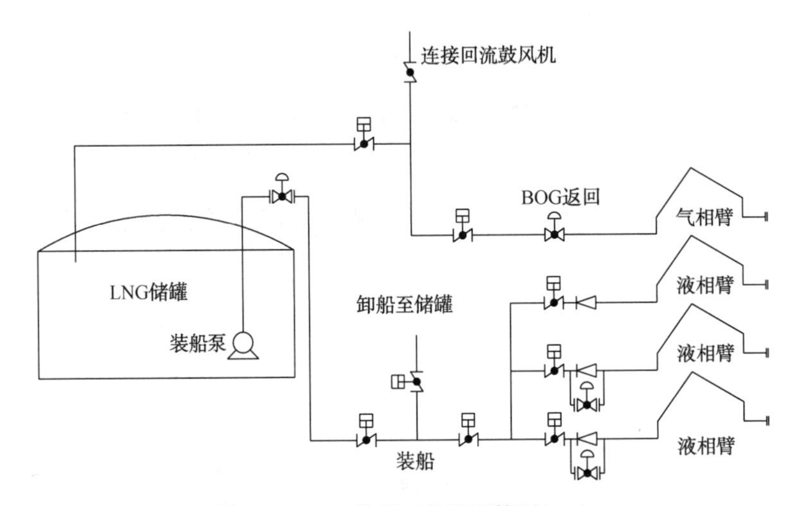

图 1-7　LNG 装船工艺流程简图(一)

如果接收站设计了单独的装船码头，装船臂与卸船臂单独使用，则装船的工艺流程如图 1-8 所示。

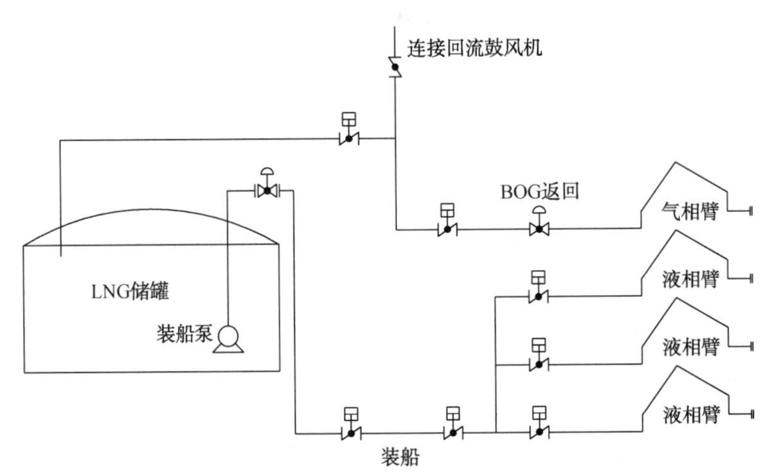

图 1-8　LNG 装船工艺流程简图(二)

第二章　液化天然气接收站工艺系统

第一节　卸 料 系 统

LNG 接收站卸料系统的作用是将船上的 LNG 通过卸料臂输送至 LNG 储罐，将部分 BOG 气体通过气相返回臂返回船舱，以维持船舱内的压力平衡。

一、卸料臂的分类

卸料臂是用于装卸 LNG 的特殊专用设备，是储罐和 LNG 船之间转移 LNG 的过渡连接装置。按照卸料时作用不同，可将卸料臂分为液相臂、气相臂、气液两相臂。

(1) 液相臂。输送介质为 LNG，连通岸上与船上液相管线，实现 LNG 的装卸载。

(2) 气相臂。输送介质为 BOG，连通岸上与船上气相管线，用于保持接收站 LNG 储罐与船舱压力平衡。

(3) 气液两相臂。正常情况下为液相卸料臂，当气相臂故障时，增加临时管道并调整工艺流程，可作为气相返回臂使用。

1. 卸料臂的结构

1) 内、外侧臂(结构及工艺管线)

内、外侧臂是指连接基座和船上管汇的工艺管线及支撑工艺管线的结构。

内侧臂：内臂结构为支撑臂组件、工艺管道、外臂结构和支撑配重的焊接钢梁。可通过将配重梁锁定在基座上实现对内侧臂的锁定。

外侧臂：外臂附着在内臂上，一端通过 Style40 与内侧臂连接，一端通过三向回转接头 Style80 直接与船上法兰连接。

卸料臂的工艺管道采用奥氏体不锈钢 304L，固定在外臂、内臂、基座结构上，工艺管道与卸料臂结构间用绝热块隔离(图 2-1)。

2) 配重系统

单配重的卸料臂只有一个配重，用于平衡内臂、外臂和 Style80 的质量，一般位于内臂的末端。双配重的卸料臂设置一个主配重和一个次配重，主配重平衡内臂、外臂和 Style80 的质量，位于内臂的末端。次配重安装在外臂的内平衡轮上，通过钢丝绳传递载荷来平衡外臂和 Style80 的质量，次配重始终与外臂保持平行。

3) 旋转接头

旋转接头是卸料臂的关键部件。卸料臂工作时，LNG 船会有一定幅度的飘移和晃动，旋转接头就像人手臂上的关节一样可以自由旋转来补偿 LNG 船的移动。

位于基座顶部的旋转接头 Style50 为 1 号和 2 号旋转接头，它使整个卸料臂能围绕水平方向和垂直方向转动。连接内、外侧臂的旋转接头 Style40 为 3 号旋转接头，可使外侧臂在一定幅度内外伸和收回。外侧臂末端的 Style80(4 号、5 号、6 号旋转接头，其中，5 号为电绝缘旋转接头)能使卸料臂在一定范围内朝三个方向上随 LNG 船自由移动(图 2-2)。

图 2-1 卸料臂的结构

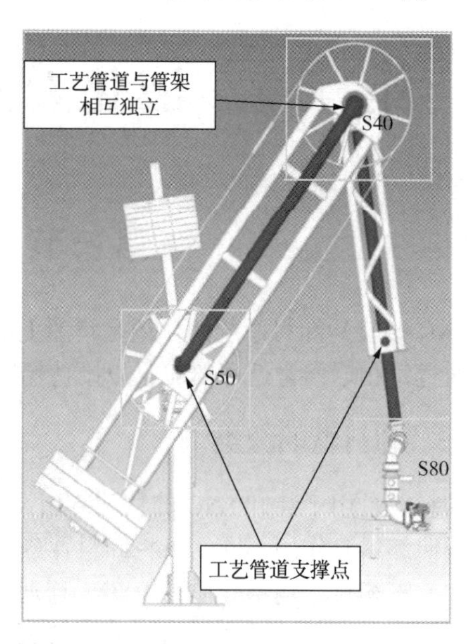

图 2-2 卸料臂的旋转接头

4）快速连接/断开装置(QCDC)

QCDC 是卸料臂的末端法兰与船上装卸口法兰对接准确后，利用液压驱动对连接法兰快速夹紧和脱开的装置。

QCDC 采用螺栓螺母的自锁结构能确保在抓紧以后一直保持，提高安全性。在失去外部动力的情况下，QCDC 仍可以通过手动方式打开(图 2-3)。

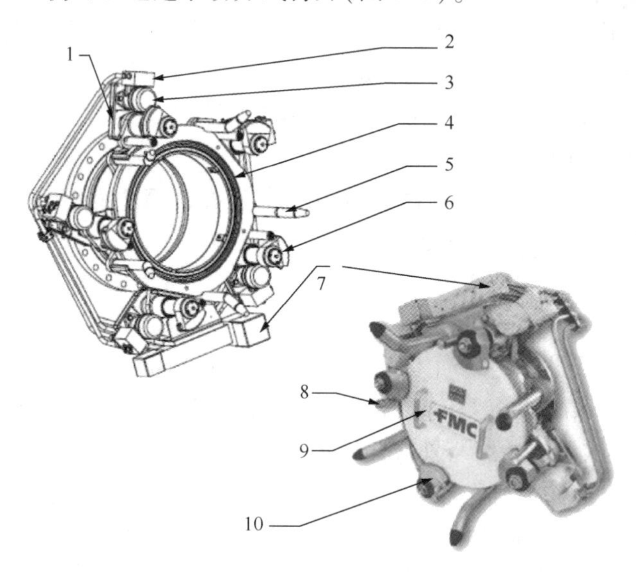

图 2-3 卸料臂的快速连接/断开装置(QCDC)

1—驱动设备；2—液压马达单元；3—液压马达；4—保护环；5—导向杆；6—爪子组件；7—液压分别单元；8—爪子行进末端；9—盲法兰；10—爪子

5）双球阀（DBV）与紧急脱离卡箍（PERC）

DBV 位于 Style80 上，是触发 ESD 时船岸间工艺管道的隔离阀。两个阀串联安装，两阀之间的对接面通过 PERC 来连接。DBV、PERC 及动力驱动装置共同构成了卸料臂的紧急脱离系统。

双球阀与 PERC 形成液压互锁，当双球阀未完全关闭时，无法脱开 PERC。当 PERC 液压缸未收回时，双球阀无法打开（图 2-4）。

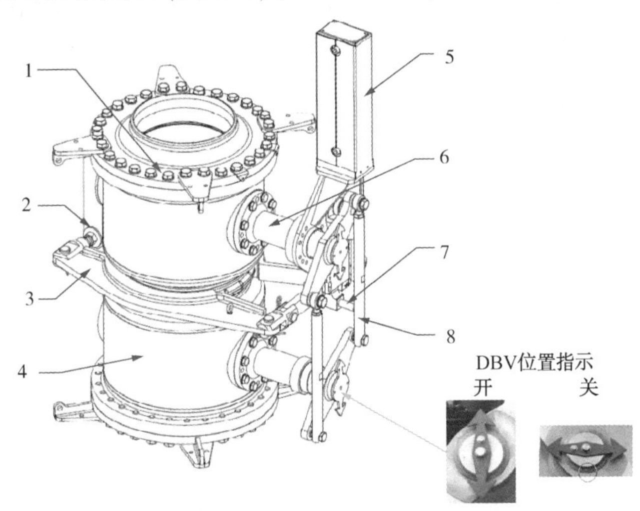

图 2-4 PERC 与 DBV 相关附件

1—岸侧球阀；2—PERC 调节螺母；3—PERC 卡盘（两个）；4—船侧球阀；
5—ERS 执行机构；6—阀杆；7—PERC 轴；8—连杆

2. 液压驱动系统

卸料臂驱动动力由液压单元提供，安装在卸料臂上的主配重和次配重使卸料臂在操作过程中更加平稳和省力。液压动力单元（HPU）、蓄能器、液压缸、电池阀组及相关管路共同构成了卸料臂的液压驱动系统。

1）液压动力单元（HPU）

液压动力单元为卸料臂的动作及蓄能器的充压提供动力。动力单元各组成部件及其作用见表 2-1 和图 2-5：

表 2-1 液压动力单元组成部件及其作用

序号	名 称	作 用	备 注
1	电动齿轮泵	提供相关动作动力	一般为 2 台，一用一备
2	应急手动泵	电动液压泵故障或失电时提供动力	一台
3	主油路压力安全泄放阀	维持主管线压力； 保持泵最小流量	设定液压系统的压力
4	主油路压力表	监测主油路压力	一个
5	蓄能器	作后备动力补充 PAC 管线压力； ESD 时补充主油路管线油压	一个
6	蓄能器配套阀门	隔离蓄能器； 排净蓄能器，进行泄压； 维持蓄能器压力	

续表

序号	名 称	作 用	备 注
7	蓄能器压力释放电磁阀	系统触发 ESD 时间接控制先导止回阀，释放 10L 蓄能器的压力至主油路管线	电磁阀间接控制先导止回阀； 复位后电磁阀自动归位； 两位三通电磁阀
8	蓄能器压力开关	监控蓄能器压力，发出压力低报警； 维持蓄能器压力保持在一定压力之间； 控制低油压启动液压泵，高油压停止液压泵	两个压力开关； 一个检测低油压和低低油压，另一个检测高油压
9	速度控制电磁阀	间接控制先导止回阀，调整进入主油路管线的液压油流量，达到控制卸料臂相关动作的速度	电磁阀间接控制先导止回阀； 正常/低速两种状态，默认正常； 两位三通电磁阀
10	泵出口管线过滤器	过滤泵出的液压油，防止杂物进入油管线和液压油缸	堵塞差压报警； 堵塞指示：绿色(正常)逐渐变为红色(堵塞)； 在过滤器旁路设置旁通阀
11	空气干燥剂	呼吸孔，保持空气的正常流动； 防止水汽等杂物进入油箱； 延长液压油组件的使用寿命和降低液压油被氧化的概率	
12	回流管线双过滤器	过滤经过液压缸的液压油，防止油管线中的杂质进入油箱	堵塞指示：绿色(正常)逐渐变为红色(堵塞)； 一用一备，可切换； 在过滤器旁路设置旁通阀
13	油箱	盛装液压油	
14	油位指示器	观测油箱中液位； 显示低液位和高液位标尺； 内部嵌入温度计，指示油箱液压油温度	可视玻璃管型

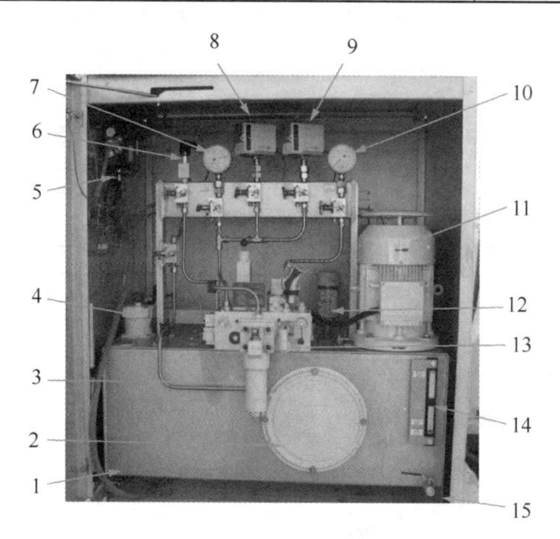

图 2-5 液压动力单元(HPU)

1—300L 液压油箱；2—维修观察孔；3—出口过滤器堵塞指示；4—回油过滤器堵塞指示；5—防爆接线箱；6—出口过滤器压差开关；7—蓄能器压力指示；8—HPU 蓄能器压力低报警开关；9—蓄能器充压开关；10—主油路压力表；11—浸没式防爆液压泵；12—空气干燥剂；13—手动泵；14—油液位指示(嵌入温度计)；15—排净阀

2）蓄能器

液压系统的蓄能器是标准的气囊式压力容器，气囊由具有高密封性和高强度的钢板制成，蓄能器中 N_2 压力需注至 90bar（$1bar=10^5Pa$），蓄能器内无 N_2 时，千万不要启动泵为蓄能器充压，否则会损坏气囊。

卸料臂的蓄能器分一般 10L 和 50L 两种类型。50L 蓄能器也称为 ERS（紧急脱离系统）蓄能器，位于选择阀组柜旁，每条臂单独设置一个 ERS 蓄能器。ERS 蓄能器一直处于保压状态，在液压单元失电时提供驱动卸料臂的动力。10L 蓄能器也称为 HPU 蓄能器，用于调整 ERS 蓄能器压力，若 ERS 蓄能器压力低于 HPU 蓄能器压力，HPU 蓄能器的压力将自动补充至 ERS 蓄能器，直到两者的压力平衡。

3）液压缸

液压缸为卸料臂的动力执行机构，控制臂动作的液压缸共三组，基座冒口处安装一个单缸双作用液压缸，用于驱动卸料臂左右旋转。内臂支架上安装一对单缸单作用液压缸，采用液缸串级方式，通过钢丝绳传递动力来驱动内臂上仰和下俯。基座冒口处安装一个单缸双作用液压缸驱动内平衡轮，再通过钢丝绳传递至外平衡轮，外平衡轮带动外臂向前或者向后移动。

控制双球阀关闭和卸料臂紧急脱离的液压缸为复合嵌入式液压缸，一个液压缸执行关闭 DBV，另一个执行脱开 PERC。ERS 执行机构在未关闭 DBV 前无法执行脱开动作，在 PERC 钥匙未插入就地控制盘并置于工作位置时，ERS 执行机构不执行相应动作。

4）电磁阀组

电磁阀组位于卸料臂现场的电磁阀组箱内，通过手动或电磁阀通电改变液压油通路和流向实现卸料臂动作、DBV 开关及 PERC 的断开。电磁阀组箱内电磁阀及其作用见表 2-2 和图 2-6。

表 2-2 电磁阀及其作用

序号	描 述	作 用	备 注
1	臂选择阀	手动或电磁阀通电改变供给液压先导阀液压油流向对臂进行选定	带安全插销
2	臂动作控制阀	手动或电磁阀通电改变液压油通路和流向实现臂的动作	内臂/外臂/整臂旋转
3	外臂手动锁止阀	切断液压油回路固定外臂	
4	双球阀开闭控制阀	手动或电磁阀通电改变液压油通路和流向实现阀的开关	带安全插销
5	失电紧急脱离操作阀	手动操作释放蓄能器压力自动实现臂紧急脱离	带安全插销
6	PERC 脱开控制阀	手动或电磁阀通电改变液压油通路和流向实现 PERC 脱开；非卸料时关闭，防止意外脱开 PERC	带安全插销；机械互锁阀
7	QCDC 开闭控制阀	手动或电磁阀通电改变液压油通路和流向实现 QCDC 的开关	带安全插销
8	速度控制阀	微调驱动液压缸的液压油流量，控制执行机构运行速度	可调双向/单向节流阀
9	管线安全阀	油管线超过泄放阀设定压力时自动释放压力，以及稳定管线压力	内臂/外臂/整臂旋转驱动油管线
10	PERC 油管线压力开关	检测 PERC 驱动油管线压力	
11	蓄能器压力释放阀	液压泵故障时手动释放蓄能器压力至主油路管线，提供驱动动力	手动常关（NC）

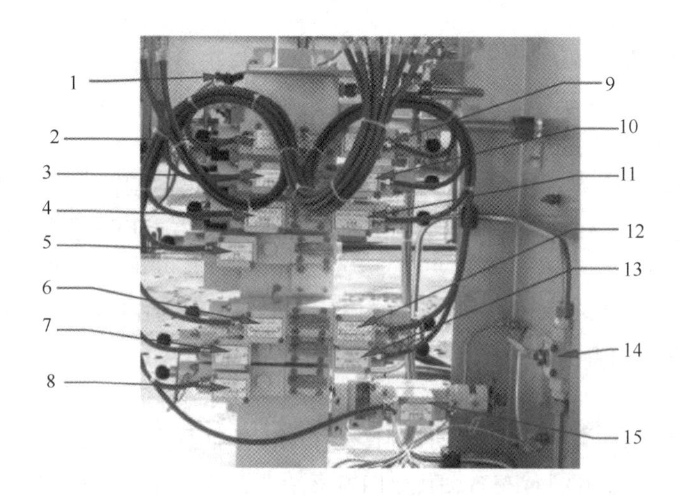

图 2-6 电磁阀组箱

1—选择阀(带有手动选择按钮)；2—左旋；3—外置臂移出；4—内置臂后移；5—装卸臂选择；6—关闭 QCDC；7—关闭 DV；8—打开 PERC；9—右旋；10—外置臂移入；11—内置臂前移；12—打开 QCDC；13—打开 DV；14—当断电时操纵装卸臂；15—紧急断开

3. 卸料臂的操作

卸料臂可以通过就地控制盘、电磁阀组柜和遥控器进行操作。为了方便操作员观察卸料臂各部件位置，一般使用遥控器操作。

遥控器(图 2-7)发出的指令通过就地控制盘配置的信号接收器，将信号传给 PLC 控制柜，从而实现卸料臂的相关动作。

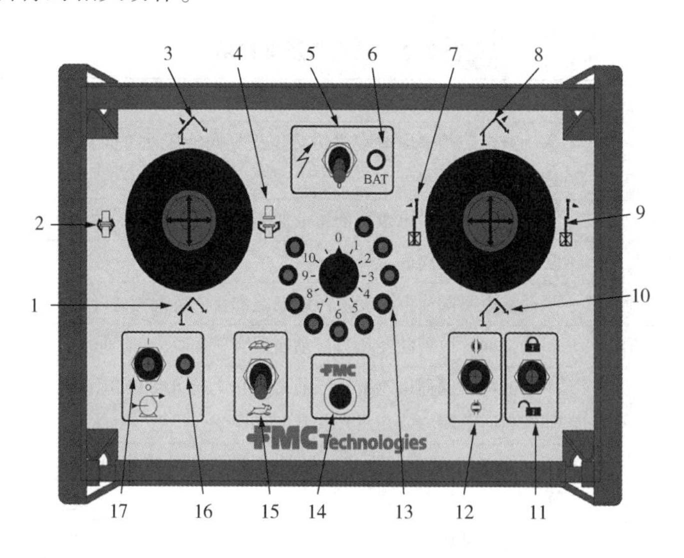

图 2-7 遥控器面板

1—内侧臂向前；2—QCDC 关闭；3—内侧臂向后；4—QCDC 打开；5—遥控器开关；6—电源指示灯；7—向左旋转；8—外侧臂伸出；9—向右旋转；10—外侧臂收回；11—臂锁定与解锁；12—双球阀开关；13—臂选择；14—确认键；15—速度选择；16—泵运行状态指示灯；17—液压油泵启停

当遥控器发生故障或信号接收失败时，可改用就地控制盘操作。

在就地控制盘上可实现如下功能：

(1) 就地控制盘电源的通断。

(2) ESD/0/维护模式的切换。

(3) ESD-A/B 触发、复位及状态指示。

(4) 臂选择、动作及状态指示。

(5) 公共报警指示。

(6) 液压油泵的电流指示。

(7) 外部声光报警。

(8) 遥控信号的接收。

(9) PERC 钥匙就位。

当出现失电、逻辑混乱、电磁阀故障时，可手动操作电磁阀实现油路通断，从而动作卸料臂。

某个卸料臂被选中后，操作员选择卸料臂的动作，如图 2-8 所示选择外侧臂上扬，则对应臂选择阀组箱内、外侧臂上扬电磁阀得电，将液压油管路形成通路，液压油驱动臂动作的气缸，使臂按照设定的动作运行。

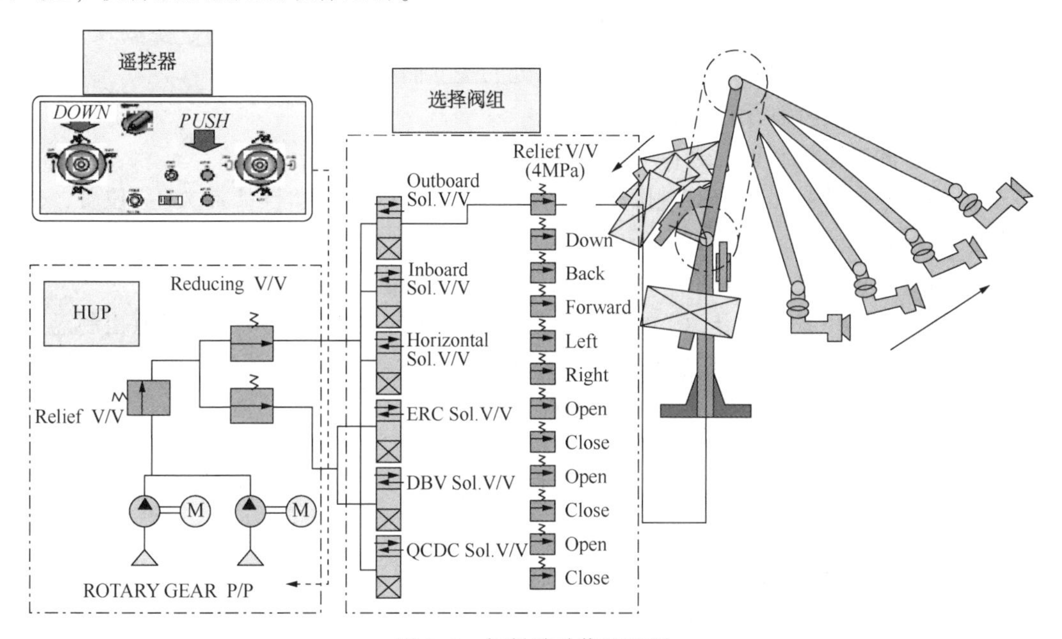

图 2-8 卸料臂动作原理图

卸料臂可以就地或者遥控操作，建议正常时遥控操作，保证操作员有更好的视野。就地操作一般只用于维修和测试操作，例如：ESD-A/ESD-B 测试、控制选择、监测不同的移动等。

使用遥控器连接卸料臂的步骤：

(1)确认 PLC 控制柜供电正常。

(2) 在就地控制柜上将“就地/遥控”开关置于“遥控”操作模式。

(3) 检查遥控器上卸料臂的选择开关在“0”的位置，无卸料臂被选择。

（4）检查速度选择开关在“正常速度”的位置。

（5）启动无线遥控器，检查遥控器运行指示灯亮。

（6）启动液压单元的液压油泵。

（7）用“卸料臂选择”旋钮选择一个卸料臂，就地控制盘上相应的“臂选择”指示灯闪亮。

（8）将外侧臂解锁，操作移动外侧臂与内臂成一定角度。

（9）将内侧臂解锁。

（10）操作卸料臂，将 Style80 靠近 LNG 船。

（11）将“臂锁定/解锁”按钮置于“锁定”位置将卸料臂锁定，遥控上的“臂选择”指示灯和就地控制盘上的“臂选择”指示灯常亮。

（12）重复以上步骤将其余的卸料臂靠近船上管汇；此时操作员需要登上 LNG 船，到 LNG 的管汇处，进行卸料臂与管汇法兰的对接。

（13）操作员上船后，在遥控上使用“臂选择”旋钮选择对应的卸料臂；将“臂锁定/解锁”按钮置于“解锁”位置；检查卸料臂内无 LNG 和压力；将操纵杆置于“连接器打开”位置，打开 QCDC，拆除盲法兰。

（14）检查连接管的密封面无损坏。

（15）检查 LNG 船管汇法兰面的清洁，确认船上的过滤器已经安装。

（16）将“速度选择”开关置于“慢速”的位置，缓慢移动卸料臂；此时一定要使用慢速，缓慢移动卸料臂，否则容易在对接时碰撞管汇处的法兰面。

（17）检查紧固装置有无运动和密封故障。

（18）操作卸料臂控制单元进行 LNG 船和卸料臂的连接。

（19）确认卸料臂与船相应的对接法兰对中后，将操纵杆置于“连接器关闭”位置，关闭液压快速连接器。

（20）目视检查每个紧固装置，保证在正确抓紧的位置。

（21）将“臂选择”旋钮置于“0”的位置，遥控器上相应的指示灯熄灭，就地控制盘上相应的“臂选择”指示灯熄灭，卸料臂在自由摆动模式。

（22）重复以上的步骤连接其余的卸料臂。

（23）将“臂选择”按钮置于“0”的位置。

（24）降低 LNG 船甲板上的支撑底座以支撑卸料臂，建议在支撑底座下面垫上一块木头，冷却程序完成之后做最后的调整。

（25）检查卸料臂的 ERS 已置于操作位置。

（26）打开 PERC 锁定阀，取出钥匙，并将钥匙插入就地控制盘上相应的选择开关上，相应的“卸料准备就绪”指示灯亮。

（27）将“PMS 启动/关闭”操作开关置于“启动”位置，“PMS 启动”指示灯亮。

（28）在显示器上按下“更新报警”功能按钮。

（29）检查内侧臂和外侧臂已解锁。

（30）停液压单元；为了减少液压泵电机的磨损，建议卸料臂连接完成后就停液压泵。

（31）在卸料臂完成连接之后，检查“卸料臂选择”旋钮在“0”位置，然后关闭遥控器，将遥控器放到储存柜。

（32）将“就地/遥控”开关置于“就地”位置。

在就地控制盘上操作卸料臂的连接与遥控操作相同，但是操作员不能直接看到对接过程。这种方法只用于遥控单元故障时。

4. 卸料臂保护系统

1）卸料臂的包络图

LNG 船停泊在码头装卸 LNG 时，由于风浪、水流、涨落潮等气候原因，LNG 船和码头之间会有相对的起伏和移动。卸料臂设计时考虑了一定范围自动对 LNG 船的不同方向的位移作相应的补偿。而卸料臂的位移补偿范围就是它的包络线(图 2-9)。

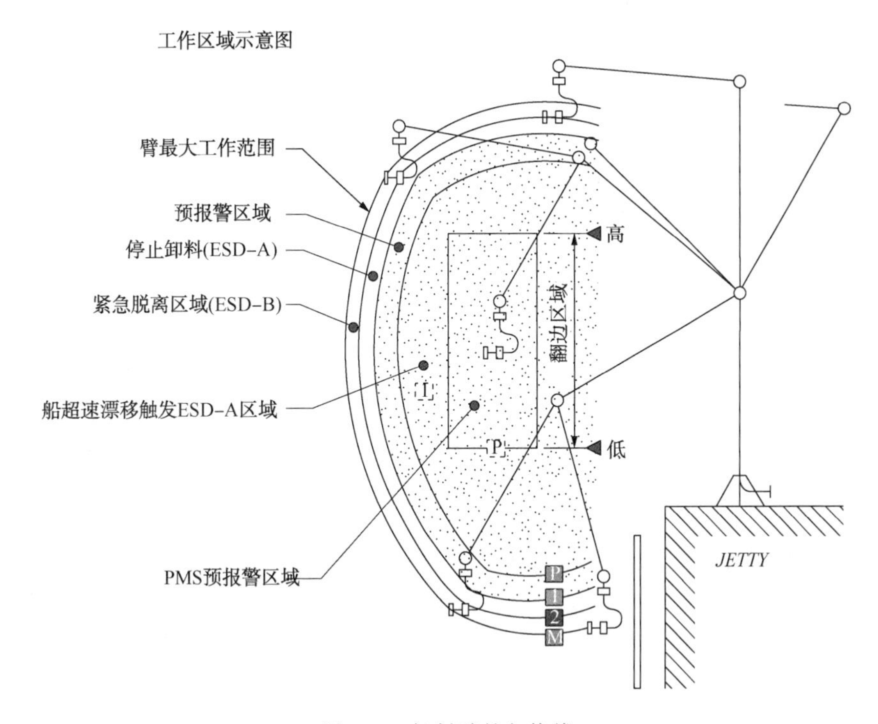

图 2-9　卸料臂的包络线

当卸料臂位置变化超过了包络线设置的 ESD-A、ESD-B 的范围时，卸料臂通过系统自带的接近开关、位置监控系统触发相应的联锁动作保护卸料臂。如果船上或岸上发生泄漏、断缆等意外情况，也可以通过按下相应 ESD 按钮，实现相应的保护动作。

2）接近开关

接近开关的原理是通过就地一个铁氧体磁芯线圈 LC 谐波回路来产生高频交流电磁场对目标进行检测，并产生一个反映目标状态的开关量。每个卸料臂配置有 11 个接近开关，这些接近开关指示卸料臂的位置状态和部件状态，并将其状态信息反馈给控制系统。具体布置情况如下：

（1）三个接近开关位于 Style50 处的基座上，用来反馈 LNG 船水平位置漂移；

（2）三个接近开关位于配重梁上，用来反馈 LNG 船横向漂移时舷内/舷外臂的开度；

（3）两个接近开关，指示 ERS 阀开启和关闭；

（4）一个接近开关，指示 PERC 轴是否安装；

（5）一个接近开关，指示 PERC 接箍是否正常；

（6）一个接近开关位于选择阀组件内，指示臂选中与否。

3）位置监控系统(PMS)

PMS 可以实时监控卸料臂连接法兰位置数据，是为了提高卸料臂安全性的又一个保护系统。卸料臂准备就绪后，在 PMS 系统上，可以显示卸料臂距离前后、上下、左右距离触发 ESD-A、ESD-B 的距离。随着船舶的移动，数据实时发生变化，用于提示操作员卸料臂是否处于相对安全的状态。

PMS 系统包括 3 个位置传感器(每一条臂)、PMS 就地显示屏、控制器和上位机。

3 个位置传感器分别安装在内侧臂、外侧臂和立管(图 2-10)。

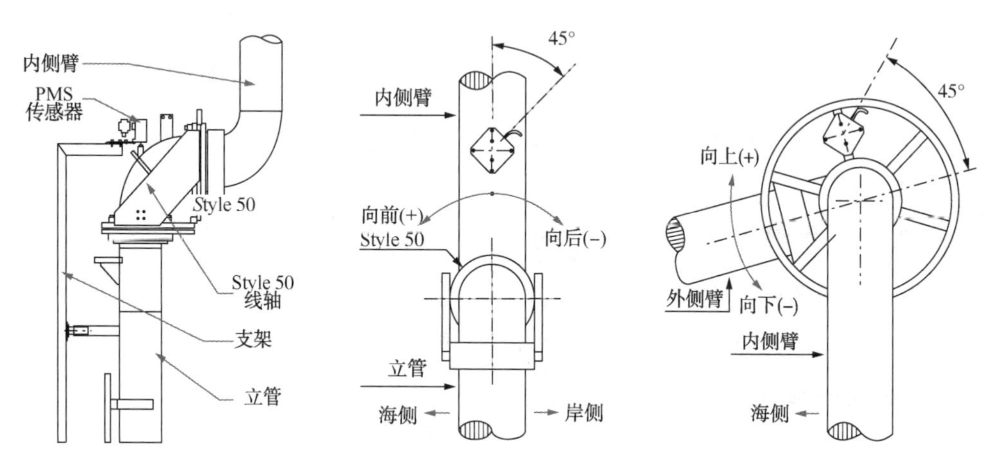

图 2-10　位置传感器安装位置

PMS 系统可以产生三种报警：预报警、ESD-A 报警、ESD-B 报警。

当卸料臂处于“卸料准备就绪”状态后，卸料臂连接法兰前后、上下一定距离范围形成默认的工作区域，这个区域就作预报警区。当卸料臂法兰超过此区域时，就会产生预报警。

当卸料臂移动范围超过了设定的 ESD-A 包络范围，则会触发 ESD-A，船上的卸料泵会停止，相应的阀门会关闭，岸上相应的阀门也会关闭，卸料会停止。

当卸料臂移动范围超过了设定的 ESD-B 包络范围，则会触发 ESD-B，则卸料臂会发生紧急脱离。为了保证卸料臂的安全，ESD-B 设计的范围一定要在卸料臂最大的工作范围之内。

卸料臂触发 ESD-A 的原因及联锁动作如图 2-11 所示。

导致 ESD-A 序列触发的原因有：

(1) 就地控制面板按钮触发 ESD-A 按钮。

(2) 码头控制室按钮触发 ESD-A 按钮。

(3) 中控室按钮触发 ESD-A 按钮。

(4) 船上按钮触发 ESD-A 按钮。

(5) 船上相关工艺参数联锁触发。

(6) 卸料臂顶角或转角接近开关一级超限。

(7) PMS 系统外侧臂或内侧臂或旋转角度一级超限，PMS 系统只有将 PMS 系统总开关至于“ON”位置之后才会触发 ESD 联锁，如果 PMS 系统总开关至于“OFF”位置，只在就地显示屏显示相关的位置数据，不会触发 ESD 联锁。

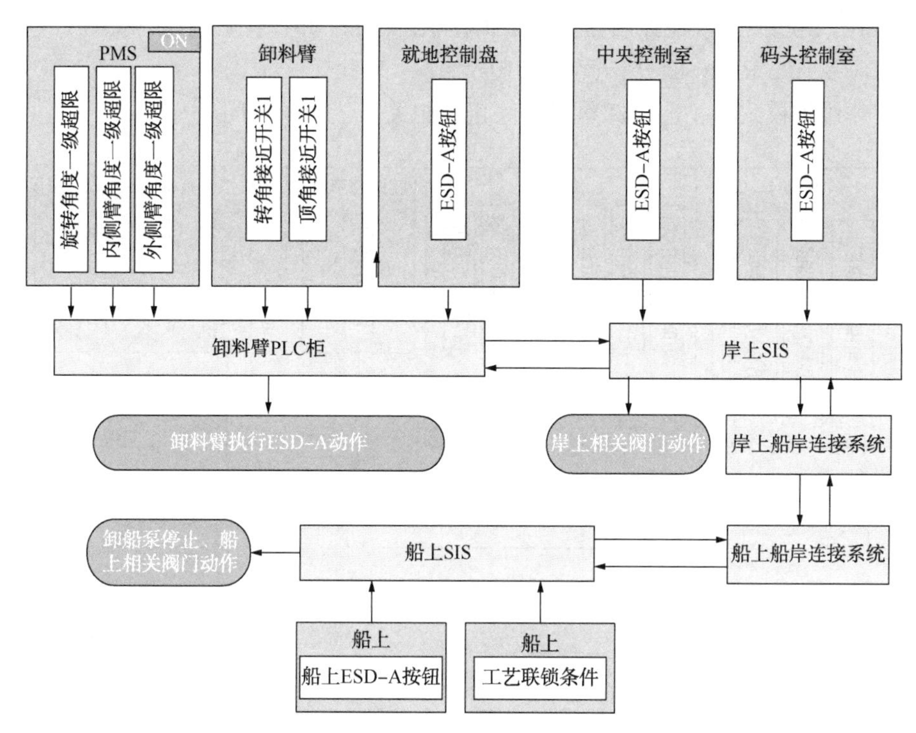

图 2-11 ESD-A 触发联锁原因及动作简图

当 ESD-A 序列触发后，卸料臂执行如下动作：

(1) 现场间歇声光警报。

(2) 液压油泵启动。

(3) ESD-A 动作指示灯闪亮。

(4) HPU 蓄能器压力被释放。

(5) PERC 钥匙插入就地控制盘并置于工作状态的臂“卸料臂就绪”灯熄灭，DBV 关闭。

(6) 在非维护模式下，船岸卸料紧急停止，相关工艺阀门关闭。

卸料臂触发 ESD-B 的原因及原联锁动作如图 2-12 所示。

以下原因可导致 ESD-B 序列触发：

(1) 就地控制面板按钮触发 ESD-B 按钮。

(2) 码头控制室按钮触发 ESD-B 按钮。

(3) 中控室按钮触发 ESD-B 按钮。

(4) 卸料臂顶角或转角接近开关二级超限，顶角或转角三个接近开关至少两个二级超限。

(5) PMS 系统外侧臂或内侧臂或旋转角度二级超限。

当 ESD-B 序列触发后，卸料臂执行如下动作：

(1) 现场连续声光警报。

(2) 液压油泵启动。

(3) ESD-A 动作指示灯闪亮，ESD-B 动作指示灯亮。

(4) HPU 蓄能器压力被释放。

（5）PERC 钥匙插入就地控制盘并置于工作状态的臂“卸料臂就绪”灯熄灭。

（6）DBV 关闭，PERC 断开，臂收回 10s。

（7）在非维护模式下，船岸卸料紧急停止，相关工艺阀门关闭。

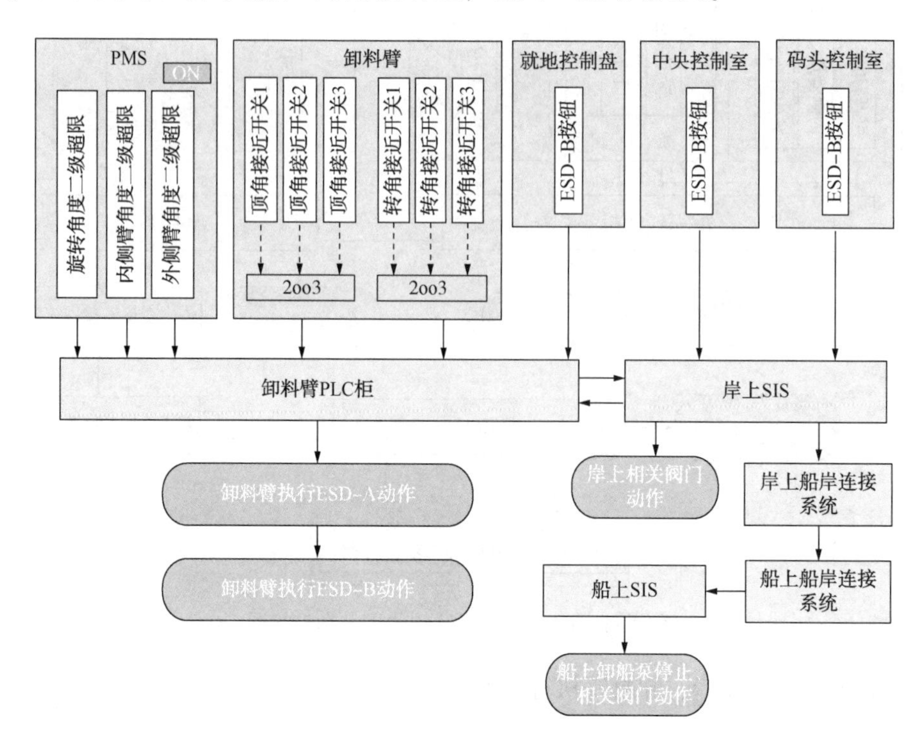

图 2-12　ESD-B 触发联锁原因及动作简图

二．卸料操作

1．卸料操作步骤

卸料操作包含从 LNG 船靠泊到离泊的整个过程。常规的卸料操作包括以下步骤：

1）卸船前检查

在靠泊前一天应对卸料相关设备进行检查，确认其系统运行正常，是否符合卸船要求。主要检查的设备有卸料臂、登船梯、辅助靠泊及缆绳张力监控系统、船岸连接系统、快速脱缆钩系统、码头消防系统、在线取样及分析系统。

2）LNG 船靠泊

根据规范要求，LNG 接收站码头所有靠离的船舶实行强制引航。LNG 船舶引航员的登船在港区外锚地登轮，指挥拖轮在航道的旋回区内操纵船舶，向前或向后移动使其进入船槽内并保持与码头平行，将船舶停住。然后使用拖轮顶推船舶靠上靠船墩。为避免对码头护舷造成损坏，船舶应正面接触护舷，靠泊速度不得超过 8cm/s。LNG 码头上安装有一套测量靠泊速度和船舶离码头距离的系统。接收站靠船墩上至少安装有一块大型的显示屏，显示船艏和船尾的靠泊速度和距离（表 2-3）。

表 2-3 LNG 船舶靠泊系泊条件

作业阶段	风速/(m/s)	波高/m		平均波浪周期 T/s	能见度/m	流速/(m/s)	
		横浪	顺浪			横流	顺流
进出港航行	≤20	≤2.0	≤3.0	≤7	≥2000	<1.5	≤2.5
靠泊操作	≤15	≤1.2	≤1.5		≥1000	<0.5	<1.0
装卸作业	≤15	≤1.2	≤1.5		—	<1.0	<2.0
系泊	≤20	≤1.5	<2.0		—	≤1.0	<2.0

在 LNG 船舶来接收站之前需要进行船岸匹配性研究时，船东或营运人应就典型的系泊方案与接收站达成一致意见。

到达码头后，LNG 船舶的船员和码头带缆工的密切合作，按照系泊方案，将 LNG 船系泊在 LNG 码头上。

3）连接登船梯

登船梯是岸上相关人员上下船舶的通道。在 LNG 船系泊工作完成后，引航员和船长应向在码头上的海事经理确认船舶已经系牢。然后，可以将登船梯放置在甲板的指定位置。需要注意的是，搭接后必须保证登船梯处于“浮动”状态，只有处于浮动状态，登船梯才能跟随船舶移动不受损坏。

4)口岸监管部门检查

口岸监管部门包括海事、海关及出入境边防检查站，检查内容如下：海事部门对船方提供的船舶概况、船员名单、舱单等单证进行检查，对船舶持有证书、船员适任证书进行抽查，根据需要进行港口国监督(PSC)检查等；海关对船方提供的航海健康申报单、个人物品、船用物品、航次表等单证进行检查，对船上生活区及垃圾进行卫生检查，查看船方医疗日志，若发现蟑螂、老鼠等则对船方进行检疫处理等；出入境边防检查站核查船员名单与护照、海员证信息是否一致，查看船员行李中是否携带违禁物品，检查船舶是否存在偷渡行为等。

5）连接船岸连接系统

船岸连接系统是液化天然气船舶停靠期间通过光缆及专用电缆进行船岸通信，并具有传送船岸、岸船 ESD 信号功能的系统。船泊停靠在码头岸边后，利用船岸光缆及电缆连接系统可将码头控制室监控信息，如作业环境监测、缆绳张力监测系统、船泊漂移等信息提供给船舶，用于指导船舶安全作业。并能在预置限值内，实时报警。

船岸连接系统目前国际上基本已经通用，主要有三种方式：光纤连接、电缆连接、气动连接。

6）卸船前会议

开始作业前，有船方和岸方代表一起召开卸船前会议，会议中确认卸货作业程序，如 ESD 测试的顺序，进行船岸安全检查，确认船岸设施和设备的状况等。

7）连接卸料臂

按照卸料臂的操作规程，将卸料臂与船方汇管法兰连接。连接卸料臂的顺序是先连接气相臂，再连接液相臂。连接卸料臂前，船方需要清理连接法兰面，与卸料臂连接的每一条管线需安装过滤器。岸方需要检查卸料臂密封、连接法兰面的完好性。

8）泄漏测试及氮气置换

卸料臂连接完成后，由岸方将卸料臂注入氮气，一般气相臂加压到 2bar(1bar=10^5Pa)，液相臂加压到5bar，岸方使用泡沫水进行气密性检查。在对气密性检测的同时也是对卸料臂内的氧气进行置换，船方在取样口测量氧气浓度低于1%后，认为置换合格。

9）首次计量

国际上LNG贸易按照热值进行交接和结算，首次计量的是计量船舶卸货前的LNG的量。一般有船、岸双方代表，以及双方共同指定的第三方检验机构共同完成。相关方计量人员确认船上卸料管汇已冷却，船舶状态符合计量条件；相关方计量人员确认船上停止燃烧天然气(如果船舶以天然气为燃料)，已具备计量条件，使用贸易计量系统(CTMS)进行首次计量。

10）停止码头保冷循环

接收站非卸料工况下，需要建立码头保冷循环，维持卸料管线处于冷态，以方便来船情况下，能够快速卸料。

ESD测试时，岸侧相关阀门关闭，为了减小ESD测试对接收站生产运行的影响，避免不必要的工艺参数波动，在船岸进行ESD测试之前，岸侧需要将码头保冷循环停止。

11）热态ESD测试

热态ESD测试是指卸料臂冷却前进行的ESD-A测试。热态ESD测试一般进行两次，一次船上触发，一次岸上触发。在进行卸船前会议时，船岸双方可以商讨测试的次数及触发的顺序。热态ESD测试一般由船上或岸上按下ESD-A按钮，检查船上、岸上相关的阀门是否动作，检测船岸之间的ESD信号传输回路是否完好，船侧和岸侧的SIS系统针对卸料系统的保护功能是否正常。ESD测试时，卸料臂须置于“测试”模式，卸料臂收到ESD-A信号后，双球阀关闭，就地控制盘会触发声光报警。ESD测试结束后，船岸双方需要分别在各自的SIS系统、船岸连接系统复位，岸侧还需要在卸料臂就地控制盘复位，将阀门恢复到原状态。

12）卸料臂冷却

卸船工况下，卸料臂的冷却由船方启动喷淋泵提供冷却用的LNG，卸料臂冷却前期，岸方需要密切监控温度变化趋势，及时与船方沟通，控制卸料臂的冷却速率不超过8~10℃/min。现场需要监控卸料臂结霜位置，控制每个卸料臂冷却速率基本一致。

卸料臂冷却时，需要密切监控快速接头(QCDC)、旋转接头位置是否有泄漏。

13）冷态ESD测试

冷态测试是指卸料臂冷却后进行的ESD-A测试。冷态测试的测试步骤与热态测试一致，冷态测试的目的是为了检验阀门在冷态下是否能够按照要求顺畅的动作。冷态测试后，所有的ESD阀门阀位设置成卸料状态。

14）启动卸船泵开始卸料

卸料前，岸侧根据船上LNG组分确定需要进料的储罐以及进料方式，打开进料储罐的进料阀。船上依次开启卸船泵，岸侧密切监控储罐压力。LNG船舶卸料时，一般首台泵启动10min后启动第二台泵，剩余泵将每隔5min启动一台。每次启动前，船舶应向接收站控制室确认。

15）向船上返气

随着船上卸船泵运行台数的增加，卸料速率逐渐增大，船舱的压力会不断下降，如果船舱的压力下降到一定值时，船方则要求岸侧打开气相管线的返气控制阀门，向船舱补气平衡舱压。栈桥较长的接收站，可能设计回流鼓风机，此时则需要启动回流鼓风机。

16）全速卸料

当船上所有的卸船泵开启后，卸料速率达到最大值，则进入全速卸料状态。全速卸料后岸侧需要开启在线取样系统。

17）减速卸料

当船舱液位下降到预定值后，船上会逐渐停止卸船泵，随着卸船泵运行台数的减少，卸料速率逐渐降低，这个过程叫做减速卸料。减速卸料前，岸侧需要关闭在线取样系统。

18）停止向船上返气

减速卸料过程中，船方会要求逐渐减小返气量，最终停止返气。如果利用回流鼓风机进行返气，此时则需要停止回流鼓风机，船岸侧各自关闭返气管线的阀门。

19）停止卸料并建立码头保冷循环

减速卸料后，非 LNG 作为燃料的 LNG 船，则需要启动喷淋泵扫船舱。停止卸料后，若岸方设置有码头排净罐，则可以在进行卸料臂排净的同时建立码头保冷循环；如果岸方没有设置排净罐，则需要在卸料臂排净完成后，方可建立码头保冷循环。

20）卸料臂排净并置换

岸上打开卸料臂的吹扫氮气阀门，将液相臂加压到 4.5bar 时，船方打开管汇排净阀，卸料臂顶点及船上汇管法兰处的液体排向船侧，重复 2~3 次船侧排净后按照同样的加压方式加压到 4.5bar 后，岸方打开排净阀，将卸料臂的另一侧及相连的管线排净。

液相臂排净结束后，再次加压到 4.5bar，船侧、岸侧同时打开吹扫的放空阀，置换卸料臂内的可燃气体，直到可燃气体的含量低于 1%。

21）末次计量

排净结束后，相关方计量人员确认船舶卸料和吹扫已完成，确认是否具备末次计量条件。末次计量由大副、接收站代表和独立第三方和国检见证。

22）断开卸料臂

确认卸料臂 QCDC 处结冰已经融化后，按照卸料臂的操作规程将卸料臂与船方汇管法兰断开，并收回至存储位置进行锁定。断开卸料臂的顺序是先断开液相臂，最后断开气相臂。

23）末次会议

卸货后会议在船上会议室举行，海事经理或码头值班高级操作员和船长大副将参加会议，任何意外和作业中出现的困难都要进行讨论并商定改进措施。船岸完成卸货后进行安全检查并由双方认可。船岸还须交换离港相关的所有信息，完成必要的文件和记录并由双方确认。

24）断开船岸连接系统

ESD 电缆将在船舶计划离港时间 15~20min 前收回。拆卸 ESD 电缆时，船方应派人参加。

25）收回登船梯

在收回登船梯之前，船舶代理应向海事经理确认所有的访客和官员已经下船，引航员已经登上船舶。在收回登船梯过程中，应有船员在现场提供协助和监控。

26）LNG 船离泊

拖轮就位后，码头和船上相互确认已经做好离泊准备，船上要求码头依商定的顺序释放快速脱缆钩，码头查看船舶离泊情况。解缆作业由专业人员完成。

目前，比较常见的 LNG 载货量在 $14.5\sim26.7\times10^4m^3$。通常情况下，从靠泊至离泊，$14.5\times10^4m^3$ 船型需要接卸 24h，$26.7\times10^4m^3$ 船型需要接卸 30h。

2. 卸料控制

LNG 卸料系统是一个密闭输送的系统，LNG 由船方卸货泵加压后通过液相臂和卸料管线进入储罐，BOG 通过气相臂返回 LNG 船。如何匹配好物料传输的各个环节，在最短的时间里平稳完成卸料过程，需要关注以下几点：

1）卸料时间的控制

如果 LNG 船舶停靠超过规定的时间，不但会产生滞港费用，而且在海况和天气条件较恶劣的情况下，会增加危险事故发生的可能性。因此，卸料操作时间需要严格的控制。可通过以下措施控制卸料时间：

（1）认真做好卸船前检查，尤其对经常出现故障的设备仔细检查，尽量在卸船前发现隐患、解决问题。

（2）在船方同意的前提下，在船前会议时商量协定降低热态 ESD-A 测试的次数，节约时间。

（3）来船前，将岸上储罐的压力调整到合理的范围，一是储罐压力不能太低，尤其是没有回流鼓风机的接收站，保证卸船充足的返气量，以免船舱压力过低，影响卸料速度。二是考虑卸料过程中储罐压力的上升，避免储罐压力过高，放空火炬燃烧。

（4）保证吹扫卸料臂的氮气压力，严格按照操作程序操作，缩短排净与置换时间。

（5）由于卸料臂的排净和置换用时比较长，而且与恢复码头保冷循环、QCDC 处除冰互不影响，可同时进行。

2）卸料臂冷却速度的控制

在非卸船期间，卸料臂处于常温状态。要在短时间内（一般 1.0~1.5h）将卸料臂冷至-130℃以下，冷却速度的控制显得尤为关键。若速度过快，易导致管道和法兰收缩不均匀而发生泄漏。若速度过慢，又会延长卸料时间。卸料臂的最大冷却速率为 8~10℃/min，冷却过程中需要关注以下几点：

（1）压力和流量的控制。船上通过喷淋泵（每台 $50m^3/h$）为卸料臂预冷，压力和流量是控制预冷速率的关键。冷却卸料臂时，一般要求船上控制冷却流量不应超过 $100m^3/h$，卸料是可以通过控制船上管汇处的压力及冷却阀门的开度，控制冷却速率，确保卸料臂及其相关管线能够得到充分、缓慢的冷却。冷却过程中要重点关注液相臂 QCDC 位置是否泄漏。

（2）各阶段冷却速率的控制。预冷各阶段卸料臂所能承受冷却速率有所不同，可通过及时调节船侧冷却流量、压力和岸侧放空阀开度实现速率控制。预冷 QCDC 和 Style80 阶段，应尽量降低预冷速率以免发生泄漏，当结霜位置接近卸料臂的顶点 Style40 处时，应减小岸侧放空阀开度，以避免大量液体进入卸料管道，造成温度急剧下降。

3）再冷凝器的调整

再冷凝器是 LNG 接收站 BOG 处理系统的核心设备，利用过冷的 LNG 与压缩机输送的

BOG 充分换热使其液化，通过合理的气液比配置来达到再冷凝器的气液平衡。再冷凝器的气液平衡受 BOG 温度、气相空间组分及压缩机处理量变化的影响。

由于卸料臂冷却前期，冷却产生的 BOG 气体较高，并且接收站非卸船期间，气相返回管线由于无介质流动，基本也回温到常温状态，卸料臂冷却时，这部分温度较高的气体带回到 BOG 系统(BOG 回收工艺流程如图 2-13 所示)，压缩机进口温度上升，压缩后进入再冷凝器的温度也随之增加。

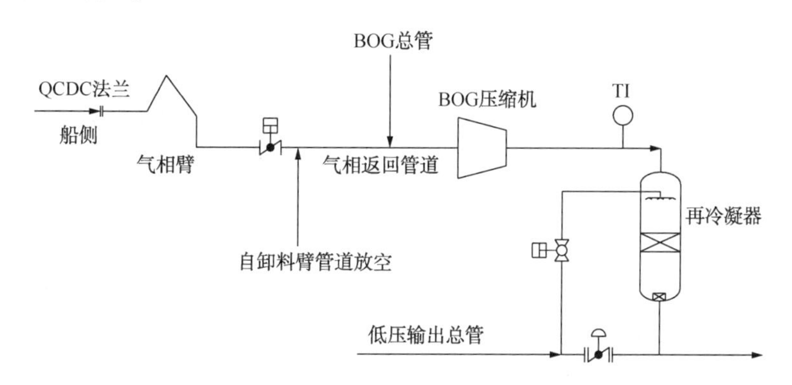

图 2-13　BOG 回收工艺流程图

如图 2-14 所示，由于预冷卸料臂产生的热 BOG 推动气相返回管道中，常温的天然气进入再冷凝器气相空间所致，再冷凝器气相温度在 2h 内(从 C 点至 D 点)快速上升 40℃。温度上升的幅度与气相返回管线的长度、管线内气体的温度成正比。

从 D 点至 E 点，储罐中温度较低的 BOG 气体进入再冷凝器，引起气相温度下降约 60℃。当温度快速下降时，极易造成再冷凝器的液位升高，尤其是在冬季调峰大外输的情况下。因此，卸船期间必须严密监控再冷凝器 BOG 的温度和液位，及时采取控制措施：

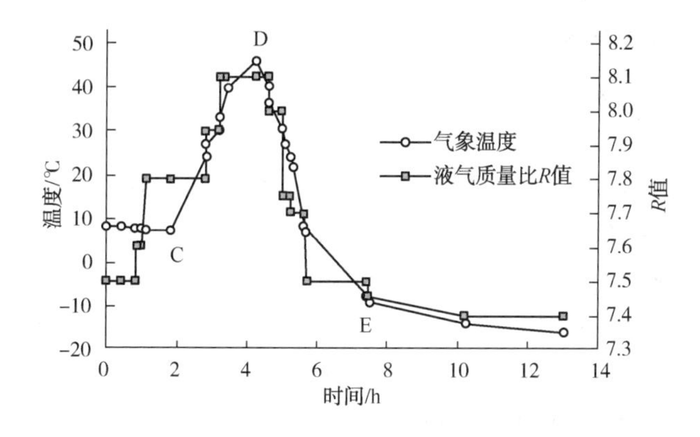

图 2-14　卸船期间再冷凝器气相空间温度随时间变化及对应控制规律

(1) 通过改变进入再冷凝器的 LNG 流量调节液位。改变进入再冷凝器的 LNG 流量有两种方式：第一种为改变液气质量比 R 值，当再冷凝器气相空间温度上升时，增大 R 值，更多的 LNG 将用于冷凝变热的 BOG，从而达到气液平衡的目的。相反，当再冷凝器气相空间温度下降时，适当降低 R 值即可。

(2) 通过改变进入再冷凝器的 BOG 流量调节液位。一般是在液位已经较高、外输量较大且通过调节进液量效果不佳时，可调节压缩机负荷实现再冷凝器液位调节。

4) 罐压的控制

为避免 LNG 储罐超压放空火炬，卸料时需密切监控罐压。罐压上升主要有以下两个原因：第一，预冷卸料臂时产生一部分热的 BOG 气体；第二，进入储罐的 LNG 压力突然降低，会闪蒸出大量 BOG 气体。当采用顶部进料时，闪蒸量更大，罐压上升更加明显。卸料期间罐压随时间变化如图 2-15 所示。

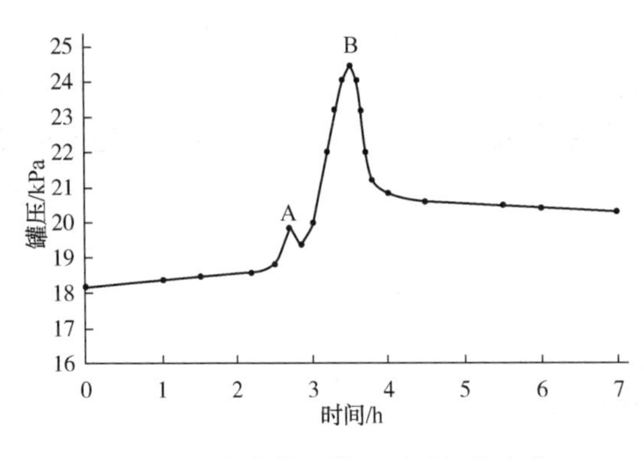

图 2-15　卸料期间罐压随时间的变化

在加速卸料的过程中，由于不断有热的 BOG 气体进入储罐，导致罐压上升。接近全速时(B 点)，由于向船上加速返气且进入储罐的 LNG 呈过冷状态，罐压开始急速下降直至最终达到平衡。

为有效地控制罐压，可采取以下措施：

(1) 来船前，提前降低罐压，为卸船期间罐压上升留足空间。

(2) 与船方沟通，船舶进港前，控制船舱压力处于较低的状态，以便卸船时能够正常的向船方返气。

(3) 根据罐压，适当地增减压缩机负荷。

(4) 控制卸船泵启动速率。正常情况下，每 5min 启动船上一台船泵。若监测到罐压快速上升，可与船方协调增加启泵时间间隔，降低热 LNG 进入储罐的速度，减小储罐压力上升的幅度。

三、卸料常见问题及处理措施

1. BOG 压缩机入口分液罐进液

在正常工况下，BOG 总管内一般是自然蒸发的甲烷气体，当接卸重组分 LNG 船时，在预冷卸料臂初期，大量的重烃(C_2H_6的常压露点为-89℃，C_3H_8的常压露点为-42℃)被气化，最后汇集到-130~145℃的 BOG 总管中，通过 BOG 压缩机入口分液罐时，在分液罐顶部捕雾器的作用下液化的重组分会在分液罐中累积，直至产生液位。

BOG 气体组分中重组分的增加导致混合气体的饱和露点升高，是 BOG 压缩机入口分液罐液相产生的根本原因，进入 BOG 气体的重组分含量越大时，饱和露点上升越明显，则 BOG 压缩机入口分液罐产生液相的可能性更大。当接卸重组分 LNG 船时，应密切监控分液罐液位，防止因液位过高影响压缩机运行，必要时可对分液罐排液。卸完船后应及时排净码头排净罐的液体，防止其中重烃组分气化进入 BOG 总管最终在分液罐中积液。

2. 误触发 ESD-A

在卸船过程中，由于误操作或实际需要触发 ESD-A 后，首先应弄清楚触发原因，待卸料臂回到安全的工作区域后依次对船岸连接系统、船上 SIS、卸料臂自身逻辑、岸上 SIS 进行复位。然后打开 DBV、相关工艺隔离阀恢复卸料。

四、装船操作

1. LNG 船舶的冷却

LNG 船在运营中装载温度为-162℃，但在建造之后、定期检查或卸货之后船舱温度远高于这一数值。正常运营过程中，一般在前航次卸货时要留 10%的 LNG，航行过程中由扫舱泵/喷淋泵喷淋 LNG 到舱内，使 LNG 船舱保持冷态。但是，在压载航行中，一般在装货前还要进行喷淋预冷作业，使货舱整个舱体都被冷却。为了减小船舱内的温度梯度，进而减少装入 LNG 和液舱舱体的温度差，以防止装船时对船舱的热冲击和过大的热应力及 LNG 快速气化导致船舱压力快速上升，LNG 船在装载前要向船舱内喷入少量 LNG 进行降温。

喷淋预冷是将来自岸上或甲板储气罐中的冷却介质通过喷淋管路从喷嘴喷入 LNG 船舱。来自卸货总管的 LNG 通过预冷主管和货舱气穹进入喷淋管，LNG 船舱的喷淋管路包括在货舱内部顶端的两个喷淋组件，用于将 LNG 分散到各个喷嘴，以起到帮助蒸发从而加快冷却速率的目的。采用喷淋式的方法，将 LNG 喷洒在船舱，吸热产生蒸汽，从而对船舱降温，船舱的冷却速度可以通过支管上的控制阀控制流量实现调节。

2. 装船的控制

当 LNG 船舱冷却结束后，可以进行 LNG 的充装。LNG 从底部进入船舱，LNG 充装时一般不装满整个船舱，而是留有 2%的空间。整个装船过程中应与船方保持密切联系，当卸货量接近计划卸货量时，应提前停止部分卸船泵降低卸速。

五、卸料系统的保冷

1. 码头保冷循环流程

在非卸船期间，低压输出总管的一部分 LNG 通过码头保冷管线进入卸料总管，使码头及栈桥的工艺管线保持冷态。

LNG 从低压输出总管进入码头循环管线，再进入卸料总管，对卸料总管进行保冷。从卸料总管返回的 LNG 有两种处理方式：一种是直接回储罐；另一种是大部分返回到低压输出总管流向再冷凝器，少部分经卸料线返回储罐，以保证进储罐的卸料管线的冷态。

回储罐流程的优点是操作简单，低压泵输出的 LNG 经过码头保冷循环后直接回到储罐，如果触发联锁等情况使码头保冷循环意外中断，对下游的低压输出系统及再冷凝器的影响较小。

回再冷凝器流程的优点是接收站中低压泵输出的 LNG 全部外输，比较节能。同时，接收站不会有压力相对较高的 LNG 持续进入储罐，LNG 的闪蒸量较小，有利于控制储罐的压力。

1）保冷循环回储罐流程

图 2-16 为码头保冷循环返回储罐工艺流程图。

2）保冷循环回再冷凝器流程

图 2-17 为码头保冷循环返去再冷凝器工艺流程图。

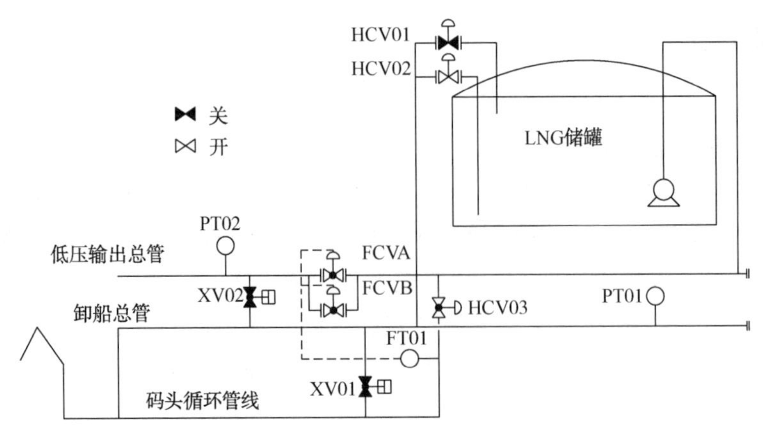

图 2-16　码头保冷循环返回储罐工艺流程图

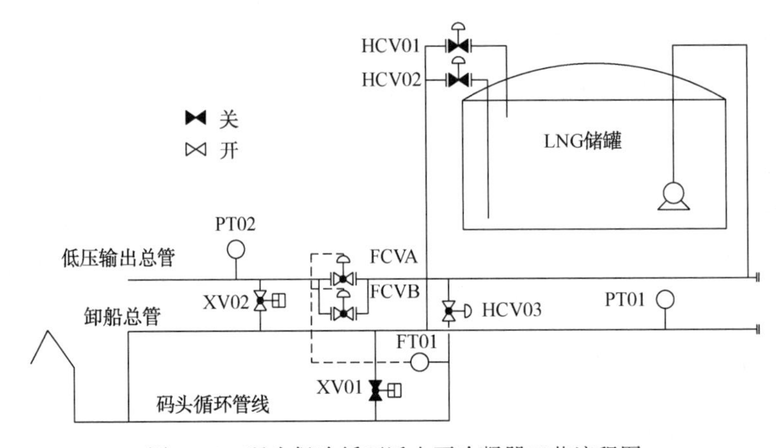

图 2-17　码头保冷循环返去再冷凝器工艺流程图

2. 码头保冷循环流量控制

1）流量控制原则

建立码头保冷循环的目的是使卸船总管保持冷态。因此，保冷循环流量应至少使卸船总管温升不超过 4℃，且上下表面基本无温差。在外输量允许的情况下，可适当提高循环量。

2）建立码头保冷循环流量操作步骤

码头保冷循环的 LNG 可返回储罐或进入再冷凝器，以下建立码头保冷循环流量的过程均以进入再冷凝器为例。保冷循环的建立过程因卸船总管是否处于冷态而不同。

当卸料操作完成后，卸船总管处于冷态（保冷循环管线的最大温差不大于 4℃），可按如下步骤建立码头保冷循环：

（1）关闭阀门 XV01（为了保证安全，XV01 与 HCV01 同时打开）。

（2）缓慢打开阀 HCV03 较小的开度（5%～10%）对保冷循环管线进行充压，同时及时调整低压泵的出口流量，保证低压输出总管压力稳定，并监控再冷凝器的运行状态，匹配上下游流量。

（3）观察压力显示 PI01 接近 PI02 时，打开 XV02，同时监控再冷凝器的运行状态，匹配上下游流量。

(4) 缓慢增开 HCV03 至全开，同时手动缓慢调节阀 FCVA/B，保证低压输出总管压力稳定，并观察 FI01 流量。

(5) 在 FI01 流量接近设定值并趋于稳定时，将控制器 FIC01 切换到自动模式。

如果由于某种原因，卸船结束后保冷循环管线已经变热(保冷循环管线的最大温差大于4℃)，可按如下步骤建立码头保冷循环：

(1) 关闭阀门 XV01。

(2) 打开 HCV02 开度 10%。

(3) 手动缓慢打开 HCV03，同时增开低压泵出口流量，监控再冷凝器的运行状态，观察 FI01 流量显示接近管道保冷所需设定值。

(4) 观察卸船总管及保冷管线上表面温度计，直到卸船总管处于冷态，且温差不大于4℃(时间大约为 8~9h)。

(5) 关闭 HCV02，调节低压泵的出口阀，同时调节 HCV03(保持阀位大约 10%)，对保冷循环管线进行充压。

(6) 观察压力显示 PI01 接近 PI02 时，打开 XV02，同时监控再冷凝器的运行状态，匹配上下游流量。

(7) 缓慢增开 HCV03 至全开，同时手动缓慢调节阀 FCVA/B，保证低压输出总管压力稳定，并观察 FI01 流量。

(8) 在 FI01 流量接近设定值并趋于稳定时，将控制器 FIC01 切换到自动模式。

六、卸料臂常见问题及处理措施

1. 电气仪表类故障

1) 接近开关故障

接近开关故障有以下原因：①接近开关本身故障；②线路问题，包括断电、低电压、线路虚接、电磁干扰等。

2) 油泵启动故障

油泵启动故障原因：①电源不通，三相电动机只要有两根线不通，就会造成这类故障；②电机本身绕组故障无法启动，电机绕组故障又分为绕组接地、绕组短路、绕组断路。

3) 遥控器常见故障

当出现通信故障时，应首先检查就地控制盘和遥控器设置是否正确，遥控器电池电量是否充足。在确认没有问题后再检查是否通信错误或无通信。当遥控器出现常见问题时，遥控器上的“BAT”灯会有相应的提示，可参考表 2-4 处理。

表 2-4 遥控器故障描述及相应处理措施

遥控器“BAT”灯	故障描述	措 施
保持稳定	正常状态，电量正常，系统无故障	
1s 闪一次(不停顿)	电池电量低	更换新电池
2s 一停顿	操作杆或开关不在中心位置	重新设置
3s 一停顿	遥控器故障	
4s 一停顿	低电量关机	更换新电池

续表

遥控器“BAT”灯	故障描述	措　施
5s 一停顿	遥控器无法读取动作	
6s 一停顿	由于没有动作将自动关机	随意动作一个开关或操作杆

2. 机械类故障

1）回转接头氮气流量不足

检查氮气流量控制箱流量、压力是否足够，如没有问题则检查卸料臂上氮气软管是否有断裂、脱落。

2）DBV 无法打开

检查控制 DBV 打开的电磁阀得电后是否正常动作，如果电磁阀故障，需要在电磁阀组箱内，手动操作电磁阀将 DBV 阀门打开。检查是否有逻辑限制，在卸料状态下，ESD-A 触发会使 DBV 关闭，再次打开 DBV 的前提是逻辑复位和 PERC 钥匙不在就地控制盘上处于工作位置。如果条件不满足，则 DBV 无法打开。

当接近开关检测不到 PERC COLLER 就位时，ESD-A 触发后 DBV 无法打开，目的是为了防止无 PERC COLLER 时打开 DBV 可能造成 LNG 的泄漏。

上下球阀与密封之间是否有杂质颗粒也有可能成为阀门卡死的原因，可拆除夹具检查并清理杂质。

3）液压油缸故障

双球阀的开关动作是由一个串列气缸通过连杆带动完成。如果串列气缸导轨润滑不良，有卡涩现象也有可能使 DBV 无法开启。

4）QCDC 故障

QCDC 故障分为以下三种情况，应根据具体故障情况分析处理。

（1）动作速度慢。动作速度慢问题出在液压油供应上面，如果长期使用而未更换液压油，液压油品质下降、黏度增加导致动作变慢，也可能是液压油管路出现堵塞导致管路阻力变大动作变慢。解决办法：更换液压油，清理液压油分配模块。取掉抓爪限位，用遥控器操作使抓爪处于持续旋转状态 5min，确保液压油分配模块和液压马达中的液压油置换完全。

（2）同步性不好。手动操作后并未平衡抓爪，抓爪动作的摩擦系统并未工作，液压油管线中存在气泡均会导致其同步性变差。解决办法：手动操作后，要求把所有抓爪至于全开位置之后才进行动作，抓爪摩擦系统出现问题应对抓爪进行更换，液压油管线中如含有气泡应打开抓爪液压油分布单元的排气孔并启动液压油泵进行排气。

（3）法兰泄漏。法兰泄漏有两种原因：第一为密封圈损坏（包括主密封和 O 形环），更换密封圈即可；第二为 QCDC 液压油压力低，需要检查其具体原因，如管路油压低，可适当调节液压油压力，如管路压力没问题，应检查抓爪液压油分配模块的油供应是否存在问题。

第二节　储存系统

一、储罐的分类及结构

1. 根据储罐结构分类

根据结构不同，LNG 储罐主要分为以下五类：膜式罐、球形罐、单容罐、双容罐、全容罐。

1）膜式罐

膜式罐采用了不锈钢内膜和混凝土储罐外壁，可防止液体溢出，对防火和安全距离的要求与全容罐相同。操作灵活性比全容罐大，不锈钢内膜很薄，没有温度梯度的约束。

膜式罐提供了较好的安全设计，适宜在地震活动频繁及人口稠密地区使用。由于其结构特点，膜式罐会有微量泄漏。

2）球形罐

球形罐的内外罐均为球状。工作状态下，内罐为内压容器，外罐为真空外压容器。夹层通常为真空粉末隔热。

球形罐的优点是具有最小的表面积，因而所需的材料少，设备质量小，传热面积也少，具有良好的隔热保温效果。缺点是球壳的加工需要专用设备，精度要求高，且成形材料利用率最低。

3）单容罐

它分为单壁罐和双壁罐（由内罐和外容器组成），出于安全和隔热考虑，单壁罐未在LNG中使用。双壁单容罐的外罐是用普通碳钢制成，它不能承受低温的LNG和BOG，主要起固定和保护隔热层的作用。

单容罐的投资相对较低，施工周期较短，但安全性低，要求有较大的安全距离及占地面积。对安全检测和操作的要求较高，需要严格地保护以防止外部的腐蚀，运行费用高。由于单容罐操作压力较低，在卸船过程中，蒸发气不能返回到LNG船舱中，需增加一台回流鼓风机，将增大投资和操作费用。

4）双容罐

双容罐具有能耐低温的金属材料或混凝土的外罐，在内筒发生泄漏时，气体会发生外泄，但液体不会外泄，增强了外部的安全性，同时在外界发生危险时其外部的混凝土墙也有一定的保护作用。安全性较单容罐高。

与单容罐相比，双容罐不需要设置防火堤但仍需要较大的安全防护距离，操作压力也较低，需要设回流鼓风机，且双容罐的投资略高于单容罐。

5）全容罐

全容罐的结构采用9%镍钢内罐、9%镍钢外罐或混凝土外罐，外罐到内罐1~2m，可允许内罐里的LNG和气体向外罐泄漏，安全性高。

全容罐的设计压力高，在卸船时可利用罐内气体自身压力将蒸发气返回LNG船。与单容罐和双容罐相比，虽建设费用高，但运营费用却低很多。在LNG储存越来越大型化，并且对储存安全性要求越来越高的今天，全容罐已成为现在接收站普遍采用的形式。

2. 根据储罐桩基类型分类

根据储罐的桩基类型，LNG储罐可分为座底式和架空式。

3. 根据储罐埋地方式分类

根据储罐的埋地方式，LNG储罐可分为地上罐和地下罐，地下储罐又分为埋置式和池内式。地下储罐投资非常高、交付周期长。除非有特殊要求，一般选建地上罐。

二、储罐的仪表及附属设施

1. 储罐液位计

1）伺服液位计

伺服液位计主要由浮子、测量钢丝、磁鼓、伺服马达组成，测量的基本原理是通过检测浮子上浮力的变化来测量液位。图 2-18 为伺服液位计测量原理图。

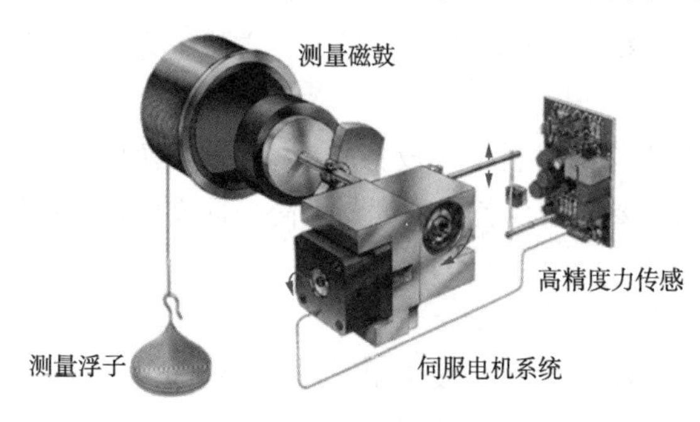

图 2-18　伺服液位计测量原理图

浮子由缠绕在带槽的测量磁鼓上的测量钢丝吊着。磁鼓通过磁耦合与步进马达相连接。测量钢丝上的张力表现为测量浮子所受的重力与浮力的合力。当液位下降时，测量浮子所受浮力减小，则测量钢丝上的张力增加，张力的改变立即传达至力传感器的张力丝上，使其拉紧，检震器检测到张力丝上的频率增加，伺服控制器随即发出命令，令伺服电机带动测量鼓逆时针转动，伺服电机以 0.05mm 的步幅放下测量钢丝，测量浮子在不断地跟踪液位下降的同时，计数器记录了伺服电机的转动步数，并自动地计算出测量浮子的位移量，即液位的变化量。当液位上升时，测量过程相反。

2）雷达液位计

雷达液位计采用发射—反射—接收的工作模式。雷达液位计的天线发射出电磁波，这些波经 LNG 表面反射后，再被天线接收。通过测量电磁波运行时间即可算出雷达液位计到液面的距离。

雷达液位计只能精准测量 LNG 储罐的高液位值，因此，雷达液位计一般只用于 LNG 储罐高高液位联锁的液位测量。

2. 储罐压力表

1）绝压表

绝压表以绝对零压为基准开始计量压力，它能对低于一个大气压的真空环境进行测量，因此又叫真空表。绝压表的压力测量与大气压的波动无关。

2）表压表

表压表是以一个大气压为基准开始计量的，表压 = 绝压 - 一个大气压。表压表只能用于高于一个大气压的环境进行测量。

接收站通过调节 BOG 压缩机的负荷实现储罐压力的控制。由于不同的工程项目大气压变化对 BOG 量的影响程度不同，控制 BOG 压缩机运行负荷的储罐压力信号来源也不相同。

采用表压信号控制 LNG 储罐的压力时，当大气压力降低，储罐表压会升高，为了维持表压设定值，此时会增大 BOG 压缩机的运行负荷来实现降低储罐的绝对压力直至储罐表压达到设定值，此过程首先会造成一部分 BOG 从 LNG 储罐气相空间进入 BOG 管道，其次由于变化后储罐绝压低于变化之前绝压，就会造成气液界面中部分 LNG 气化为 BOG，所以大气压力降低会增大 BOG 的生产量。因此，对于大气压波动较为频繁又采用表压控制的接收站，必须将大气压的变化考虑到 BOG 量的计算和处理当中。而对于采用绝压控制的接收站则无须考虑大气压变化的影响。

3. 储罐的安全阀

1）泄压阀

泄压阀用于在储罐压力超过设计最高压力时将高压 BOG 泄放至大气中。全容储罐压力一般设定在 29kPa。

2）破真空安全阀

当储罐压力低于一定值时，破真空安全阀开启将空气引入储罐中保证储罐安全。全容储罐压力一般设定在-0.22kPa。

储罐设计时，根据超压泄放的 BOG 的最大量和最大可能产生最大负压的量，设置储罐泄压阀与破真空安全阀的个数。但是，考虑到现场的安全阀检修及检定，一般每个储罐同一类型安全阀必须有一个备用。为了防止误操作将安全阀的根阀关闭，使多个安全阀同时处于不投用状态，安全阀的根阀上设置了一套机械锁定装置，保证任何时候只有一个安全阀能够被隔离。原理是机械锁定装置只有一把关闭阀门的钥匙，如果此时关闭钥匙插在某一台安全阀根阀上，即一个安全阀根阀处于关闭的位置，只有阀门打开位置插入打开的钥匙，并将根阀打开后，关闭的钥匙才能拔出，插入到其他的根阀上，所以保证最多只能关闭一台安全阀的根阀。

4. 储罐的消防系统

1）干粉系统

每个 LNG 储罐罐顶的泄压阀处设置固定式干粉灭火系统，用于扑救泄压阀出口处的火灾。系统采用自动控制方式，与火焰探测器的信号进行自动联锁。

2）水喷淋系统

固定式水喷淋系统包括管道、雨淋阀组、过滤器和喷头等组件构成，储罐上的水喷淋管道通过雨淋阀与接收站 1.1MPa 消防水管道相连，当火灾发生时，雨淋阀能快速动作，为 LNG 储罐提供冷却防护。

3）泄漏收集系统

泄漏收集系统主要由 LNG 泄漏收集区、导液槽、LNG 收集池等组成。LNG 收集池可防止泄漏的 LNG 形成大面积的液池，减少了 LNG 的蒸发，从而减小了发生火灾的严重性。LNG 泄漏到泄漏收集池后，采用高倍泡沫灭火系统进一步控制 LNG 的挥发速率，从而降低其形成蒸气云发生爆炸和火灾的危险性。

4）泡沫系统

泡沫系统主要由雨淋阀、泡沫罐、比例混合装置、高倍泡沫发生器组成。当 LNG 发生大量泄漏时，泄漏的 LNG 通过导液槽进入泄漏收集池。雨淋阀开启后泡沫液与 1.1MPa 消防水在比例混合装置混合，并通过泡沫发生器喷出对泄漏收集池中的 LNG 进行覆盖。

5. 储罐吊车

储罐吊车用于在罐顶底间吊运物资。由于罐顶作业主要集中在泵平台，因此，一般选用安装在泵平台的单臂吊。

单臂吊由基座、回转轴承、吊臂、绞盘、电机等组成，以下是一种使用于大型 LNG 储罐的单臂吊参数(表 2-5)。

表 2-5　一种用于大型 LNG 储罐的单臂吊参数

型号	XC-1111	型号	XC-1111
牵引速度/(m/min)	4	主负荷工作半径/m	2.5~13.5
主负荷/t	3	小负荷工作半径/m	2.5~16
小负荷/t	1	总举升高度/m	60.65

三、储罐的保温

1. 储罐的剖面图

图 2-19 为储罐的剖面图。

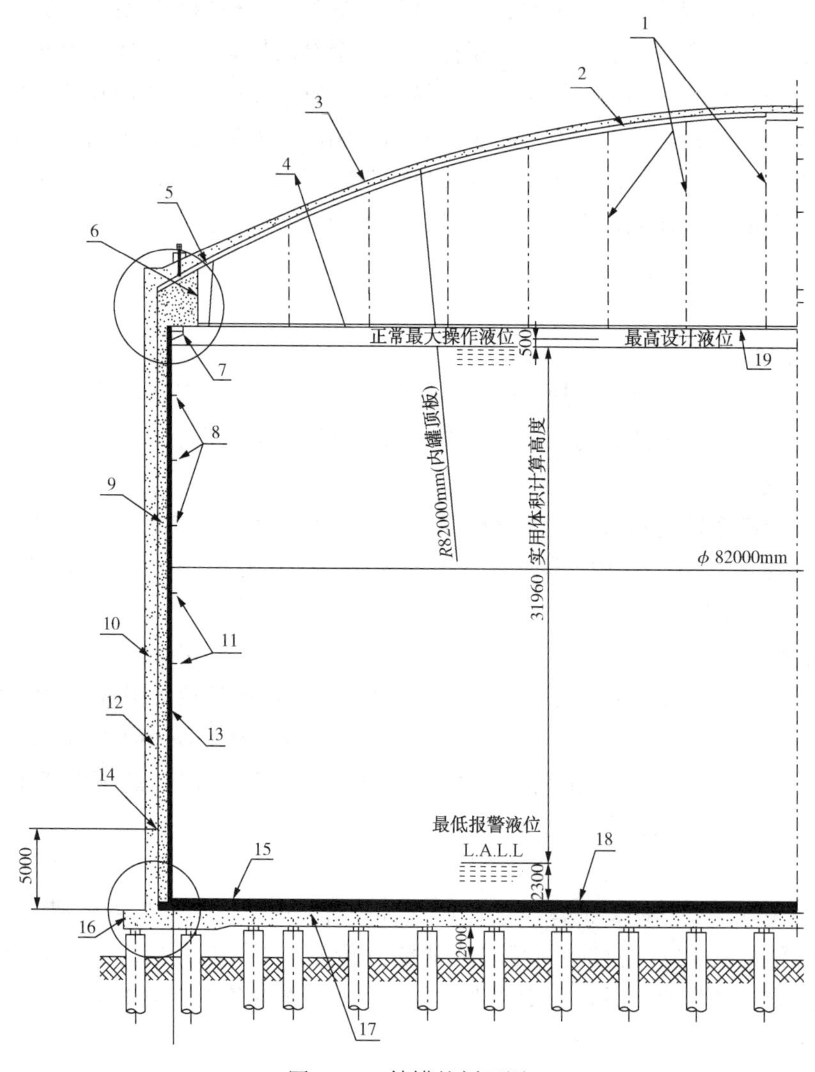

图 2-19　储罐的剖面图

1—中间吊架；2—塑钢梁；3—钢筋混凝土拱顶；4—玻璃纤维；5—外吊架；6—珍珠岩挡墙；7—顶部加强圈；8—中间加强圈；9—珍珠岩；10—预应力混凝土壁；11—中间加强件；12—外罐金属衬板；13—弹性毯；14—热角保护；15—内罐底板；16—混凝土底板；17—外罐金属底板；18—下层底板；19—铝吊顶

2. 储罐保温材料

为了确保在设计环境下储罐的日最大蒸发量不超过储罐容量的0.05%，储罐环隙空间、底板以及吊顶板都设有保冷层。

1）珍珠岩

珍珠岩由沿罐顶四周布置的珍珠岩填充口注入，填充于内外罐之间的环隙空间，在储罐顶部由玻璃纤维布与铝吊顶上方穹顶空间隔开。内罐外壁上设置三层100mm厚的弹性毡，最外层弹性毡由玻璃纤维布覆盖，并用保冷铆钉将玻璃纤维布和弹性毡连接在一起，弹性毡、玻璃纤维布、珍珠岩共同构成了1m的环隙空间。

2）保温棉毡

保温棉毡铺设在储罐铝吊顶上为储罐气相空间保冷。相邻两层应成90°交错铺设，最顶层由铝箔覆盖，铺设完成后最小厚度不应小于1m。

3）玻璃砖

玻璃砖又名泡沫玻璃保冷块，铺设于储罐内罐底板与外罐金属底板之间。玻璃砖分三层（每层150mm）对中交错铺设且应紧密排列，平整铺设。玻璃砖与玻璃砖之间、玻璃砖与素混凝土之间由沥青毡隔开。

四、储罐系统的压力控制

储罐的设计压力为-0.5~29kPa，为常压容器。一般情况下，影响储罐压力的因素有以下几项：卸船、LNG输量、压缩机负荷、大气压力。正常工况下，储罐的压力通过BOG压缩机回收储罐内产生的蒸发气进行控制。

1. 储罐超压控制

如遇储罐压力上升较快，压缩机不能及时处理大量的蒸发气时，可通过排放至火炬系统来保护储罐，以防止系统超压。排放过量的蒸发气至火炬系统是储罐的第一级超压保护：在LNG储罐压力达到放空火炬的设定值时，压力控制阀开启，蒸发气将直接排放到火炬总管，如果站场内的火炬处于检修状态，则操作员也可以手动打开罐顶的泄压阀，将超压的气体泄放到大气中。每座储罐还配备泄压阀是储罐的第二级超压保护，泄压阀的设定压力为储罐的设计压力，超压气体通过安装在罐顶的泄压阀直接排入大气。

2. 储罐低压控制

如遇储罐压力较低时，来自外输天然气总管的NG引入储罐，维持储罐内压力稳定；如果补充的NG气体不足以维持储罐的压力在操作范围内，空气通过安装在储罐上的真空安全阀进入罐内，维持储罐压力正常，保证储罐安全。

正常工况下，储罐压力通过调节BOG压缩机的处理量控制，如遇压力过高或过低，由下表所示措施控制压力（表2-6）。

表2-6 全容储罐压力与对应控制措施

罐压（表压）/kPa	对应动作	罐压（表压）/kPa	对应动作
-0.22	VSV开启引入空气	25.5	泄压至火炬
3	SIS联锁停低压泵、压缩机、回流鼓风机（如有）	26.5	压力高报警
4.5	利用外输高压NG为储罐补压	27.5	SIS联锁关闭进料阀、补气阀
6	压力低报警	29	PSV开启放空

五、储罐进料方式的选择

每座储罐设有2根进料管，既可以从顶部进料，也可以通过罐内插入立式进料管实现底部进料。进料方式取决于LNG运输船待卸的LNG与储罐内已有LNG的密度差。若船载LNG比储罐内LNG密度大，则船载的LNG从储罐顶部进入，反之，船载LNG从储罐底部进入。

由于顶部进料在卸料初期会产生大量的BOG使储罐压力上升，因此，如果船载LNG和储罐内已有LNG的密度相差不大，一般采用底部进料。

六、储罐翻滚的控制

1. 储罐日常监控参数

1）液位

储罐液位是计算接收站库存量、可接卸量、周转率的重要参数，也是判断储罐外输与进料的依据。储罐液位通过伺服液位计和雷达液位计测量。

2）压力

大型LNG储罐是常压储罐，为了保障储罐的安全，必须在一个最优的压力范围内运行，针对全容储罐推荐的压力范围为15~18kPa。日常运行中通过压缩机的负荷调节实现罐压的控制，当储罐压力过高时提高BOG压缩机负荷，反之，则降低压缩机负荷。

3）温度

LNG是低温深冷液体，当它受热气化时温度会发生显著变化，因此，监控储罐内LNG及气相空间温度能很好地判断罐内介质的状态。也可通过监控储罐环隙及热角保护壁板的温度来判断内罐的LNG是否存在外漏。

4）温度差与密度差

温度差与密度差由LTD测量，它是判断分层与否的依据。需定期查看并记录储罐的温度差与密度差，了解储罐分层状态，一旦有分层现象发生，积极采取应对措施。

2. 储罐翻滚的原因

当向已装有LNG的储罐中充注新的LNG液体，或由于LNG中氮的优先蒸发而使储罐内的液体发生分层，分层后的各层液体在储罐漏热的加热下，形成各自独立的自然对流循环。该循环使各层液体的密度不断发生变化，当相邻两层液体的密度接近时，两个液层就会发生强烈混合，引起储罐内过热的液体大量蒸发。

根据Bate-morrison模型将LNG在储罐内由正常的储存状态到形成翻滚现象分成以下几个步骤：

（1）储罐内LNG正常未发生分层(图2-20)，储罐从罐底、罐壁吸热，LNG气化成蒸发气(Boil-off Gas，以下简称BOG)。

（2）由于某种原因，储罐内LNG发生分层(图2-21)，形成上部密度小、下部密度大的两层的分层结构，上下两层LNG各自在进行自然对流。在分界面处，因上下两层间穿透对流和卷流引起界面向上或向下迁移。

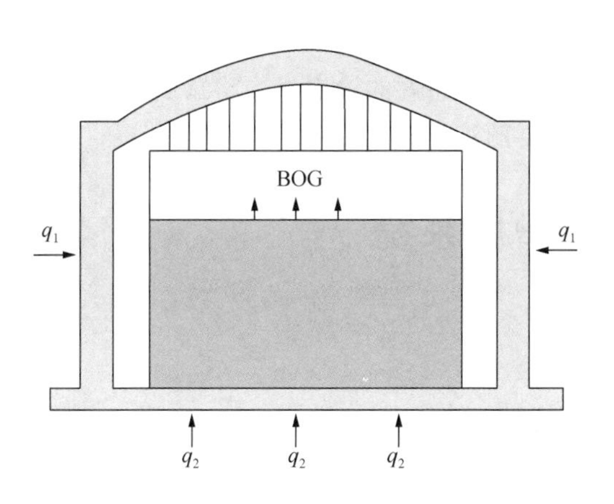

图 2-20 LNG 储罐未发生分层

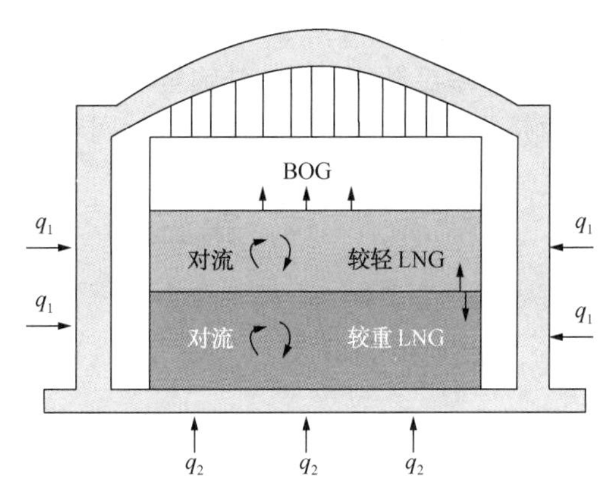

图 2-21 LNG 储罐发生分层

（3）密度趋同。上层密度轻的 LNG 由于轻组分的正常蒸发使密度不断增大，下层密度大的 LNG 由于气化的 BOG 在静压头的作用下无法释放，密度不断减小。经过一段时间，上、下层密度相等，即发生储罐翻滚。储罐 LNG 上、下层密度演变如图 2-22 所示。

（4）两层混合，蒸发骤增。储罐内上、下两层趋同时，使下层吸热 LNG 内未蒸发的 LNG 快速蒸发，储罐内部出现急剧的对流，瞬间产生大量的 BOG，形成 LNG 储罐翻滚现象。如图 2-23 所示。

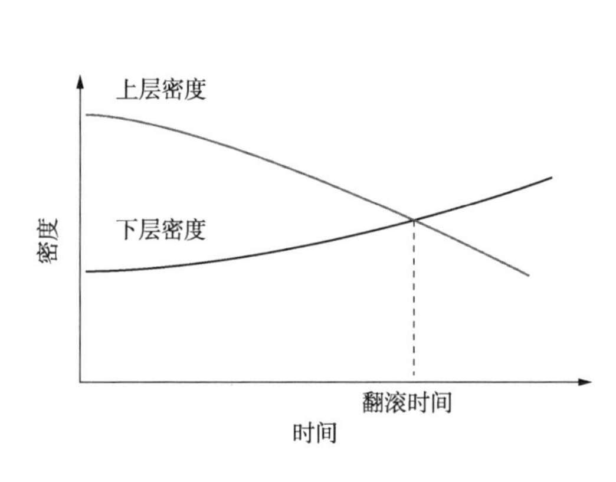

图 2-22 储罐 LNG 上、下层密度演变

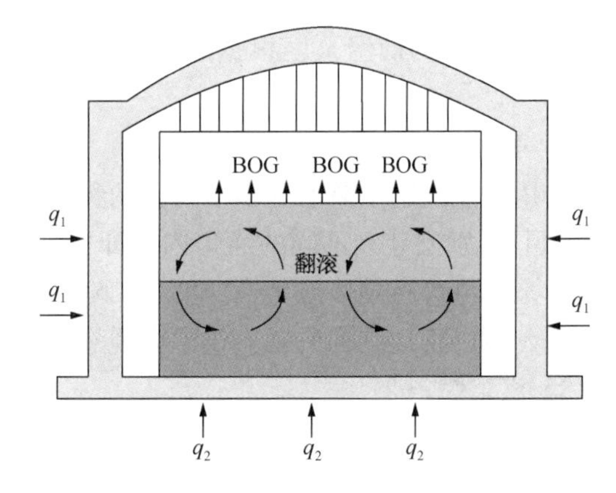

图 2-23 LNG 储罐发生翻滚

3. 处理分层的措施

因为储罐内液体分层到发生翻滚需要一定的时间，当监测到储罐分层时，操作上有时间采取一定的措施，打破储罐分层的状态，避免翻滚发生。储罐分层后可以采取的措施有：

1）储罐罐内循环

通过低压泵将储罐底层的 LNG 经自循环管线以顶部进料的方式引入储罐，较重的 LNG 会在重力作用下自然下降与原有顶部 LNG 混合。

2）倒罐流程

将已经分层的储罐的 LNG 倒入另一储罐中，进料方式则根据分层储罐与倒入罐的密度比较决定，当倒入罐的密度更小时，采用顶部进料，反之则采用底部进料。通过分层罐与倒入罐 LNG 的人工混合达到消除分层的目的。

3）增加外输量

如果储罐已经分层，在外输量允许的情况下可增大该储罐的输出量，将罐底的重组分的LNG直接外输。这样既解决了分层的问题，又不需要额外耗能。

第三节　LNG增压系统

一、低温泵的分类

1. 根据压力等级分类

根据压力等级对低温泵进行分类，压力小于1.6MPa的为低压泵，压力在1.6~4.0MPa的为中压泵，压力在4.0MPa以上的为高压泵。

1）低压泵

LNG低压泵是超低温立式潜液离心泵，安装在泵井内。低压泵的作用是将储罐内的LNG经过加压输送出储罐外输，为全站的管线及设备提供保冷的LNG，以及储罐分层翻滚的控制等。

2）高压泵

高压泵主要用于对来自上游的LNG进行再次加压，输送至气化器进行气化外输。

2. 根据应用场合分类

输送LNG的低温泵，根据应用场合分类可以分为船用泵、汽车燃料泵、高压泵和罐内泵。

1）船用泵

船用潜液式电动泵的基本形式有两种：固定安装型和可伸缩型。可伸缩型的泵与吸入阀（底部阀）分别安装在不同的通道内，即使在储罐充满液体的情况下，也可以安全地将发生故障的泵取出进行维修或更换。船用LNG泵安装在液舱的底部，直接与液货管路系统连接和支撑。通过特殊结构的动力供电电缆和特殊的气密方式，将电力从甲板送到电动机。

2）汽车燃料泵

当LNG作为汽车燃料时，LNG的转运和加注都需要用泵输送。汽车燃料加注泵也是一种潜液泵。结构紧凑，立式安装，特别适用于汽车燃料加注和低温罐车转运LNG。由于采用了安全的潜液电动机，电动机和泵都浸润在流体中，因此不需要普通泵必须具有的轴封。此外，在吸入口还增加了导流器，减少流体在吸入口的阻力，防止在泵的吸入口产生气蚀。整个泵安装在一个不锈钢容器内，不锈钢容器具有气、液分离作用，按照压力容器标准制造。泵的吸入口位于较低的位置，保证泵入口处于液体中。

3）高压泵

高压本泵的结构形式有安装在专用容器内的潜液式电动泵，也有普通外形的离心泵或活塞泵。安装潜液式泵的容器，按照压力容器规范制造，泵与电动机整体安装在容器内。容器相当于泵的外壳，通过进出口法兰与输配管道相连。LNG高压泵质量轻、安装和维护简单、噪声低。因为需要的排出压力比较高，通常采用多级泵。

4）罐内泵

大型的LNG储罐与外面管路的连接部位一般比液位高，这样比较安全，即使连接部位产生泄漏，也只是气体的泄漏，不会引起大量的 LNG 外溢。对于这种储罐，向外输出 LNG 时，必须采用潜液泵。潜液泵通常安装在储罐的底部。对于大型 LNG 储罐的泵，需要考虑维修的问题。如将泵安装在储罐底部，由于不可能将储罐内大量的 LNG 挪到别处再进行维修。因此，大型 LNG 储罐的潜液泵与电动机组件的安装有特殊的结构要求。常见的方法是为每一个泵设置一竖管，称之为泵井。泵的底座位于阀的上面，当泵安装到底座上以后，依靠泵的重力作用将阀门打开。泵井与 LNG 储罐连通，LNG 泵井内充满 LNG。如果将泵取出维修，阀门就失去了泵的重力作用，在弹簧的作用力和储罐内静压的共同作用下，使阀门关闭，起到了将储罐空间与泵井空间隔离的作用。

二、低压泵的结构

低压泵的结构如图 2-24 所示，为多级离心泵，属于全浸润型泵。结构主要有导流器、扩散器、叶轮、电机、主轴、轴承、推力自平衡机构（Thrust Equalist Mechanism，简称 TEM）、振动检测器、低温电缆等。LNG 泵的安全保护系统要求非常高，常用的有振动监测系统、电流过载保护系统、低电流保护系统、氮气密封保护系统、低流量报警、低压力报警等。LNG 储罐用低压泵还有吊缆和底阀等。

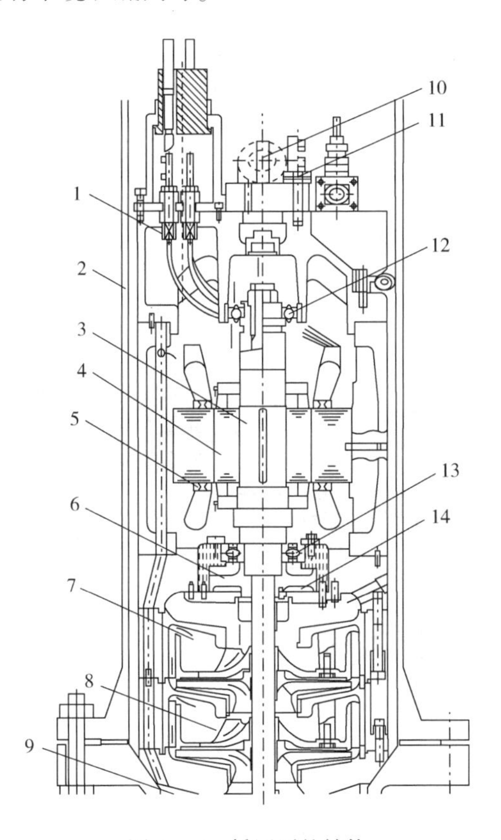

图 2-24 低压泵的结构

1—低温电缆；2—泵井；3—主轴；4—电机转子；5—电机定子；6—平衡块；7—扩散器；8—叶轮；9—导流器；10—吊耳；11—振动监测器；12—上轴承；13—下轴承；14—TEM

三、高压泵的结构

高压泵的结构如图 2-25 所示，属于潜液式多级离心泵。结构主要有导流器、扩散器、叶轮、电机、主轴、轴承、振动检测器等。

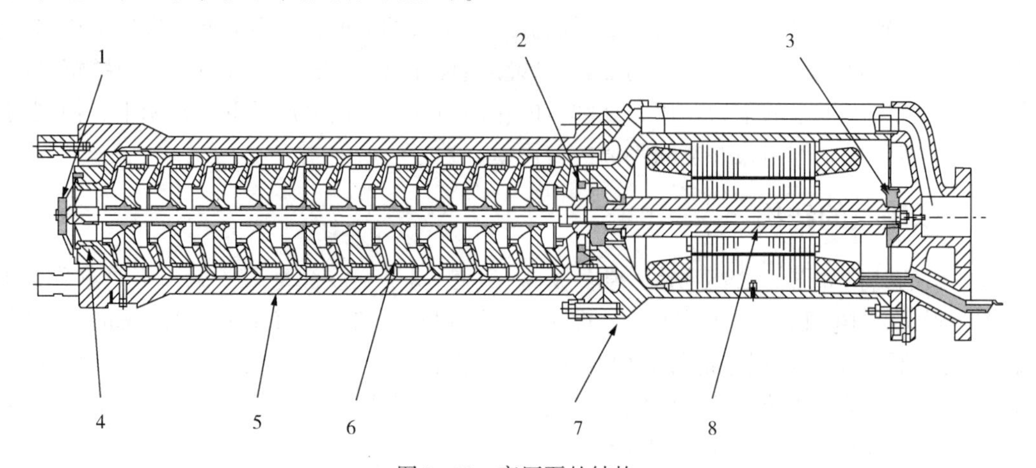

图 2-25　高压泵的结构

1—导流器；2—下轴承；3—上轴承；4—蜗壳；5—泵外壳；6—扩散器外壳/多级叶轮；7—电机外壳；8—轴/转子组件

四、低压泵的启停操作

图 2-26 为低压泵工艺流程简图。

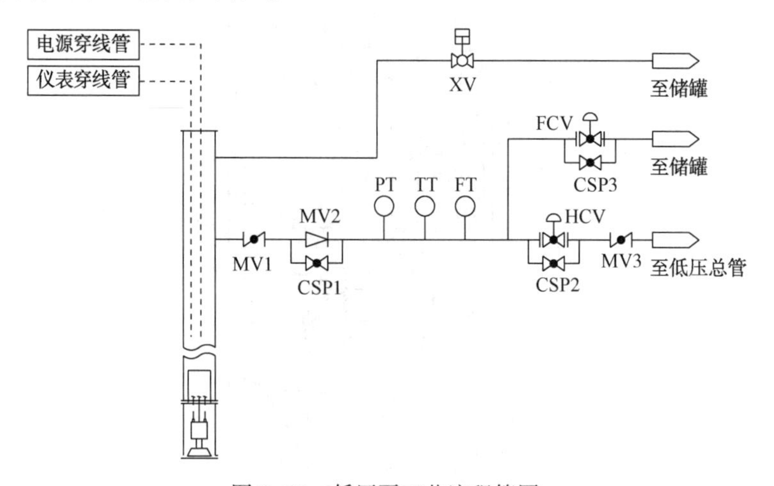

图 2-26　低压泵工艺流程简图

1. 低压泵启泵条件

（1）泵井的温度必须稳定在液体气化温度以下。

（2）管道的接头处无泄漏。

（3）保证泵井内有足够多的液体，达到允许最小液位。

（4）电源已经连接，且电源电压稳定。

（5）在确认主电板断电后，用兆欧表确认电源和泵电机的绝缘电阻，确保供电 2500V DC 时，绕组之间的绝缘电阻大于 5MΩ。

（6）保证电源、仪表电缆穿线管压力至少在 0.3MPa 以上。

（7）泵井的压力必须与储罐的压力相等，从而保证泵井的液位高度。

（8）保证出口管线内没有 BOG。

（9）确认 DCS 无限制启动条件。

2. 低压泵启动操作步骤

（1）将低压泵最小回流阀 FCV 设置为手动状态，打开 100%。

（2）在 DCS 上按下“启动”按钮。

（3）运行/停止状态指示器切换到“运行”，指示低压泵已启动。

（4）确认放空管线上的放空阀处于打开状态，可以放空泵井内气泵产生的气体。如果低压泵没有设计放空管线，需要确认最小回流阀 FCV 处于打开状态。一定时间后，确认泵注内的液体已经上升到泵出口，放空阀关闭。一般，此低压泵试车时计算了泵从低液位上升到泵出口的时间，将逻辑在 DCS 组态，泵启动延时该时间后，阀门自动关闭。

（5）观察电流表，电流强度升高到开机电流值，然后降低到正常电流范围内，电机正常启动。

（6）最小回流流量接近设定值并稳定时，将最小回流阀 FCV 切换为自动模式。

（7）电机启动之后，观察出口压力、流量计和电流表，压力和电流强度应该接近最小流量工况。

（8）通过调节低压泵出口阀 HCV 的开度将流量调节至所需值。

（9）检查最小回流阀 FCV 已自动关闭。

（10）观察低压泵的出口压力、流量、温度和电流表，将压力、流量和电流值与出厂数据进行比较。

3. 低压泵停止操作步骤

（1）逐渐关闭低压泵出口阀 HCV 至全关。

（2）检查最小回流阀 FCV 已自动打开；如果控制 FCV 的控制器处于手动状态，则需要手动缓慢地关闭 FCV 阀门。

（3）在 DCS 上按下“停泵”按钮，运行/停止状态指示器切换到“停止”，指示低压泵已停止运行。

（4）检查确认放空阀 XV 自动打开。

（5）将最小回流阀 FCV 设置为手动模式，关闭最小回流阀 FCV。

（6）确认出口管线的旁路阀和最小回流管线的旁路阀为开启状态，出口管线处于保冷状态。

五、低压泵保冷

1. 泵保冷流程

低压泵不运行时，为了保持出口管线为低温状态，即低压泵可以随时启动，低压总管内的 LNG 经过低压泵的出口阀 MV3 以及 HCV 阀的旁路 CSP3 阀反向进入低压泵出口管线，如图 2-26 所示，其中一部分 LNG 经过出口 MV02 的旁路 CSP1 流向泵井对出口管线保冷，另一部分 LNG 通过 FCV 阀的旁路 CSP2 进入储罐对最小回流管线保冷。

2. 冷量的控制

通过低压泵出口管线上的温度变送器来调节低压泵的保冷量，一般控制低压泵出口管线上温度不超过-130℃。如果出口管线温度较高，则适当开大 CSP1 和 CSP2，使出口管线始终保持在较低温度。如果出口管线温度很低，从节能的角度，可以适当关小 CSP1 和 CSP2，减少低压泵的保冷流量。

六、高压泵的启停操作

图 2-27 为高压泵工艺流程简图。

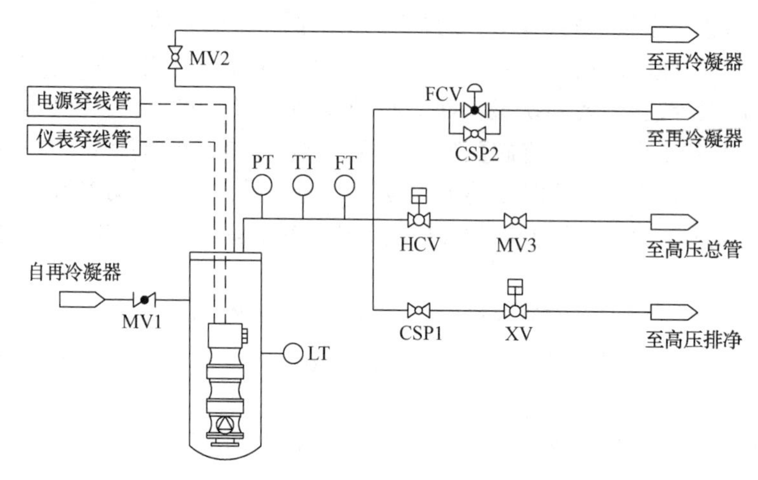

图 2-27 高压泵工艺流程简图

1. 高压泵启泵条件

(1) 泵罐的温度必须稳定在液体气化温度以下。

(2) 管道的接头处无泄漏。

(3) 保证泵罐内灌满 LNG，达到允许启泵液位条件。

(4) 电源已经连接，且电源电压稳定。

(5) 在确认主电板断电后，用兆欧表确认电源和泵电机的绝缘电阻，确保供电 2500V DC 时绕组之间的绝缘电阻大于 5MΩ。

(6) 保证电源、仪表电缆穿线管压力至少在 0.3MPa 以上。

(7) 保证出口管线内没有 BOG，泵井放空阀为打开状态。

(8) DCS 上无高压泵的启动限制条件。

2. 高压泵启动操作步骤

(1) 确认出口管线手阀 MV3 为关闭状态。

(2) 确认高压排净阀 XV 为关闭状态。

(3) 将最小回流阀 FCV 设置为手动状态，打开一定的开度，开度取决于 FCV 阀的阀门特性，一般试车调试时确定此阀位。

(4) 在就地控制盘或者 DCS 上按下“启动”按钮。

(5) 运行/停止状态指示器切换到“运行”，指示高压泵已启动。

（6）观察电流表，电流强度升高到开机电流值，然后降低到正常电流范围内，电机正常启动。

（7）当最小回流量接近设定值并稳定时，将最小回流阀 FCV 切换为自动状态。

（8）电机启动之后，观察出口压力、流量计和电流表，压力和电流强度应该接近最小流量工况。

（9）根据下游 LNG 的需求量调节出口手阀 MV3 和气动阀 HCV 的开度。

（10）观察高压泵的出口压力、流量、温度和电流表，将压力、流量和电流值与出厂数据进行比较。

3. 高压泵停止操作步骤

（1）确认最小回流阀 FCV 为自动状态。

（2）逐渐关闭高压泵的出口气动阀 HCV，确认最小回流阀 FCV 自动打开。

（3）在就地控制盘或者 DCS 上按下“停泵”按钮，运行/停止状态指示器切换到“停止”，指示高压泵已停止运行。

（4）将最下回流阀 FCV 设置为手动状态，关闭最小回流阀 FCV。

（5）打开高压排净管线上的气动阀 XV，LNG 从泵罐流出对出口管线进行保冷。

（6）确认最小回流阀的旁路保冷量满足出口温度要求，否则进行调整。

七、高压泵保冷

1. 泵保冷流程

如图 2-27 高压泵工艺流程简图所示，高压泵入口管线内的 LNG 进入泵井后，其中一部分 LNG 通过高压排净管线上的 CSP1 和 XV 阀进入高压排净管线，另一部分 LNG 则通过最小回流阀的旁路 CSP2 阀回流至再冷凝器对高压泵进行保冷。

2. 保冷量的控制

通过高压泵出口管线上的温度变送器来调节高压泵的保冷量，一般控制高压泵出口管线上温度不超过-130℃。如果出口管线温度较高，则适当开大 CSP1 和 CSP2，使出口管线始终保持在较低温度。如果出口管线温度很低，可以适当关小 CSP1 和 CSP2，但建议高压泵的出口管线的保冷量要适当地调大一点，因为如果保冷效果不好，高压泵出口管线上方出现气态，高压泵启动后，泵出口的安全阀易启跳。

八、高、低压泵常见的问题及处理措施

1. 低压泵常见问题及处理措施

（1）低压泵最小回流阀跟踪缓慢：调节控制器 P、I、D 值或者改变阀门特性曲线。

（2）叶轮气蚀：低压泵的气蚀比较少见，操作时只要保证低压泵不在储罐液位低低的情况下运行，即储罐液位低低联锁不能屏蔽，或者不长时间在流量低报警下运行，一般不会出现气蚀情况。

（3）振动大：轴承磨损时需要拆卸和更换；在最小流量下操作时需要增加流量；旋转元件损坏时需要找到损坏元件后更换或者维修；叶轮堵塞时需要做必要的清洁。

（4）噪声异常：停泵对其进行检修。

2. 高压泵常见问题及处理措施

（1）入口过滤器堵塞问题：关注入口过滤器的压差，定期对入口过滤器进行清理。

（2）高压泵振动：轴承磨损时需要拆卸和更换；在最小流量下操作时需要增加流量；旋转元件损坏时需要找到损坏元件后更换或者维修；叶轮堵塞时需要及时清理。

（3）叶轮气蚀：相对低压泵而言，高压泵的气蚀情况出现的可能性更大，设计时一般会设置泵罐液位低低、再冷凝器下游饱和蒸气压差低低、再冷凝器液位低低等联锁保护，运行时需要保证保护联锁不能随意屏蔽，从而保证高压泵不在吸入液体不足的情况下长时间运行。

（4）噪声异常：停泵对其进行检修，更换受损元件。

（5）出口阀门泄漏：检查阀门的填料是否需要更换或者拧紧其压盖。

第四节　BOG 处理系统

在接收站生产运行中，由于外界能量的输入会导致 LNG 蒸发产生大量的 BOG，主要表现在热量进入 LNG 储罐、热量进入保冷循环管道和卸料时 LNG 闪蒸等方面。因此，为了处理回收产生的 BOG，确保接收站运行的经济性和安全性，配备了 BOG 处理系统，其工艺处理流程如图 2-28 所示。

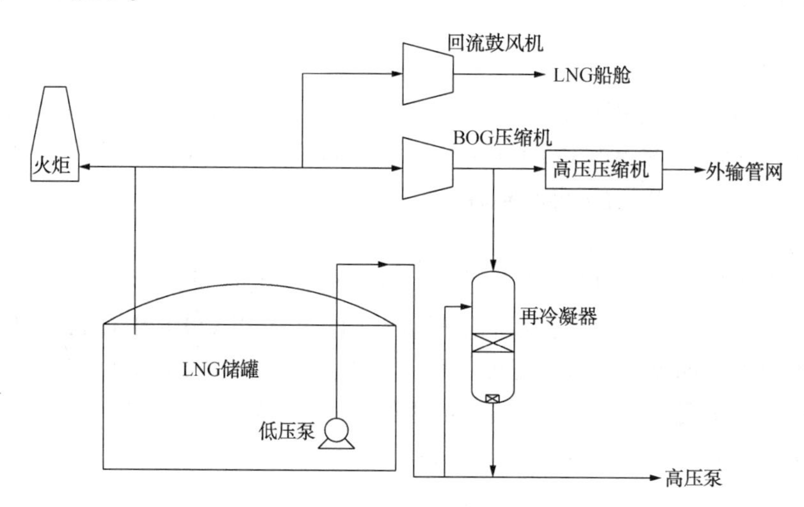

图 2-28　BOG 处理系统工艺流程图

一、压缩机的分类

接收站所采用的工艺气体压缩机，按照结构形式可分为往复式压缩机和离心式压缩机两种。

在进行接收站工艺气体压缩机设计选型时，既要考虑往复式压缩机和离心式压缩机各自的优缺点，又要综合考虑工艺、介质、环境与投资因素。因此，最终接收站所采用的 BOG 压缩机、增压机和 CNG 压缩机均为往复式结构，而回流鼓风机为离心式结构。

二、压缩机的结构

1. 往复式压缩机

往复式压缩机的结构形式分为立式和卧式两种。一般卧式压缩机的排量都比立式压缩机大，大排量的往复式压缩机设计成卧式结构，使运转平稳，安装方便。一般，无油润滑的往复式压缩机设计为立式结构，可减少活塞环的单边磨损。

虽然立式和卧式往复式压缩机结构形式有所不同，但其主要组成部分基本相同，主要包括两大部分：主机和辅机。主机包括机身、中体、传动部件、气缸组件、气阀、密封组件以及驱动机；辅机包括润滑油系统、冷却系统以及气路系统。如图 2-29 所示为典型往复式压缩机结构。

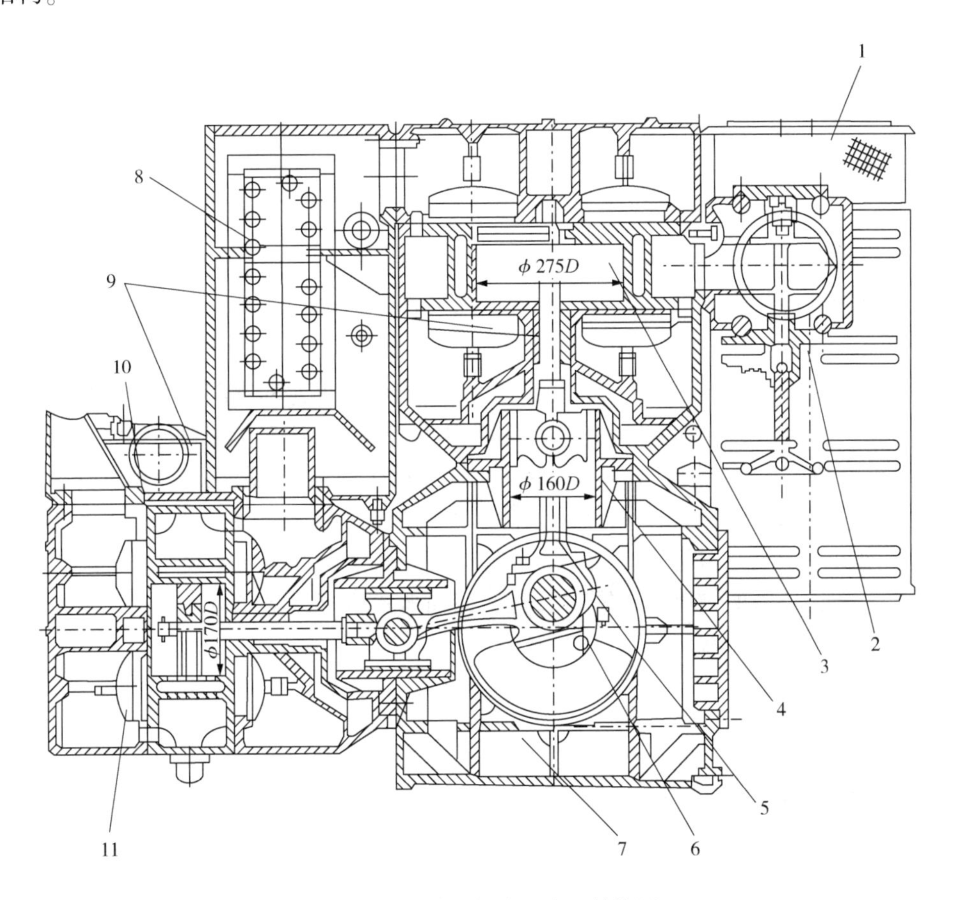

图 2-29 典型往复式压缩机结构图

1—进气滤清消声器；2—进气截止阀；3—低压级气缸；4—十字头；5—连杆；6—曲柄销；7—插入式导轨；8—中间冷却器；9—填料函；10—高压级气缸；11—气阀

2. 离心式压缩机

离心式压缩机有单级和多级之分。如图 2-30 所示为单级离心式压缩机结构，如图 2-31 所示为多级离心式压缩机结构。

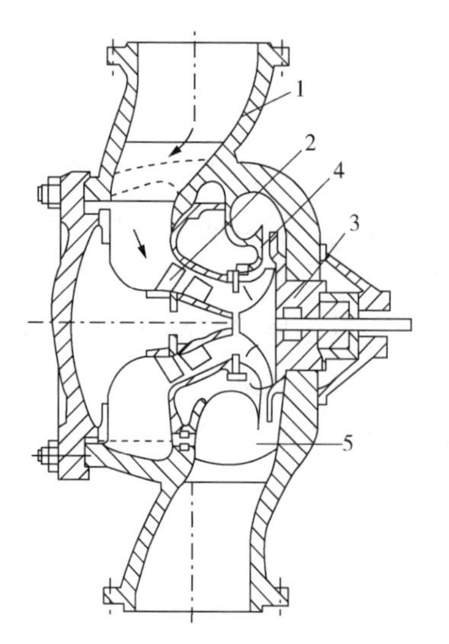

图 2-30　单级离心式压缩机结构图

1—进气缸；2—导向叶轮；3—涡轮盘；
4—扩压器；5—出口室(扩压器)

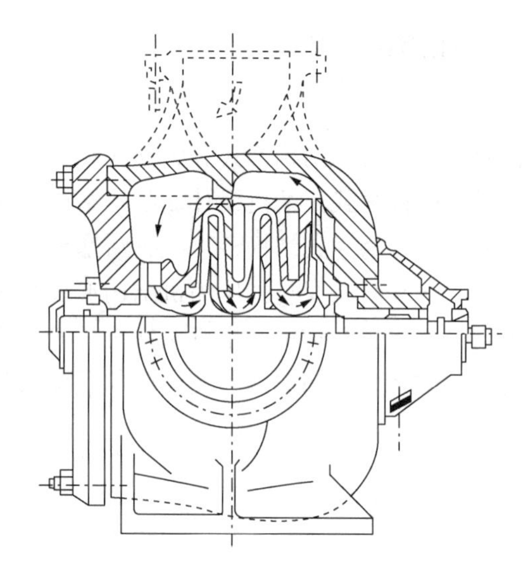

图 2-31　多级离心式压缩机结构图

离心式压缩机的主轴密封装置是非常重要的部件，能防止被压缩的气体向外泄漏，或使泄漏的量控制在允许的范围内。轴封主要有三种形式：机械接触密封、气体密封和浮动碳环密封。

机械接触密封经过不断的改进，能确保在运转和停机期间绝对不漏，当压缩机在空转或油泵不工作时，密封结构在停机状态也应不泄漏。对于用惰性气体来作密封材料时，惰性气体向内泄漏的可能性也应尽可能消除。密封的结构形式是可以变化的，取决于处理过程的要求。

气体密封结构采用干燥气体作密封材料，密封结构能控制密封气体只允许泄漏到环境中，而不能向机内泄漏。密封用的气体通常是一前一后地布置。气体缓冲系统应具有性能良好的过滤器，防止外来的物体进入密封装置。在轴承盒和密封盒之间，有一个附加的隔离密封，防止润滑油进入密封盒。

浮动碳环密封主要用于排出压力较低的压缩机，允许有少量的气体泄漏。这种密封可以干式运转。

三、压缩机负荷调节方式

1. 往复式压缩机

目前，在化工生产中往复式压缩机的气量调节方式主要有旁路调节、卸荷调节、余隙调节和无级气量调节几种方式。

1）旁路调节

旁路调节主要是通过管路中的旁通阀将机组排出的多余的气量经管道回流到机组的入口，以满足生产的负荷要求。这种调节方式具有调节方式最简单、能够进行连续的气量调节、同时不改变压缩机各级的压缩比、能够保证机组平稳运行。该方式虽然被普遍应用，但是在能耗方面也存在着很大的缺点，旁路调节并没有改变压缩机原有的压缩过程，多余的返回气体仍然被压缩，并没有降低压缩机的功耗，使压缩机做了许多无用功，浪费了大量的能源。同时，在生产操作中由于高压气体的返回容易造成入口分液罐超压。

2）卸荷调节

卸荷调节是通过外在的执行机构给吸气阀一个外力使吸气阀强制被压开并保持在压开的状态，使压缩机吸入的气体全部经吸气阀返回到入口，此种调节方式具有结构简单、操作方便、调节过程中气体只需要克服气阀开启和关闭的阻力所造成的低功耗。也是一种被广泛应用的调节方式。该方式的缺点是只能够对气量进行0%、25%、50%、75%、100%的阶梯调节，仅限于粗调节并不能做到精确调节。

3）余隙调节

往复式压缩机在设计时都要留有一定的余隙容积，该容积的主要目的是防止气体在压缩过程中产生液体造成撞缸事故以及起到一定的缓冲作用。余隙调节的方式是在气缸的缸头端加装一个外部的腔体，增大了压缩机的余隙容积，从而使压缩机的容积系数减小，使机组的排气量降低。通过对加装的外部腔体容积的改变能够对排气量实现不同范围的调节，调节的范围一般为60%~100%。日常生产中对余隙调节方式通常采用手动调节或者自动液压控制系统进行调节。该方式具有对执行机构要求低、调节时气体的阻力损失小等优点。

4）无级气量调节

无级气量调节也叫局部行程顶开吸气阀调节。该调节方式依靠的是额外的执行机构，目前国内多采用液压执行机构，在压缩机吸气的过程中打开吸气阀，在气体压缩的过程中适时地撤销所施加的强制外力造成吸气阀的延时关闭，使得一部分气体返回至压缩机的入口没有参与压缩过程。通过对吸气阀关闭的时间的控制使得机组实现在一定范围内的负荷的无级调节。该方法节能效果显著、理论上能够实现气量的0~100%全量程的连续调节、调节时能够保证压缩机运行稳定，经过长时间的实际应用的验证，无级调量系统可以实现20%~100%负荷气量调节范围。但该方法对执行机构的响应速度要求较高、对配套控制系统的准确性及执行机构的精密性要求严格，同时该系统对吸气阀的阀片寿命也会有一定的影响。

2. 离心式压缩机

由于叶轮和扩压器的标准化设计，离心式压缩机可以在很宽的范围内工作。对不同的使用场合，需要对负荷进行调节。负荷调节主要有四种方法：吸入口节流、排出口节流、调整进口导叶及改变转速。选择何种调节方法，需要根据装置的运行要求和准备考虑的压缩机运行点以及其他的运行点的效率仔细选择。

压缩机的排量可以通过调整进口导叶来实现，使压缩机的工作范围得到扩展，改进压缩机在部分负载下的特性，调节进口导叶也可以和速度控制结合起来。

四、BOG压缩机

BOG压缩机是接收站处理BOG的关键设备，主要用于加压处理储罐内过量BOG后送往再冷凝器，与进入再冷凝器的LNG直接接触后冷凝液化进行外输，从而维持储罐运行在合理的压力范围区间。

1. BOG压缩机的结构

目前，接收站使用的BOG压缩机以立式迷宫密封活塞往复式压缩机为主，其结构如图2-32所示。

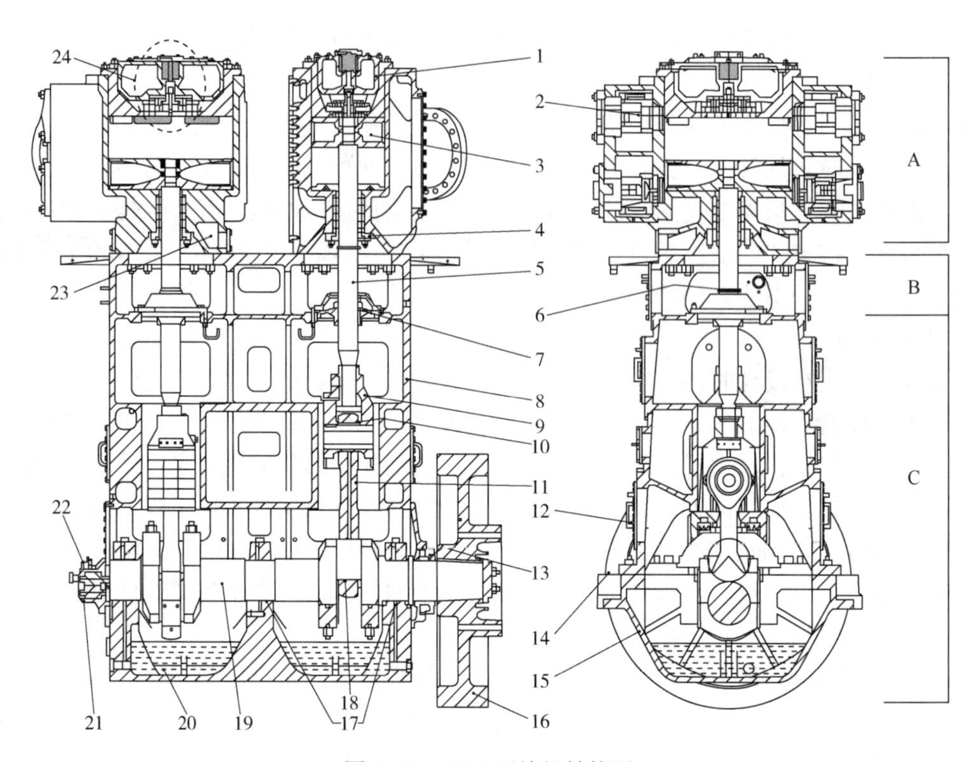

图 2-32　BOG 压缩机结构图

A—气缸；B—隔离段；C—曲柄机构；

1—气缸盖；2—阀门；3—活塞；4—活塞杆压盖；5—活塞杆；6—油挡；7—导向轴承；8—机架；9—十字头；10—十字头销轴承；11—连杆；12—机架盖；13—曲轴密封；14—地脚螺栓；15—底板；16—飞轮；17—曲轴轴承；18—连杆轴承；19—曲轴；20—滤油器；21—齿轮油泵；22—压力计；23—隔热装置；24—附加余隙控制装置

2. 负荷调节方式

正常运行时，BOG 压缩机的负荷控制由气缸上配备的卸荷阀和余隙阀两个可控气阀共同作用完成。通过控制可控气阀执行器上电磁阀的通断电，调整可控气阀的工作状态，进而改变气缸的进气量和工作容积，实现压缩机负荷从 25%—50%—75%—100% 的四档调节，满足工艺生产需求。但是，压缩机在 25% 负荷运行时，各级排气温度均会不断升高并接近报警值，因此不能长时间保持在此负荷下运行。

启动预冷时，BOG 压缩机出口还配备了循环回流阀，用于压缩机启动后维持在 50% 负荷下进行预冷。此循环回流阀仅作启动预冷用，不参与正常的负荷调节。

BOG 压缩机的负荷调节应由操作员手动进行。当压缩机处于“自动模式”时，操作员可在 DCS 上手动增减压缩机负荷，实现远程调节。

3. 辅助系统

BOG 压缩机辅助系统包括润滑油系统和冷却水系统。

1）润滑油系统

润滑油系统用于 BOG 压缩机启动前和正常运行时对轴承和十字头进行润滑，包括主油泵、辅油泵、电加热器、换热器、油过滤器和相关附属设施。其中，主油泵为主电机传动的齿轮油泵，辅油泵为单独供电的电泵。

BOG压缩机启动前，辅油泵应先启动，为压缩机轴承和十字头提供润滑油。

当压缩机启动后，辅油泵需与主油泵共同运行一段时间后停止，确保压缩机润滑正常。

当润滑油管路温度较低时，油箱内的油加热器与辅油泵同时启动运行，润滑油在管路中进行循环，防止润滑油凝冻。

润滑油管路上设置了双联油过滤器。压缩机运行过程中，若有一侧过滤器堵塞需要清理更换时，可直接切换至备用侧，不影响压缩机的正常运行。

2）冷却水系统

冷却水系统用于BOG压缩机运行时对其机体保温层、十字头、二级气缸和润滑油进行换热，包括冷却液储罐、冷却水泵、电加热器、空冷风扇和相关附属设施。

冷却液为50%的水和50%的乙二醇混合配制而成，最好选择经过处理的软化水进行配液。

冷却水系统一般配备两台冷却水泵，当系统压力因某些原因低于设定值时，备用泵则会自动启动，用于维持压缩机部件的正常冷却换热。若系统压力低于低限，则两台水泵均会联锁停机，压缩机延迟一段时间后停机。

冷却水系统温度控制主要由电加热器、空冷风扇和温度控制调节阀共同作用。其中，温度控制调节阀会根据监测温度调整通过电加热器和空冷风扇的冷却水量，进而完成冷却水温度的控制。

五、回流鼓风机

回流鼓风机主要用于LNG船卸料时加压接收站内的BOG，通过返气管线和气相臂返回船舱，维持船舱的压力平衡。一般情况下，栈桥距离较短的接收站不需要配备回流鼓风机，仅靠储罐和船舱之间的压差就可以向船舱返气。当接收站栈桥距离长时，返气管线长度随之增加，返气过程中压力损失较多，需要配备回流鼓风机提供足够的返气压力。

1. 回流鼓风机的结构

目前，接收站使用的回流鼓风机以CRYOSTAR公司生产制造的离心式鼓风机为主，其结构主要包括机壳、主轴、叶轮、轴承传动机构及电机等，如图2-33所示。

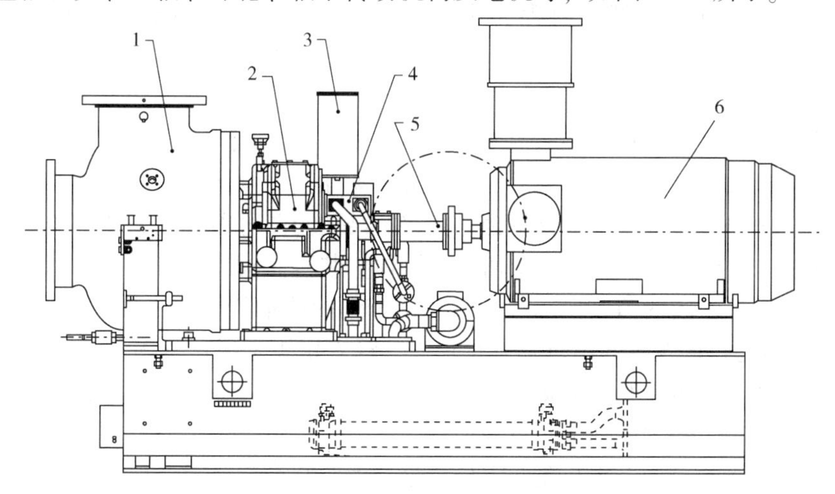

图2-33 回流鼓风机结构图

1—压缩机；2—齿轮箱；3—去油雾器；4—主油泵；5—联轴器；6—电机

2. 负荷调节方式

回流鼓风机的负荷调节通过调整进口导叶实现。进口导叶由 7 片导叶组成，呈放射状均匀分布于叶轮出口的周围。通过调整这些导叶的角度，可以改变导叶间的过流面积从而达到改变流量的目的。

回流鼓风机的负荷调节控制就地和远程均可实现。现场就地控制盘配备负荷调节旋钮，远程 DCS 设置负荷调节控制器，两者的输出调节范围均为 0~100%，但回流鼓风机实际运行负荷为两者低选后输出的结果。

3. 辅助系统

回流鼓风机辅助系统包括密封气系统和润滑油系统。

1）密封气系统

密封气系统的主要作用是确保润滑油不进入工艺气体中，同时避免工艺气体流向齿轮箱，保证回流鼓风机的运行安全。

密封气体一般采用由外部供应的氮气，且供应压力应高于回流鼓风机入口压力，在供气管路上设置压力控制阀保证供气压力稳定。若有密封气泄漏至齿轮箱，则会返回油箱，然后通过去油雾器进行排空。

2）润滑油系统

润滑油系统包括主油泵、辅油泵、冷却器、双联油过滤器和相关附属设施。其中，主油泵为主电机传动的齿轮油泵，辅油泵为单独供电的电泵。冷却器由电动风扇和换热管束组成，同时配备了温度控制阀防止润滑油被过度冷却，将温度维持在限定范围之内。双联油过滤器配备有堵塞指示器和压差变送器，当压差高于设定值时应及时进行切换并清理。

六、增压机

增压机用于在接收站处于零外输或者小于最小外输时，可将多余无法回收的 BOG 加压压缩至较高压力，直接进入外输管网。因此，增压机是某些特殊工况下 BOG 回收处理的关键设备，避免了 BOG 的放空燃烧，既经济又环保。

下面，以沈阳某压缩机股份有限公司生产的 4M45-49.7/7-95.5 型增压机为例进行介绍。

1. 增压机的结构

增压机为四列三级、对称平衡式往复式压缩机。一级两个气缸，二级、三级各一个气缸，均为双作用，进排气口均为上进下出。气缸为无油润滑设计，无油润滑操作、水冷式双作用；布置方式为单层布置，带检修平台。其整机结构简图可参看图 2-34。

机体由机身、中体组成，为对称平衡式，机体中装有曲轴、连杆、十字头。

曲轴是由主轴颈、曲柄销、拐臂等组成，相对列的曲柄错角为 180°，相邻列的曲柄错角为 90°。轴伸端通过法兰盘与电机及飞轮相连，输入扭矩是通过紧固法兰盘上的螺栓使连接面上产生的摩擦力来传递的。轴体内不钻油孔，以减少应力集中现象，润滑油由机身内的进油管进入各轴承盖，经过主轴承润滑主轴颈。

连杆分为连杆体和连杆大头瓦盖两部分。连杆大头瓦为剖分式，连杆小头及小头衬套为整体式。连杆体内沿杆体轴向钻有油孔，并与大小头瓦背环槽连通，润滑油经环形槽并通过轴瓦上的径向油孔实现对曲柄销的润滑。

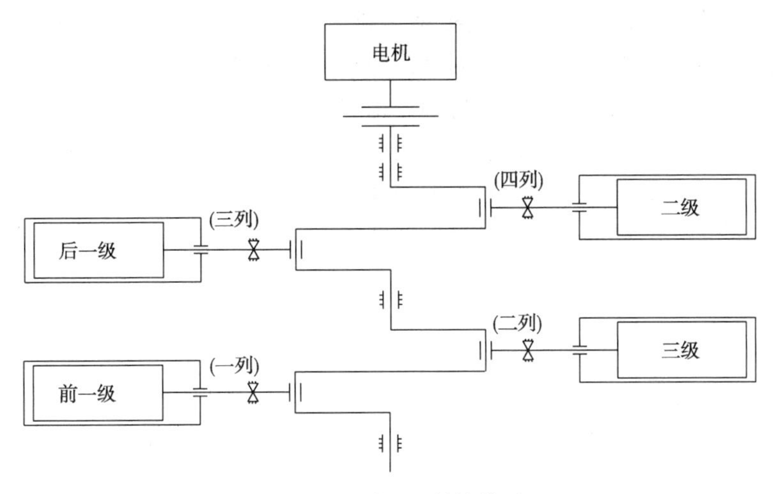

图 2-34 增压机结构简图

十字头为双侧圆筒形分体组合式结构，十字头销为直销形式，安装固定于十字头销孔中，销体内分布轴向和径向油孔，用于润滑油的输送。

压缩机活塞杆密封填料，也是压缩机重要部件之一，用以密封气缸中高压气体沿活塞杆的外泄漏，密封填料由若干组密封环组成。

中间接筒是中体与气缸连接的桥梁，通过螺栓螺母把中体和气缸联在一起。与中体连接侧设有刮油器部件，由压盖、壳体、刮油环组成，是为刮下活塞杆上黏附的润滑油，防止机身润滑油进入缸体内。接筒中间隔板上设有中间填料，进一步隔断油气的接触，接筒上设有填料冷却水进出水接口、排污口、放空口，以及填料和中间填料充氮口、填料漏气回收口等。

气阀是压缩机重要部件之一，气阀为密闭式网状结构。气缸气体的吸入和排出是通过气阀阀片的开闭来实现的，气阀在阀片两边气体压差下自动开启；在均匀布置于升程限制器上的弹簧的作用下自动关闭。

2. 负荷调节方式

增压机的负荷调节采用旁路调节和无级气量调节两种方式，能够实现压缩机气量在 0~100%范围内的无级调节。无级气量调节装置主要由气阀、液压单元、液压执行机构、PLC 控制器和 CIU(中间接口单元)组成。

液压执行机构和进气阀卸荷器根据 4~20mA 的控制信号延迟进气阀关闭的时间来调节每个活塞行程所压缩的气量。PLC 根据实际负荷需求计算出 4~20mA 的控制信号，并把负荷控制信号送给 CIU，然后 CIU 把 4~20mA 的控制信号转换成电子指令传送给执行机构。在部分负荷时，压缩行程开始阶段，进气阀在卸荷器的作用下保持全开状态，气缸里的气体不被压缩，就回流到进气腔。当电子指令发出后，进气阀关闭，气缸里的气体就会被压缩，到达排气压力后，排出到排气管线。

进行增压机的负荷调节时，需要关注各级压比和气阀温度，将两者控制在允许范围内。

3. 辅助系统

增压机的辅助系统包括润滑油系统、冷却水系统、充氮和漏气回收系统。

1）润滑油系统

润滑油系统主要是对增压机的运动机构，如曲轴、连杆、十字头等，进行强制润滑。

整个系统由机身油池(曲轴箱)、轴头泵和稀油站组成。稀油站由单独电机驱动的螺杆泵、双联过滤器、双冷却器和其他相关附属设施组成。机身油箱上设有油标和电加热器，油标用于显示油池油位，电加热器用于保持油温稳定。

开车前，先开启稀油站油泵，再启动主电机。压缩机启动后，轴头泵随之工作，当油压满足正常工作需求并稳定后，手动停止稀油站油泵。如果油压小于低报设定值，压缩机自动报警，并启动辅助油泵，如油压继续降至低低联锁值时，主电机立即停机，以保证摩擦部位不至于因无油润滑而损坏。

2）冷却水系统

冷却水系统主要是对增压机的气缸、填料、润滑油站和电机进行换热冷却。

该系统由水箱、恒温电加热器、冷却水泵、空冷单元和其他相关附属设施组成。由于要进行填料冷却，而填料冷却水腔截面积较小，容易堵塞，所以水箱应加注经过处理的软化水，并在通往填料供水管路上配备过滤器，保证水质的清洁。恒温电加热器根据水箱温度进行控制启停，用于保持水温稳定。空冷单元由换热管束和电动风扇组成，用于对冷却回水降温。

冬季气温低于0℃的地区，冷却水系统需要考虑防冻措施，冷却水系统按照使用防冻液设计或者冬季当增压机停止运转时，将整个冷却水系统的介质排净，防止冻坏机器和管路。

3）充氮和漏气回收系统

该系统主要是采用外部氮气，经降压后充入填料中，用氮封的方式保证填料的密封。填料还设有漏气回收口，将填料泄漏出的氮气和微量工艺气体收集到集液罐中，再由集液罐的高点进行放空。

七、CNG压缩机

1. CNG压缩机的结构

接收站使用的CNG压缩机大部分都是往复式压缩机，其本体结构包括气缸部分、传动部分和机身部分，结构简图如图2-35所示。

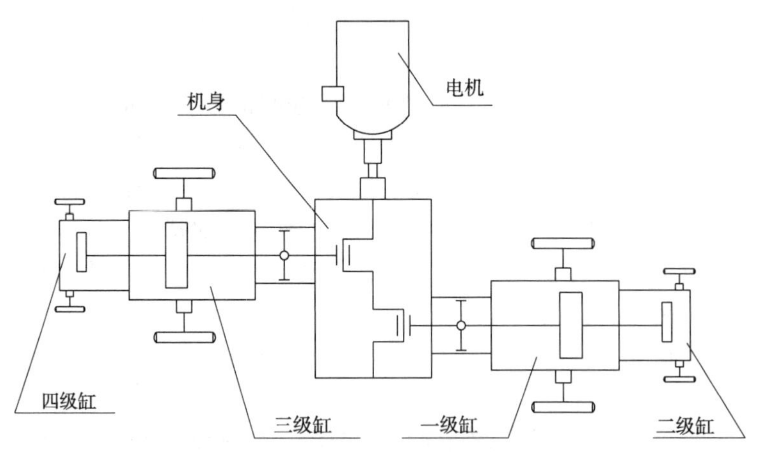

图2-35　CNG压缩机结构简图

气缸部分是直接用于气体压缩的部分，主要包括气缸、缸盖、缸座、活塞、气阀和填料等。填料安装与活塞杆穿出气缸的部位，其作用是对气缸内外进行密封，以防气缸内压力较高的气体漏出。

传动部分主要包括曲轴、连杆、十字头等部件，其功能是把原动机输入的旋转运动转化成活塞的往复运动。曲轴与原动机通过皮带、联轴器或其他变速机构相联，活塞杆的大头套在曲轴上，小头通过十字头销联结在十字头上，故活塞杆的一端与十字头联结，另一端则与活塞相联。

机身部分的作用是支撑、容纳气缸部分和传动部分的零件，同时安装其他辅助设备，包括曲轴箱、中体等。

2. 负荷调节方式

CNG 压缩机的负荷调节采用旁路调节方式。

旁路阀打开时，机组处于空载运行。当空载运行一段时间后，加载条件都符合要求时，操作员手动发出加载命令，机组自动缓慢关闭旁路阀，使机组负荷缓慢增加。反之，则可实现机组负荷卸载，直至空载运行。

3. 辅助系统

CNG 压缩机辅助系统包括气体净化装置、气体和压缩机冷却装置、润滑油循环装置和安全保护控制装置等。

压缩机运动部件的润滑包括机身部分传动部件的润滑和气缸部分的润滑两个方面，机身部分传动件采用润滑油润滑，也有个别压缩机采用脂润滑。而气缸部分既可以采用润滑油润滑，又可采用具有自润滑效果的密封材料而实现气缸无油润滑。

压缩机组需要冷却的部位主要有三个：一是压缩机的各级气缸；二是压缩机各级排出的气体；三是压缩机机身传动部分的润滑油。气缸的冷却方式有三种：一种是在气缸外部采用铸造或焊接的手段设置一个冷却水套，在其中通以冷却水来冷却气缸；另一种是在气缸外部设置散热片，并引风进行强制冷却；还有一种气缸不进行专门的冷却，仅靠自然对流和辐射散发热量，称为自然冷却。压缩机各级排气的冷却方式有水冷、风冷和混合冷剂冷却三种。润滑油的冷却方式与各级排气的冷却方式相同。

八、接收站 BOG 来源

在接收站的生产中，接收站内的 LNG 不断地吸热闪蒸，会实时产生一定量的 BOG 气体。

1. LNG 储罐吸热

LNG 储罐吸热产生的 BOG 是接收站非卸料期间 BOG 的主要来源。

LNG 储罐内的储存温度通常在-160℃左右，全容储罐的正常操作压力一般在 6~25kPa。受储罐绝热材料的限制，外界热量会通过罐壁、罐顶和罐底等点传至储罐内，LNG 吸收来自外界的热量后温度不断上升，打破储罐内气液平衡时，LNG 便由液态变成气态，产生大量的 BOG。

LNG 储罐运行时产生 BOG 的量取决于其保冷性能，而静态蒸发率则是直观反映保冷性能的指标。按设计标准，$16\times10^4m^3$的大型常压 LNG 储罐日蒸发率应小于 0.05%。

2. 卸料闪蒸

接收站在进行卸料作业时，LNG 经卸货泵加压进入卸料管线，最后进入卸料储罐。在进入储罐的瞬间，LNG 的压力骤降至储罐压力，部分 LNG 闪蒸产生大量的低温 BOG，成为接收站卸料期间站内 BOG 的主要来源。

卸料时，储罐采用的进料方式不同，导致闪蒸产生的 BOG 量也会相差较大。正常情况下，底部进料闪蒸产生的 BOG 量远小于顶部进料，但进料方式的选取仍应由 LNG 的密度差异决定。

3. 管道保冷循环

因设计功能的不同，接收站部分 LNG 管道只是间歇性地用来输送 LNG，例如卸料管线、槽车装车管线和零外输循环管线等。因此，当这些管道处于备用状态时，为了避免因外部环境传热导致的管道升温，必须对其进行保冷循环，带走管道吸收的热量，将管道维持在冷态。

在管道保冷循环的过程中，管道内的部分 LNG 吸热后气化产生 BOG，但由于各接收站保冷管道的距离长度相差较大，所以因管道保冷循环产生的 BOG 量占比在各接收站 BOG 来源中大小不一。

4. 运行设备发热

接收站用于加压输送 LNG 的低温泵均为潜液式泵，低压泵浸没在 LNG 储罐中，高压泵则浸没在其独立的泵罐中。因此，当高、低压泵处于运行状态时，泵运转所产生的热量便被其周围的 LNG 所吸收，其中部分被加压后输送至下游，其余部分则吸热气化产生 BOG，进入接收站 BOG 处理系统。

以上四种原因下产生的 BOG 占据接收站正常生产中的 BOG 来源的绝大部分，其余 BOG 来源则是槽车装车过程中的返气、预冷管道和设备时产生的 BOG。

九、BOG 的处理方式

为了实现接收站运行的安全性和经济性，必须对生产运行过程中产生的 BOG 加以处理，目前存在的处理方式包括液化回收、冷凝回收、增压外输和排放。

1. 再液化工艺

再液化回收工艺主要是通过采用混合制冷剂液化循环，进行逐级冷凝、蒸发、节流、膨胀，得到不同温度水平的制冷量，进而达到冷却和液化 BOG 的目的。

再液化工艺流程主要包括 BOG 压缩流程和 BOG 液化及混合冷剂压缩流程，混合冷剂采用氮气（12%）、甲烷（24%）、乙烯（33%）和异丁烷（31%）。BOG 压缩流程如图 2-36 所示，BOG 液化及混合冷剂压缩流程如图 2-37 所示。

2. 再冷凝工艺

再冷凝回收是目前接收站处理 BOG 最常见的方式，其主要原理是利用 LNG 与 BOG 直接接触传导冷能，将 BOG 冷凝液化。再冷凝工艺流程简图如图 2-38 所示。

BOG 经过压缩机加压后从再冷凝器顶部进入，与来自低压输出总管中过冷的部分 LNG 在再冷凝器内部的填料层中充分接触换热，冷凝成 LNG 后从再冷凝器底部输出，与低压输出总管中其余的 LNG 混合，进入下游高压泵系统，加压气化后进入外输管网。

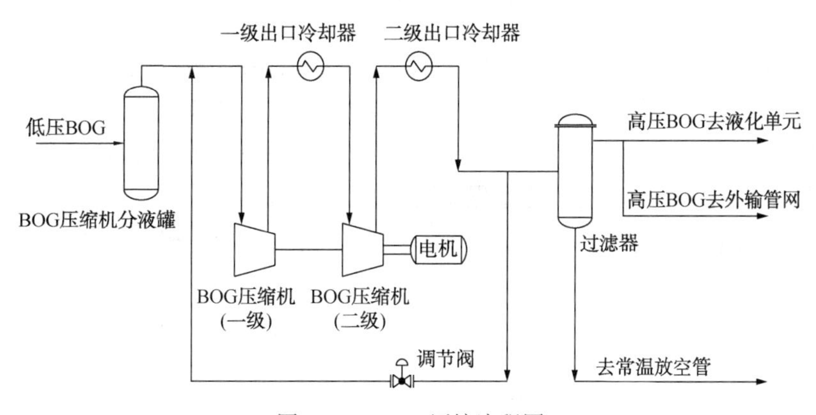

图 2-36 BOG 压缩流程图

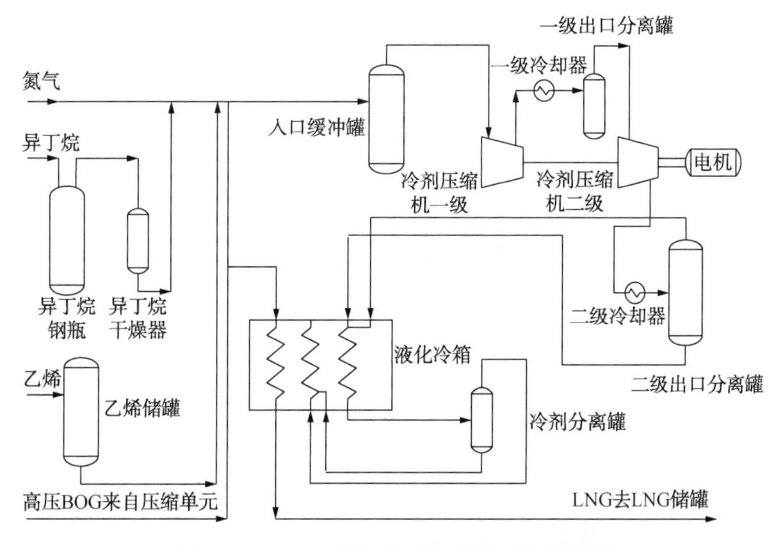

图 2-37 BOG 液化及混合冷剂压缩流程图

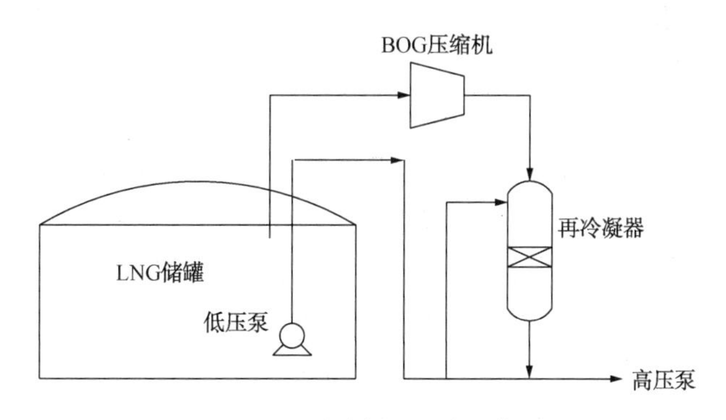

图 2-38 再冷凝工艺流程简图

在再冷凝工艺中，进入再冷凝器的 BOG 体积流量需要通过温压补偿换算成质量流量，再经过调整气液比例控制进入再冷凝器 LNG 流量，进而将再冷凝器的各项运行参数控制在正常范围内。

3. 增压外输工艺

由于下游用户用气需求量季节性特征明显，因此接收站的外输量也会随之调整。当外输量低于最小外输量时，产生的 BOG 将无法被全部冷凝回收，此时可通过增压外输工艺将多余的 BOG 直接加压输出。所以，基于安全性和经济性的考虑，目前越来越多的接收站开始设置了增压外输工艺。增压外输工艺流程简图如图 2-39 所示。

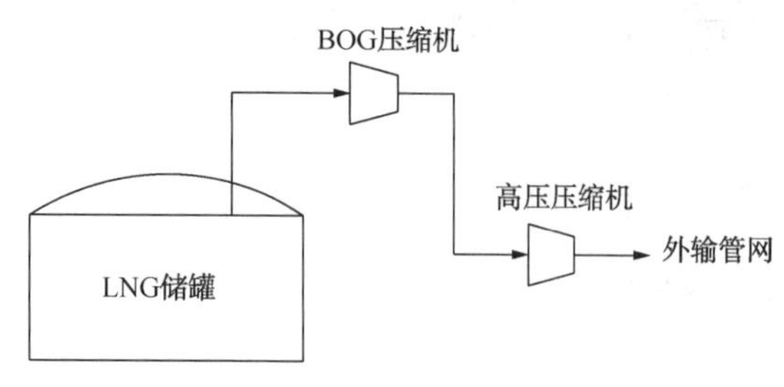

图 2-39　增压外输工艺流程简图

其工艺流程相对简单，BOG 首先经过低压压缩机加压，然后被送往高压压缩机进行再次升压，当高于外输管网压力后直接进入外输管网。

增压外输工艺与再冷凝工艺相比较，前者的优点是具有较高的灵活性，处理 BOG 不受接收站运行工况限制；但是缺点也相对明显，处理同体积 BOG 的能耗远高于再冷凝工艺。因此，在接收站具备相应生产条件时，应首先采用再冷凝工艺处理 BOG，有时也可结合实际工况将两者并列运行。

4. 排放

排放 BOG 只是作为特殊情况下处理 BOG 的方式，比如接收站首次投产或停运大修后投产、储罐内 LNG 出现分层翻滚、外输管网维修泄压、首台 BOG 压缩机预冷以及其他无法回收处理 BOG 的工况等。

排放 BOG 的途径包括排放至火炬燃烧和直接排放至大气，接收站均设置有火炬和储罐压力泄放装置。如果确需排放 BOG 时，大都采用火炬放空燃烧，与直接排放至大气相比更加安全，除非在紧急特殊情况下才会采取直接将 BOG 排放至大气的方式。

十、接收站返气工艺操作

在接收站进行卸料作业时，为了平衡船舱的压力需要通过气相返回管线和气相臂和对其进行返气，维持卸料作业的正常进行。

1. 返气压力控制

卸料时，返气压力控制总体原则是以船方要求为主，如若因卸料闪蒸导致的 BOG 过多回收处理困难时，亦可主动联系船方请求增大返气量。

在接收站侧气相返回管线上设置有压力控制调节阀和配套控制器，返气过程中应由该控制器根据设定值自动控制调节阀开度。一般情况下，在返气开始时操作员根据船方要求设置此控制器的设定值，正常在 12~16kPa 范围内，返气过程中亦需要根据船方要求及时更改该设定值，调整返气量，同时应监测该阀门动作正常、相关返气工艺参数满足要求。

2. 回流鼓风机的启机操作

设置有回流鼓风机的接收站，可参考如下步骤进行回流鼓风机(以 CRYOSTAR 公司生产制造 CM400 回流风机为例)的启机操作。

1）启动前检查

（1）确认设备具备启动条件。

（2）确认远程控制柜已提前运行24h以上，空间加热器已提前运行24h以上（卸船前检查进行）。

（3）确认入口手动阀打开、出口气动阀关闭。

（4）确认DCS上IGV开度为0%、现场IGV旋钮的位置为100%。

（5）确认就地控制盘在“就地”状态。

（6）确认仪表风和密封气压力、润滑油液位满足要求。

（7）确认回流鼓风机出口分液罐出口阀全开、排净阀关闭。

（8）确认回流鼓风机出口分液罐液位在正常范围之内。

2）启动辅助润滑系统

（1）确认辅助油泵允许启动。

（2）在就地盘启动辅助油泵（开始预冷卸料臂时）。

（3）确认辅助油泵已启动运行。

（4）确认润滑油压力、温度在正常范围内。

（5）在就地盘按下鼓风机的“报警和联锁复位”按钮。

（6）确认就地盘“公共报警”和“公共联锁”指示灯灭。

（7）确认DCS无公共报警和自动停车指示。

3）预冷

（1）卸料开始后调整阀位，导通回流鼓风机运行工况下的返气流程。

（2）将返气压力控制阀全开，或根据船方压力要求将控制器置于“自动”。

（3）打开回流鼓风机出口气动阀。

（4）确认回流鼓风机防喘振阀全开。

（5）将IGV开至一定开度后，开始预冷回流鼓风机。

4）启机

（1）接到海事经理通知后准备启动回流鼓风机。

（2）在DCS上将IGV关至0%。

（3）确认回流鼓风机允许启动条件满足。

（4）在就地盘按下“压缩机启动”按钮。

（5）确认回流鼓风机启动运行。

（6）确认润滑油压力高于目标值以上，延时一段时间，辅助润滑油泵自动停车。

（7）根据船舱返气压力调节IGV开度。

（8）确认回流鼓风机防喘振阀自动关闭。

（9）确认回流鼓风机运行状态正常。

3. 回流鼓风机的停机操作

设置有回流鼓风机的接收站，可参考如下步骤进行回流鼓风机的停机操作：

（1）接到船上通知后准备停止回流鼓风机。

（2）将 IGV 缓慢关至 0%。

（3）在就地盘上按下“压缩机停止”按钮。

（4）确认回流鼓风机停止运行。

（5）确认辅助油泵已自动启动。

（6）确认防喘振阀已全开。

（7）导通非回流鼓风机运行工况下的返气流程。

（8）关闭回流鼓风机出口气动阀。

（8）确认辅助油泵继续运行一定时间后停止辅助油泵。

十一、增压外输工艺操作

设置有增压外输工艺的接收站，可参考如下步骤进行增压机的启停机操作。

1. 增压机的启机操作

1）启动前准备步骤

（1）确认增压机的启动时间。

（2）启动主电机的空间电加热器和励磁电加热器。

（3）启动冷却水系统。

（4）进行电机吹扫。

（5）确认增压机启动前相关安全联锁处于正确状态。

（6）确认机身油池润滑油充足，曲轴箱中的油位处于最高油位处。

（7）确认液压油颜色、液位正常，油过滤器无堵塞。

（8）确认励磁系统、软启动系统检查正常（一般增压机的负荷较大，采用软启动的方式启机）。

（9）确认启机间隔满足要求。

（10）打开增压机进口阀门，对系统进行充压。

（11）打开增压机氮气密封系统的入口手阀，确认去主填料和中体处压力调节正常。

（12）启动润滑油系统。

（13）如果有无极调节系统的增压机，此时可以启动气量无极调节液压油系统。

（14）确认无极调节系统控制器无任何出错信息。

（15）确认增压机出口的回流阀处于打开状态。

（16）启动工艺气空冷系统。

（17）对增压机进行盘车。

2）启动步骤

（1）按下增压机允许启动按钮。

（2）确认增压机无启动限制条件，主电机允许启动满足。

（3）投用增压机公共停车联锁。

（4）打开增压机出口阀。

（5）确认系统充压完成。

（6）现场启动增压机。

（7）确认润滑油系统压力正常后手动停止辅助油泵。

（8）确认励磁系统、软启动系统运行正常，且励磁系统允许加载。

（9）根据入口压力变化，同步调节各级控制器的输出值调整负荷。

（10）当负荷大于最低运行负荷时，手动缓慢关闭回流阀。

（11）继续调节各级控制器的输出值，直至达到目标负荷；增压机的负荷调节过程应与BOG压缩机和再冷凝器等设备的操作协同进行。

（12）确认设备所有运行参数正常。

（13）设置无极调节控制器的设定值，将气量无极调节各级控制器置于自动模式。

（14）投用相关联锁。

2. 增压机的停机操作

（1）确认增压机需要停机。

（2）将增压机出口回流阀的控制器置于手动模式。

（3）屏蔽相关联锁。

（4）手动同步减小各级控制器的输出值降低负荷。

（5）当负荷到达最低运行负荷时，手动缓慢打开增压机出口的回流阀；增压机的停机操作应与低压压缩机和再冷凝器等设备的操作协同进行。

（6）待气量无极调节系统完全切除后，现场停止增压机。

（7）关闭增压机出口的回流阀和进出口阀。

（8）通过泄放管线对系统进行泄压。

（9）确认辅助油泵由于润滑油压力低自启。

（10）停止励磁系统。

（11）停止气量无极调节液压油系统。

（12）停止工艺气空冷系统。

（13）关闭氮气密封系统的入口手阀。

（14）关闭电机正压装置的氮气手阀。

（15）电机停止一段时间后，机体充分冷却后，停止润滑油系统和冷却水系统。

十二、BOG处理常见的工艺问题及处理措施

1. 再冷凝系统

（1）BOG压缩机启机时排气温度过高容易导致联锁停机。

现象：压缩机启动时，由于入口温度较高，经过压缩后排气温度过高，容易触发机组温度保护联锁而自动停机。

措施：①机组启动后，可以进行负荷调节时应尽快增大负荷，便于降低排气温度；②与设备厂家协商进行保护参数变更，提高启机时的排气温度联锁值。

（2）BOG压缩机负荷调节失控。

现象：调整压缩机负荷时，增减负荷指令已发出，但实际负荷未变化。

措施：①根据负荷控制原理判断出现故障的调节电磁阀，检查维修电磁阀；②检查氮气供应，确保氮气供应正常。

(3) BOG 压缩机大修后启机运行时润滑油油过滤器易堵塞。

现象：压缩机大修后重新启动投运，润滑油油过滤器极易堵塞，导致机组自动停机。

措施：①压缩机大修后重新启动时密切关注润滑油油过滤器压差，发现有堵塞趋势时主动停机；②联系检修人员现场待命，准备更换新的油过滤器。

(4) 高压泵启停时再冷凝器压力和液位波动较大。

现象：高压泵启停时，再冷凝器压力、液位波动较大。

措施：①高压泵启动、停止时，操作员及时调整通过再冷凝器旁路供应给高压泵的流量，满足高压泵的启停需求；②调整高压泵的最小回流流程，将最小回流切回至储罐，降低高压泵启停时最小回流对再冷凝器的冲击。

(5) 再冷凝器换液时其参数波动明显。

现象：当再冷凝器内液体被有较大密度差异的新液体置换时，再冷凝器参数波动明显。

措施：①提前预判再冷凝器换液时间，密切监控、及时调整；②合理匹配 LNG 储罐接卸的 LNG 组分，尽量避免再冷凝器换液现象的出现。

2. 增压外输系统

调整外输负荷时，增压机负荷波动。

现象：由于 BOG 压缩机负荷为非连续性调节，而增压机负荷为无级气量调节，因此当调整外输负荷时，增压机负荷在自动控制模式下会波动。

措施：调整外输负荷时，将增压机负荷控制改为手动进行匹配上游 BOG 压缩机负荷调整。

3. 返气系统

(1) 回流鼓风机 IGV 波动导致机组短时间喘振。

现象：回流鼓风机运行期间，调整其 IGV 改变负荷时，IGV 波动大导致机组发生短时间喘振，防喘振阀打开。

措施：回流鼓风机停车时，及时对其 IGV 进行调校维修。

(2) 返气量过小导致储罐压力较高。

现象：卸船期间，由于船舱压力较高需要的返气量过小，导致储罐压力较高，若出现意外工况时可能需要排放至火炬燃烧。

措施：①根据接卸船时间提早降低储罐压力，确保卸船期间有充足裕量可以允许罐压升高；②在接卸的 LNG 与原先储存的 LNG 密度差异不是太大时，可适当减少顶部进料。

第五节　再冷凝系统

一、再冷凝器的作用

再冷凝器是接收站采用再冷凝工艺回收处理 BOG 的核心设备，其主要作用体现在：

(1) 为 LNG 和 BOG 的直接接触换热提供场所，将 BOG 再冷凝回收。

(2) 作为高压泵的入口缓冲罐，保证高压泵的运行安全。

二、再冷凝器的结构

目前，接收站使用的再冷凝器，主要由立罐、内部构件及相关附属管口构成。但立罐的结构形式亦有不同，可分为单壳单罐和双壳双罐两种。

单壳单罐式再冷凝器内部构件主要有破涡器、拉西环填料层、液体分布器、气液分布盘、液体折流板、气体折流板、填料支撑板、闪蒸盘，其结构简图如图 2-40 所示。

双壳双罐式再冷凝器内罐与外罐的底部隔离、顶部相通，其内部构件主要有填料层、升气管、密封盘、液体分布器、环隙空间等，填料一般选取鲍尔环、拉西环和规整填料三种材料。其结构简图如图 2-41 所示。

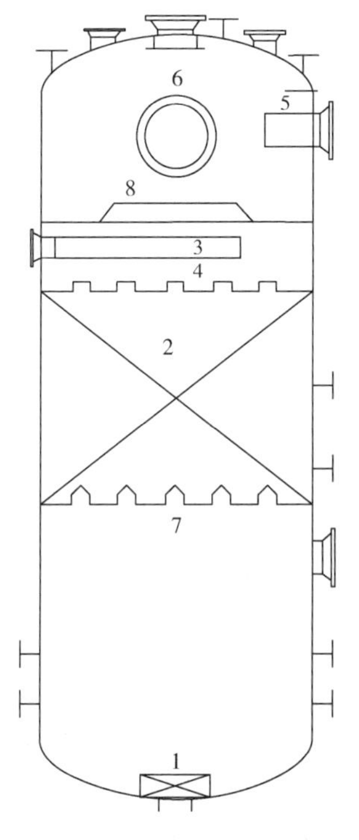

图 2-40 单壳单罐再冷凝器结构简图

1—破涡器；2—填料；3—液体分布器；4—气液分布盘；5—液体折流板；6—气体折流板；7—填料支撑板；8—闪蒸盘

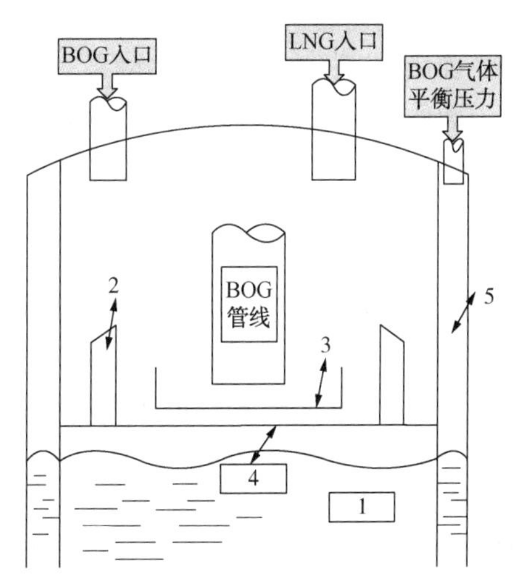

图 2-41 双壳双罐再冷凝器结构简图

1—填料层；2—升气管；3—密封盘；4—液体分布器；5—环隙空间

三、再冷凝工艺操作

再冷凝器是接收站处理 BOG 的核心设备，也是连接高、低压系统的枢纽，因此再冷凝工艺操作应当更加谨慎、平稳，主要包括再冷凝器的控制和 BOG 压缩机的启停等相关操作。

1. BOG 压缩机的启机操作

BOG 压缩机启机操作需要与再冷凝器的调节同步，保证系统运行的稳定，操作步骤如下：

（1）确认设备具备启动条件。

（2）确认曲轴箱润滑油液位满足要求。

（3）确认压缩机冷却水供应正常。

（4）确认氮气系统压力正常。

（5）确认压缩机处于“自动”模式。

(6) 确认压缩机启机预冷阀和去火炬放空阀关闭；如果是首台压缩机启动，需要将火炬放空阀打开，压缩机入口的热气放空火炬燃烧，直到进口温度到达了设定值(一般与压缩机回流阀设定的关闭温度一致)再关闭。

(7) 确认入口阀打开、出口阀关闭。

(8) 对压缩机进行盘车，方向为从下向上，盘到无阻力为止。

(9) 确认至少有一台压缩机运行负荷为100%。

(10) 打开出口阀。

(11) 在就地控制盘上按下压缩机启动按钮。

(12) 确认辅油泵启动运行正常。

(13) 确认就地控制盘上显示压缩机的负荷为25%。

(14) 确认就地控制盘上无故障报警，预润滑结束后启动条件满足。

(15) 在就地控制盘上再次按下压缩启动机按钮。

(16) 确认压缩机主电机启动运行正常。

(17) 确认主电机运行约30s后，辅油泵自动停止。

(18) 确认主电机运行约2min后，压缩机负荷升至50%。

(19) 观察压缩机入口温度，确认压缩机已开始预冷加压。

(20) 预冷加压结束后，调整压缩机负荷和再冷凝器控制参数，确认设备运行平稳。

上述操作步骤为非首台BOG压缩机的启机操作，也是接收站正常运行工况下最常用的压缩机启机操作。但是，当出现再冷凝工艺系统非正常停车需要系统重启时，将会涉及首台压缩机的启动，与非首台压缩机的启动区别如下：

(1) 启机前，需要打开火炬放空阀，排放预冷压缩机产生的热气(若压缩机为冷态时不用开阀排放，但仍需要给放空阀开阀信号，以满足允许启动条件)。

(2) 预冷结束后，需要缓慢关闭火炬放空阀(若压缩机为冷态未排放气体，需密切关注出口压力和再冷凝器，因为压缩后的气体不需要压力积聚，而是直接被送往再冷凝器进行处理)。

2. 再冷凝器的控制

再冷凝器工艺控制如图2-42所示。

1) LNG流量控制

再冷凝器的LNG流量控制采用串级自动控制。

再冷凝器冷凝BOG所需的LNG流量由FX-01进行比率计算后输入FX-02，然后再串级输入FIC-02作为设定值，作用于阀门FCV-02进行控制。其中，由FX-01为通过温度TI-01和压力PI-01修正FI-01检测的BOG流量，其修正计算公式如下：

$$F(X)=K\times\frac{(P+0.101325)\times273.15}{(T+273.15)\times0.101325}\times Q$$

式中 $F(X)$——BOG气体质量流量，t/h；

Q——FI-01检测的BOG体积流量，m^3/h；

K——常数，取0.774×10^{-3}，对应典型组分相对分子质量17.4，对应标况密度$0.774kg/m^3$；

P——PI-01检测值，MPa；

T——TI-01检测值，℃。

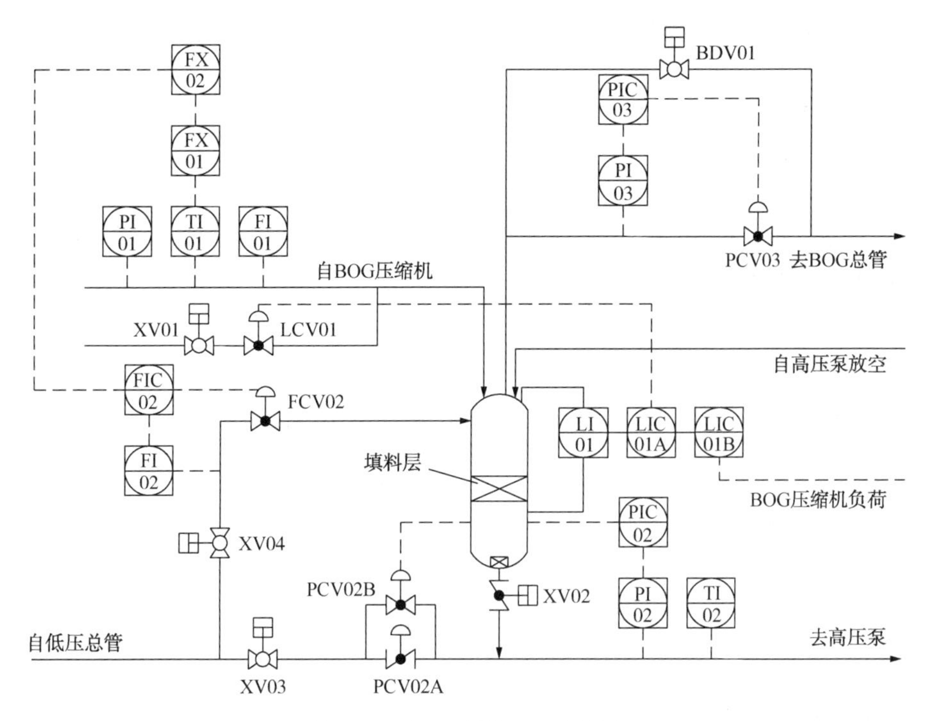

图 2-42 再冷凝器工艺控制图

液气质量比率由操作员根据再冷凝器的各项工艺参数确定，手动输入 DCS，进而调整进入再冷凝器的 LNG 流量，维持稳定运行。

2）再冷凝器压力控制

再冷凝器操作压力(即底部压力)由 PIC-02 控制 PCV-02A/B，调节通过再冷凝器旁路进入高压泵入口的 LNG 流量。该压力较低时，可以降低接收站的运行能耗，但同时此压力决定了高压泵的入口压力，因此应综合考虑生产能耗和设备运行安全，将该压力维持在合理区间内。

再冷凝器顶部压力由底部压力和液位高度决定，但也设置高压排放控制器 PIC-03 控制 PCV-03，当顶部压力高于 PIC-03 设定值时自动打开泄压。此外，还设置有紧急压力释放阀，用于当再冷凝器遇到特殊情况压力急剧升高时泄压。

3）再冷凝器液位控制

再冷凝器的液位由 LIC-01A/B 控制，防止液位过高或过低。在低液位时，LIC-01B 直接控制 BOG 压缩机减小负荷。高液位时，由 LCV-01A 控制 LCV-01 从外输系统补充高压气体到再冷凝器来降低液位。

实际运行中，由于压缩机负荷非连续性调节和高压补气作用缓慢等原因，液位宜通过手动调整液气质量比率进行控制。

4）再冷凝器温度控制

再冷凝器温度未设置自动控制，应由操作员通过手动调整液气质量比率进行控制。温度过低时，再冷凝器冷凝液化效果会显著提高，会导致顶部压力过低、液位升高难以维持；温度过高时，会影响下游高压泵的安全运行。因此，再冷凝器温度应控制在合理范围区间内。

由于再冷凝器的压力、液位和温度参数互相关联、互相影响，因此进行再冷凝器控制时应综合考虑。

3. BOG 压缩机的停机操作

压缩机停机操作如下：

（1）确认设备需要停车。

（2）将压缩机负荷缓慢降至 25%，调整再冷凝器控制参数保持其运行稳定。

（3）按下“停机”按钮。

（4）关闭出口阀。

（5）确认压缩机停车 5s 后，负荷自动调节至 100%。

（6）确认辅油泵自动启动，并在 5min 之后自动停车。

（7）确认压缩机停车 2min 之后预冷阀缓慢打开泄压，经过 2min 全开，然后自动在 2min 内全关。

（8）确认压缩机停车 7min 后，负荷由 100% 自动恢复至 25%。

第六节　气 化 系 统

一、气化器的分类

LNG 气化器是一种专门用于液化天然气气化的换热器，但由于液化天然气的使用特殊性，使 LNG 气化器也不同于其他换热器。低温的液态天然气要转变为常温的气体，必须要提供相应的热量使其气化。热量的来源可以从环境空气和水中获得，也可以通过燃料燃烧或蒸气来获得。

对于基本负荷型系统使用的气化器，使用率高（通常在 80% 以上），气化量大。首先考虑的应该是设备的运行成本，最好是利用廉价的低品位热源，如从环境空气或水中获取热量，以降低运行费用。以空气或水作为热源的气化器，结构最简单，几乎没有运转部件，运行和维护的费用很低，比较适合基本负荷型的系统。

对于调峰型系统使用的气化器，是为了补充用气高峰时供气量不足的装置，其工作特点是使用率低，工作时间是随机的。应用于调峰系统的气化器，要求启动速度快，气化速率高，维护简单，可靠性高，具有紧急启动的功能。由于使用率相对较低，因此要求设备投资尽可能低，而对运行费用则不大苛求。

现在使用的 LNG 气化器有下列几种形式：开架式气化器（ORV）、浸没燃烧式气化器（SCV）、中间介质式气化器（IFV-丙烷）、空温气化器。在上述形式的气化器中，大量采用的是开架式气化器和浸没燃烧式气化器，但当海水质量不能满足开架式气化器要求或者接收站附近有电厂废热可利用、其他工艺设施需要冷能时，通常也会采用中间介质气化器。

1. 开架式气化器（Open Rack Vaporizer）

开架式气化器（ORV）是一种水加热型气化器。由于很多 LNG 生产和接收装置都是靠海建设，所以可以用海水作为热源。海水温度比较稳定，热容量大，是取之不尽的热源。开架式气化器常用于基本负荷型的大型气化装置。气化器可以在 0~100% 的负荷范围内运行。可以根据需求的变化远程调整气化量。

开架式气化器由一组内部具有星形断面，外部有翅片的铝合金管组成，管内有螺旋杆，以增加 LNG 流体的传热。管内为 LNG，管外为喷淋的海水。为防止海水的腐蚀，外层喷涂防腐涂层。整个气化器用铝合金支架固定安装。气化器的基本单元是传热管，由若干传热管组成板状排列，两端与集气管或集液管焊接形成一个管板，再由若干个管板组成气化器。气化顶部有海水的喷淋装置，海水喷淋在管板外表面上，依靠重力的作用自上而下流动。液化天然气在管内向上流动，在海水沿管板向下流动的过程中，LNG 被加热气化。

开架式气化器的投资较大，但运行费用较低，操作和维护容易，比较适用于基本负荷型的 LNG 接收站的供气系统。但这种气化器的气化能力，受气候等因素的影响比较大，随着水温的降低，气化能力下降。通常，气化器的进口水温的下限大约为5℃，设计时需要详细了解当地的水文资料。

2. 中间介质式气化器(Inter mediate1 Fluid Vaporizer)

采用中间传热流体的方法可以改善结冰带来的影响，通常采用丙烷、丁烷或氟利昂等介质作中间传热流体。这样加热介质不存在结冰的问题。由于水在管内流动，因此可以利用废热产生的热水。换热管采用钛合金管，不会产生腐蚀，对海水的质量要求也没有过多的限制。

丙烷热媒中间介质气化器(IFV)由海水或邻近工厂的热水作为热源，并用此热源去加热中间介质(丙烷)并使其气化，再用丙烷蒸气去气化 LNG。该气化器由两部分组成，一部分为利用丙烷气化冷凝的 LNG 气化器，第二部分为 LNG 气化后 NG 的加热器。在 LNG 气化部分，丙烷在管壳式气化器的壳程以气液两相形式循环。当使用海水为加热介质时采用钛管，海水在管程流动，所以抗海水中固体悬浮物的磨蚀较好。

3. 浸没燃烧式气化器(Submerged Combustion Vaporizer)

在燃烧加热型气化器(SCV)中，浸没式燃烧加热型气化器是使用最多的一种。其结构紧凑，节省空间，装置的初始成本低。它使用了一个直接向水中排出燃气的燃烧器，由于燃气与水直接接触，燃气激烈地搅动水，使传热效率非常高。水沿着气化器的管路向上流动，LNG 在管路中气化，气化装置的热效率在 98%左右。

燃料气和压缩空气在气化器的燃烧室内燃烧，燃烧后的气体通过喷嘴进入水中，将水加热。LNG 经过浸没在水中的盘管，由热水加热而蒸发。浸没燃烧式气化器优越性在于整体投资和安装费用低，与海水气化器相比，外形较小，操作灵活。但浸没燃烧式气化器的缺点是运行费用很高。

4. 空气气化器(Ambient Air Vaporizer)

空气气化器(AAV)大多数是翅片管型或其他伸展体表面的换热器。因为空气加热的能量比较小，一般用于气化量比较小的场合，在 LNG 工业中的应用受到一定的限制。空气气化器的另一缺点是受环境条件的影响太大，如温度和湿度的影响。另外，它们的气化能力还受当地的最低温度和最高湿度的影响。因为结冰过多会减少有效的传热面积和堵塞空气的流动。由于没有燃料的消耗，所以结构简单，运行费用低。但单位容量的投入费用势必较高，而最大气化能力比较低。

二、气化器的结构

1. ORV 的结构

ORV 主要由海水供应总管、海水分配支管、水槽、换热单元(管束)、LNG 汇管、LNG

分配管线、NG 汇管、NG 分配管线等组成，如图 2-43 所示。

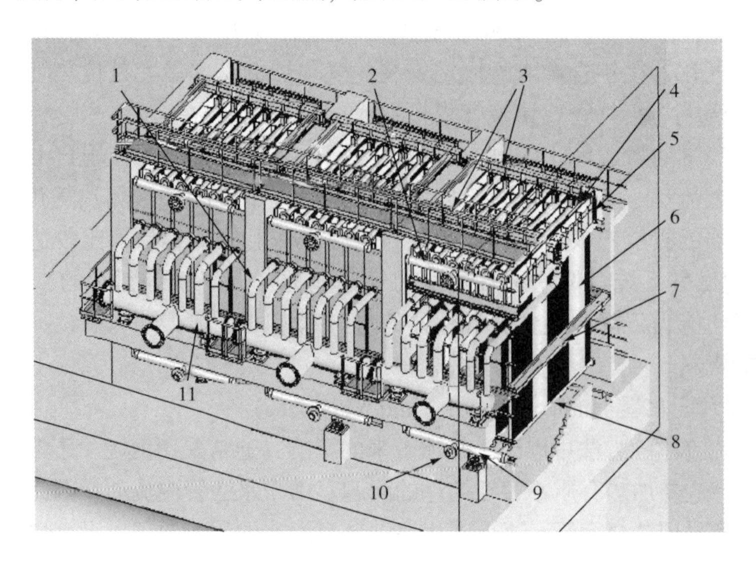

图 2-43　ORV 结构图

1—海水分配支管；2—天然气总管；3—顶部框架；4—顶部天然气汇管；5—水槽；6—换热单元(管束)；7—维修踏步；8—底部 LNG 汇管；9—LNG 供应总管；10—过渡接头；11—海水供应总管

2. SCV 的结构

SCV 主要由风机、燃烧炉、水浴、围堰、烟气分布管、烟囱、换热管排、水泵、水浴电加热器、加碱装置等组成，如图 2-44 所示。

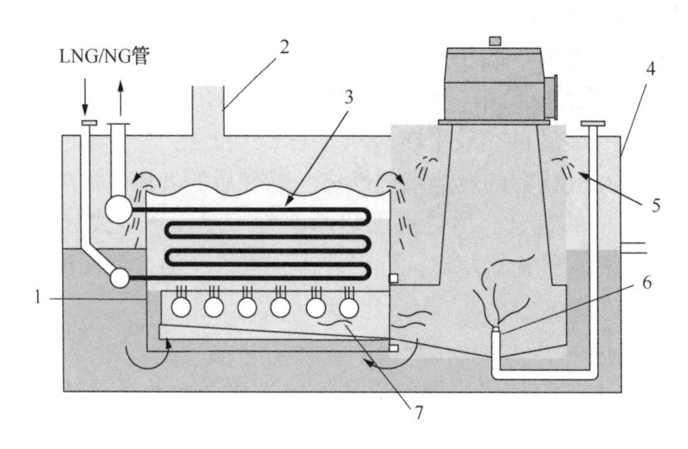

图 2-44　SCV 整体结构图

1—围堰；2—烟囱；3—换热管束；4—混凝土罐；5—燃烧炉；6—燃烧喷嘴；7—烟气分布管

三、ORV 的启停操作

图 2-45 为 ORV 工艺流程简图。

1. ORV 的启动操作步骤

（1）确认 ORV 的海水流量达到额定值。

（2）确认 ORV 海水分布正常，海水管线振动正常，无泄漏。

（3）确认流量调节阀 FCV 处于手动状态并且全关。

（4）打开 ORV 入口和出口管线上的切断阀 XV1 和 XV2。

（5）打开 ORV 入口管线手阀 MV1 的旁路阀 MV2，通过调节流量调节阀的旁路截止阀 CSP 来控制 ORV 的预冷速度，保证降温速度不大于 2~3℃/min。

（6）当 ORV 入口温度达到-100℃时，打开 ORV 入口管线上的手阀 MV1 至 15%保持 10~15min，充分冷却球阀阀体后缓慢全开，关闭入口手阀的旁路阀 MV2。

（7）当入口温度达到-120℃时，冷却加压过程完成。

（8）手动缓慢调节流量调节阀 FCV，观察 ORV 的流量，每分钟增加的流量应少于额定负载的 10%。

（9）关闭流量调节阀的旁路截止阀 CSP。

（10）待流量增加至设定负荷，将流量调节阀 FCV 设定为自动模式。

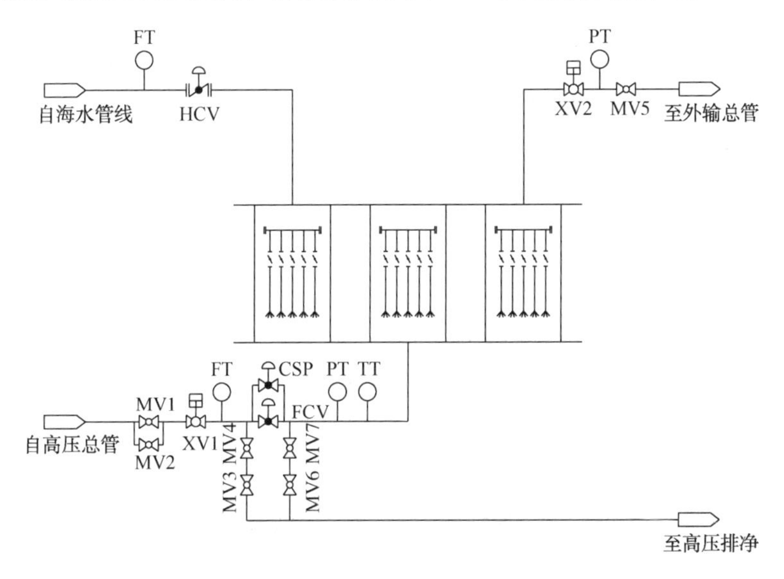

图 2-45　ORV 工艺流程简图

2. ORV 的停车操作步骤

（1）手动模式下缓慢关闭流量调节阀 FCV。

（2）关闭 ORV 入口管线切断阀 XV1。

（3）现场关闭 ORV 入口管线手阀 MV1。

（4）打开流量调节阀上游排净阀 MV3 和 MV4 一定开度，防止超压。

（5）10min 后停止 ORV 的海水供应，关闭海水入口控制阀 HCV。

四、SCV 的启停操作

图 2-46 为 SCV 工艺流程简图。

1. SCV 的启动操作步骤

（1）确认燃料气电加热器运行正常，燃料气系统压力正常，出口温度达 10℃以上。

（2）就地控制盘上按下 SCV 启动按钮，SCV 自动点火。

(3) 确认 DCS 上 LNG 许可灯亮，流量控制阀 FCV 在手动状态下保持全关。

(4) 打开 SCV 入口和出口管线上的切断阀 XV1 和 XV2。

(5) 打开 SCV 入口管线手阀 MV1 的旁路阀 MV2，通过调节流量调节阀 FCV 的旁路截止阀 CSP 来控制 SCV 的预冷速度，保证降温速度不大于 2~3℃/min；冷却过程中要监控 SCV 的水浴温度，当温度达到 40℃时，按下 SCV 停车按钮，启动鼓风机和水泵继续进行冷却加压，并密切监控水浴温度，若温度下降较快，立即再次启动 SCV。

(6) 当 SCV 入口温度达到-100℃时，打开 SCV 入口管线上的手阀 MV1 至 15%保持 10~15min，充分冷却球阀阀体后缓慢全开，关闭入口手阀 MV1 的旁路阀 MV2。

(7) 当入口温度达到-120℃时，冷却加压过程完成。

(8) 按下就地控制盘上“整机启动”按钮，重新启动燃烧器。

(9) 手动缓慢调节流量调节阀 FCV，观察 SCV 的流量，每分钟增加的流量应少于额定负载的 10%，同时关注水浴温度和 SCV 出口管线内的气体温度。

(10) 关闭流量调节阀的旁路截止阀 CSP。

(11) 待流量增加至设定负荷，将流量调节阀 FCV 设定为自动模式。

(12) 确认燃烧控制系统正常和火检稳定。

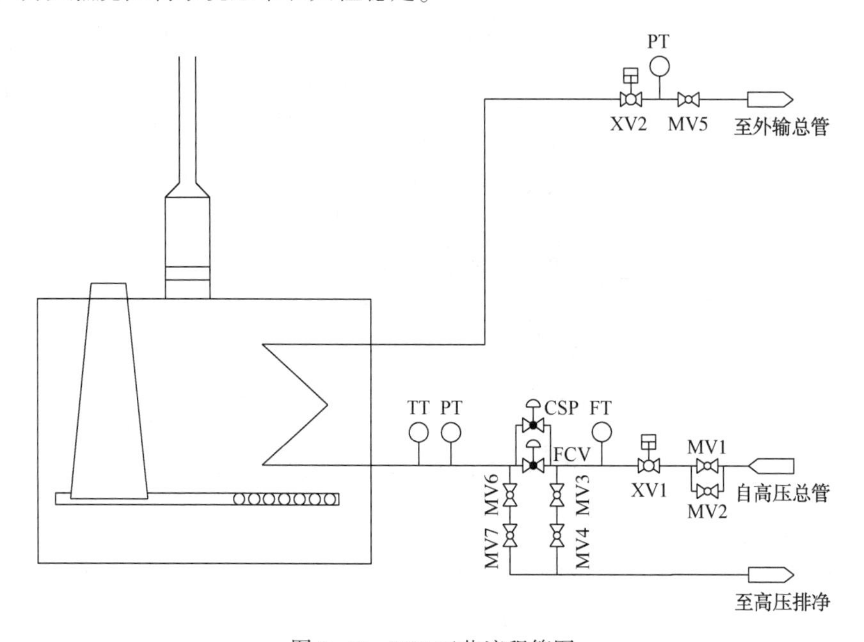

图 2-46　SCV 工艺流程简图

2. SCV 的停车操作步骤

(1) 观察火检值，手动模式下缓慢关闭流量调节阀 FCV。

(2) 关闭 SCV 入口管线切断阀 XV1。

(3) 现场关闭 SCV 入口管线手阀 MV1。

(4) 打开流量调节阀上游排净阀 MV3 和 MV4 一定开度，防止超压。

(5) 10min 后按下 SCV 停车按钮。

(6) 现场确认 SCV 停车后，关闭燃料气供应阀。

(7) 停止在运的燃料气电加热器。

五、气化器运行过程中常见问题及处理措施

1. ORV 异常结冰

（1）检查水槽海水分布是否均匀。如果某个水槽水量较小，可以调节其上游蝶阀，使其水槽水量能满足 LNG 气化的需求。

（2）水槽内是否有玻璃钢碎片。如果发现水槽内有脱落的玻璃钢碎片，应及时处理，防止其影响水槽水流分布。

（3）ORV 翅片上是否有大的异物质附着在翅片上影响水流分布。如果发现较大异物质应及时用工具清理干净。

（4）ORV 翅片上的涂层是否脱落，涂层脱落会导致翅片受海水腐蚀，翅片腐蚀严重会影响换热效果，甚至导致翅片发生泄漏。

2. SCV 点火无法成功

（1）SCV 燃烧炉顶盖积垢严重：助燃风机出口消音器损坏，导致其内部棉毡通过风道进入燃烧炉内，积垢堵住火焰探测器的探测口，导致点火时探测不到火焰。此时，需要清理污垢，定期检查风机出口消音器。

（2）燃烧喷嘴烧坏：燃烧喷嘴本应该通过螺纹连接连在冷却盘管上，安装时底部螺纹连接未紧固，运行时气流移动其位置，无法得到良好冷却而烧坏。安装时，要确保燃烧喷嘴稳定地连接在冷却盘管上。

（3）风机流量调节阀动作异常：管线振动导致阀门定位器反馈杆松动变形或者润滑不足，影响阀门正常动作和定位，导致气流不稳，影响空燃比，引起较严重的不完全燃烧现象，排放烟气中 CO 含量偏高，运行时也无法达到满负荷，降低了 SCV 的效率。定期对阀门进行检查，保证阀门动作正常。

（4）燃料气管路供应不畅：燃料气管线上的程控阀动作错误或者管线内部堵塞都会使得空燃比不合适，从而无法点燃 SCV。定期对程控阀进行检查，确保其动作正常；必要时取下一级点火燃料气管线上的限流孔板或者检查燃料气管线上的单向阀是否动作正常。

（5）火检探头故障：定期清理火检探头，确保其能正常检测火检值。

（6）点火枪故障：定期对点火枪进行检查，出现故障时及时进行更换。

（7）空燃比不合适：适当调节燃料气管线上的压力调节阀来调节燃料气压力，但是燃料气压力一般由运行工程师调节好后，不允许操作人员随意动作压力调节阀。

（8）火检、点火枪冷却风过大：冷却风量过大会影响火检探头的正常检测，将点火枪的火焰吹灭，所以应适当调节火检、点火枪的冷却风，保证其在正常范围内。

第七节　槽 车 系 统

一、LNG 槽车的结构

LNG 槽罐车主要由罐体、操作箱及半挂车行走机构组成。罐体固定于半挂车上行走，部分挂车罐体前端设有压力表，便于车辆运行过程中观察罐体内部的压力。操作箱位于罐体尾部，内设低温操作阀门、压力表、液面计、组合式安全泄放装置和气动紧急切断装置等附

件，集中布置便于装卸操作。

1. 罐体

罐体由内罐和外罐套合组焊而成。内、外罐之间采用高真空多层绝热，提高了半挂车的绝热性能和有效运输能力。内罐材料为06Cr19Ni10，外罐材料为压力容器用钢Q345R。内罐是半挂车的主要部件，是承受内压的容器，在规定的温度范围及充装量下使用是安全可靠的。外罐设有真空安全泄放装置，以保证在内、外罐意外泄漏导致夹层真空失效，压力升高情况下能迅速泄放夹层气体，确保设备安全。内罐的组合式安全阀包括并联的两个安全阀和一个三通球阀，设于罐车尾部操作箱内的气相管路上，能保证在夹层真空失效或增压器失控时，迅速排放罐内介质，以保证内罐的安全。

2. 操作箱

操作箱设于罐车的尾部，内设控制阀门及安全装置，便于介质的装、卸作业。操作箱简图如图2-47所示。

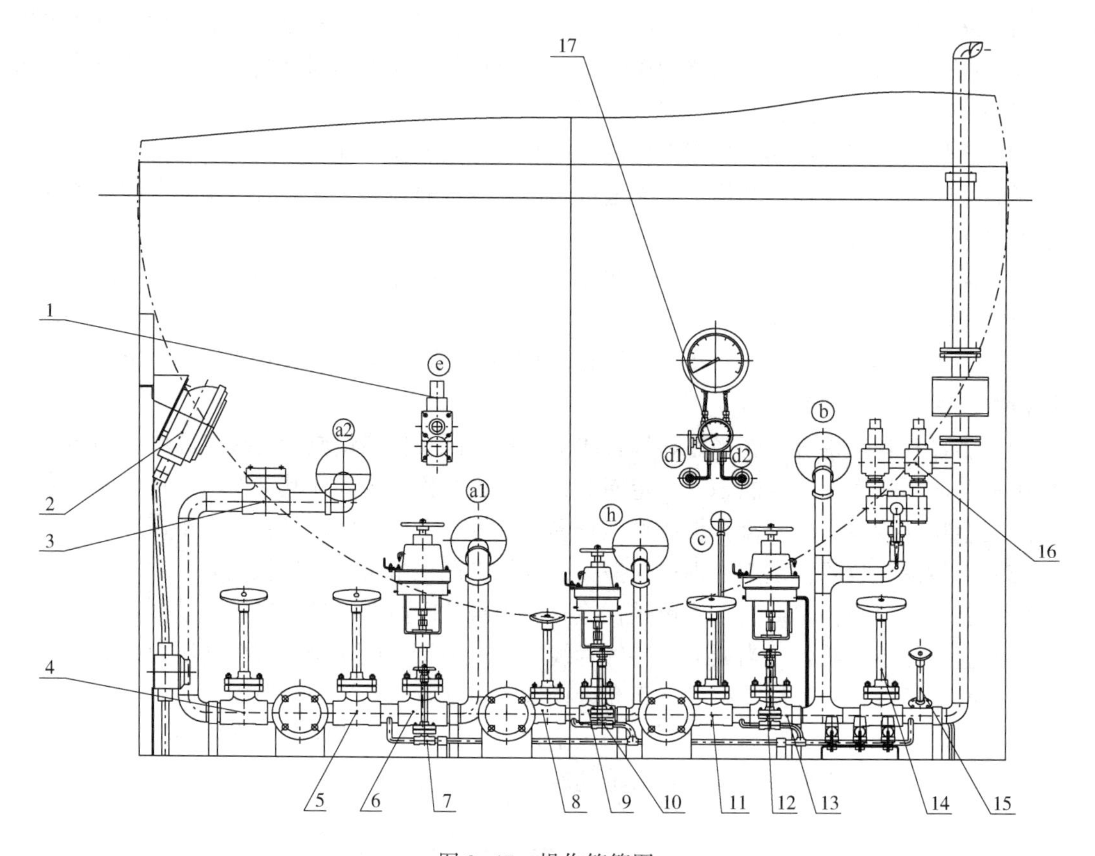

图2-47 操作箱简图

1—真空阀；2—防爆灯；3—上部进液单向阀；4—上部进液阀；5—下部进出液阀；6—液相紧急切断阀；7—管路放散阀；8—增压器出口阀；9—增压紧急切断阀；10—管路放散阀；11—气相阀；12—管路放散阀；13—气相紧急切断阀；14—设备放空阀；15—管路放散阀；16—组合式安全泄放装置；17—液位计组合阀

3. 罐车的工艺流程

罐车的工艺流程图如图2-48所示。

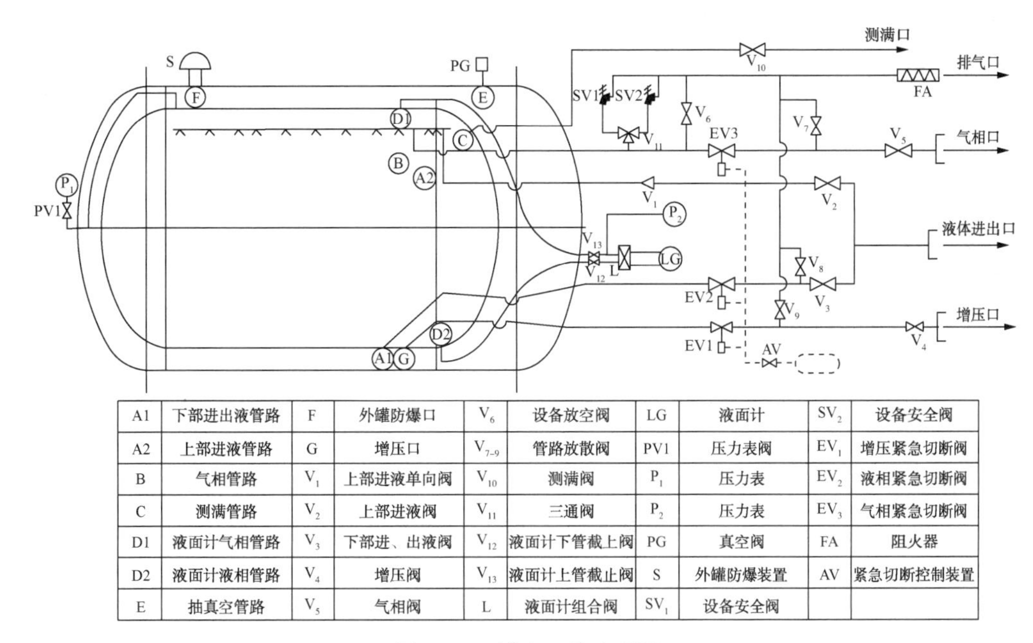

A1	下部进出液管路	F	外罐防爆口	V_6	设备放空阀	LG	液面计	SV_2	设备安全阀
A2	上部进液管路	G	增压口	$V_{7\text{-}9}$	管路放散阀	PV1	压力表阀	EV_1	增压紧急切断阀
B	气相管路	V_1	上部进液单向阀	V_{10}	测满阀	P_1	压力表	EV_2	液相紧急切断阀
C	测满管路	V_2	上部进液阀	V_{11}	三通阀	P_2	压力表	EV_3	气相紧急切断阀
D1	液面计气相管路	V_3	下部进、出液阀	V_{12}	液面计下管截止阀	PG	真空阀	FA	阻火器
D2	液面计液相管路	V_4	增压阀	V_{13}	液面计上管截止阀	S	外罐防爆装置	AV	紧急切断控制装置
E	抽真空管路	V_5	气相阀	L	液面计组合阀	SV_1	设备安全阀		

图 2-48　罐车工艺流程图

二、槽罐车常见故障及处理

表 2-7 为 LNG 槽罐车常见故障及相应处理措施。

表 2-7　LNG 槽罐车常见故障及相应处理措施

故障现象	原　　因	处理措施
内筒压力异常升高	压力表指示不真实	修理或更换
	夹层真空失效	补抽真空
液面指示不真实	液面计失灵	修理或更换
罐体外表面大面积结霜	夹层真空失效	补抽真空

除表 2-7 所示情况之外，罐车停止运行后也会出现压力升高现象。但随着罐车的启动运行，压力会逐渐下降，这是由于静止罐体中的液体不能充分混合，产生局部液体表面过热而引起的。当罐车启动运行后，罐车的摇荡使液体充分混合使其温度均匀，罐车恢复正常压力。这是一种正常现象，不应按故障处理。罐车在使用过程中，如遇意外情况导致严重泄漏时，应立即将车开到空旷的安全地带，逐渐排放罐内介质，此时应关闭发动机，严禁明火。罐车装卸过程中，如发生装卸软管接头脱落、软管破裂导致液体大量外泄时，应立即操作行走前端的气动紧急切断控制阀，以关闭液相和气相紧急切断阀。

三、装车撬的结构

接收站配置槽车装车设施将 LNG 充装至 LNG 槽车中，可连续不间断装车。由低压泵将 LNG 从储罐增压输出，低压外输总管的部分 LNG 输至装车站，经液相装车臂和气相返回臂卸入 LNG 运输槽车，由槽车输送至 CNG、LNG 汽车加气站等。

LNG 装车臂由立柱、LNG 管线(液相臂)、NG 管线(气相臂)、旋转接头氮气吹扫系统、氮气置换系统及静电接地系统等构成，LNG 装车臂的气相臂、液相臂安装在同一个立柱上，气相臂和液相臂结构类似，可独立操作。

四、汽车衡

1. 系统构成

系统标准配置由秤台、称重传感器和称重显示部分三大基本单元组成；其中称重显示部分包括称重显示仪表、接线盒和信号电缆。根据用户的不同需要可选购其他外接设备以组成各种配置，包括：计算机、打印机、大屏幕显示器、电源浪涌保护器、稳压电源及多功能电源插座。

2. 主要功能

汽车衡的主要功能：用于货物的称重计量，将所称重的货物质量以数字的方式显示，称重显示仪表可显示毛重状态、净重状态、皮重状态、动态等，所连接的打印机可以打印包括毛重、皮重、净重、时间、日期、车号、序号等，存储系统可以存储 500 个车号信息，并且保证在断电时数据不会丢失。

3. 工作原理

1）模拟式

货物进入秤台，在物体重力作用下，使称重传感器弹性体产生弹性形变，粘贴于弹性体上的应变计桥路阻抗失去平衡，输出与质量数值成比例的电信号，经称重仪表的放大器、A/D 转换器等将模拟信号转换成数字信号，再经仪表的微处理器(CPU)对质量信号进行处理后直接显示出质量等数据。如果显示仪表与计算机、打印机连接，仪表可同时把质量信号输给计算机等设备，组成称重管理系统。

2）数字式

货物进入秤台，在物体重力作用下，使称重传感器弹性体产生形变，粘贴于弹性体上的应变计桥路阻抗失去平衡，输出与质量数值成比例的电信号，经传感器内部的放大器、A/D 转换器、微处理器等电子元器件进行相应的数据处理，输出数字信号，各传感器数字信号经接线盒进入称重显示仪表直接显示出质量等数据。如果显示仪表与计算机、打印机连接，仪表可同时把质量信号输给计算机等设备，组成称重管理系统。

4. 操作说明

（1）操作人员必须经专门培训，持有上岗合格证书后方可从事操作和维修。

（2）使用前应检查各接线是否松动、折断，接地线是否牢靠。

（3）使用前仪表应开机预热 30min 左右，仪表通电后即进行自检，证明系统正常后方可进行称重。

（4）秤台四周间隙内不得卡有异物，秤台与四周限位螺栓不得发生碰撞和摩擦，各配套部件性能良好，秤台的过载保护装置调节在规定位置。

（5）槽车上称之前确定使用的汽车横，装车完成之后必须要使用同一台汽车横。

（6）槽车上称之前观察就地仪表显示是否为毛重零。

（7）车辆驶上秤台应直线行驶，车速低于 5km/h，然后轻轻刹车，并尽可能停在秤台中心位置，车停稳后将槽车引擎停车，驾驶员下车进行称重。

（8）过衡车辆的整体质量之和不得大于电子汽车衡的最大秤量80t，以免损坏部件。

（9）称量后车辆缓慢驶下秤台，检验空秤，确认称重显示仪表回零后，才能认定称量结果有效。

（10）称重结束后长时间不过衡时，必须切断称重显示仪表电源，以免烧损元件。

（11）禁止在秤台上进行电弧焊作业。

（12）秤台及四周应保持清洁干燥，防止积水和其他杂物污染，特别是接线盒内应干燥清洁，盒内干燥剂要定期更换。

（13）电子汽车衡出现故障时，应立即停止使用，报告有关部门配合专业维修人员进行检查修理，并经检定合格方可使用。

5. 故障处理

表2-8为汽车衡常见故障及相应处理措施表。

表2-8 汽车衡常见故障及相应处理措施

故障	原因	故障处理
称重传感器故障	接线盒内浸水	用吹风机吹干，酒精擦洗，保持接线盒内部清洁
	部件连接虚焊、脱焊、掉线、断线、短路、错接等	目视检查并重新连接部件
	接线短路	用万用表检查导线与称台之间的电阻，检查各导线与地线和信号电缆的屏蔽线之间的电阻，更换电缆
称重显示仪表故障	称重显示仪表通过自动诊断显示错误代码	更换称重显示仪表或仪表的主板
称量小负荷时正常，大负荷时变小	称底部有异物	目视检查，排除异物
	传感器与其支承方铁的卸荷螺栓间隙过小	调节间隙
	传感器与限位位置相碰	调节限位
显示不稳定	传感器故障	检查和更换传感器
显示负载不能回零	传感器受损	检查和更换传感器
	传感器限位装置碰到传感器	检查间隙
	电缆线故障	检查电缆
	显示仪表损坏	检查更换仪表
显示误差值较大	传感器故障	检查和更换传感器
	轴接线盒老化	检查和更换接线盒，并重新调试

五、槽车装车

1. 槽车站工艺流程

LNG槽车装车站的主要工艺管线包括装车总管、回气总管、保冷循环管线、泄放总管及排净总管。在平时的运行中，除完成正常装车工艺流程以外，还要建立全站的保冷循环和撬内的保冷循环。

2. 槽车装车流程

图 2-49 为槽车装车流程图。

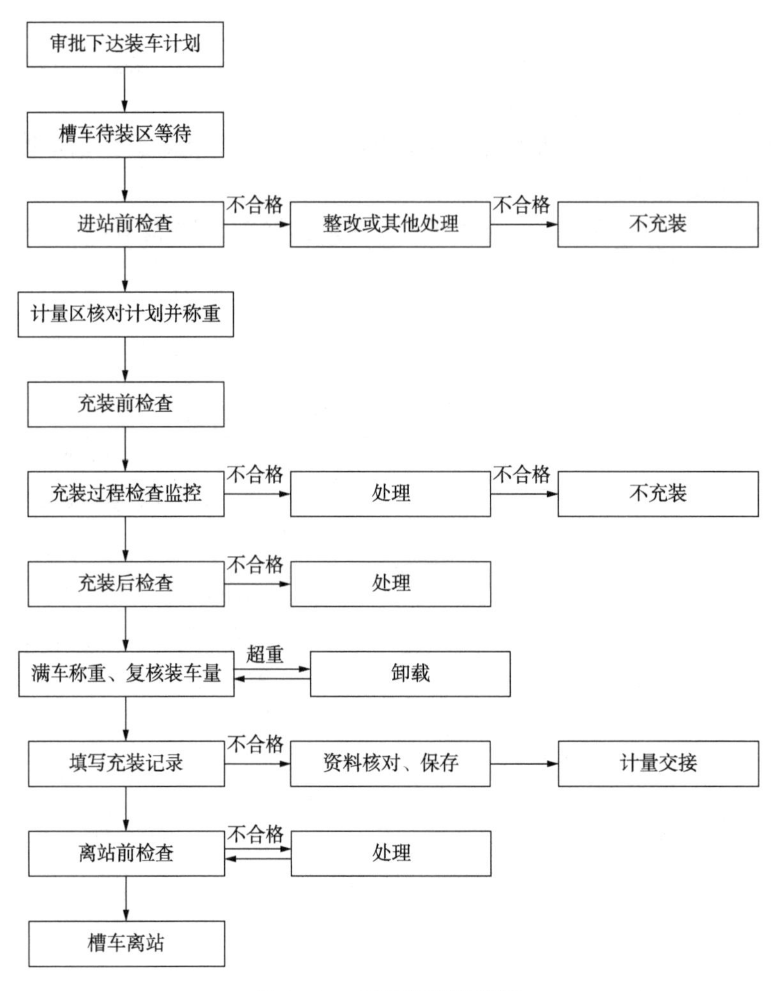

图 2-49　槽车装车流程图

备注：合格项目未在箭头上标出。

3. 主要装车步骤

槽车装车操作中明确装车操作员与驾驶员的职责，以装车臂连接法兰为界，槽车上的阀门由驾驶员进行操作，由槽车装车操作员统一下达操作指令。

1）装车准备

由驾驶员将槽车停入装车台位置，停止槽车引擎，将手闸放置于正确位置，将阻滑器置于车轮下，并将钥匙交由操作员保管，按照提示将静电接地夹连接到槽车上，确认收到接地信号。

2）连接 LNG 装车臂并吹扫

正确连接 LNG 装车臂，并用氮气进行吹扫。

3）泄漏测试

用氮气加压装车臂，人工检查气相返回臂连接法兰处有无泄漏，液相臂压力指示达到目标压力，无压降，检查液相臂连接法兰处有无泄漏，确认无泄漏后泄压。

4）冷却

当日首次装车时需要进行装车臂的预冷，根据流量变化缓慢调整流量调节阀开度，注意液相管线的压力、温度和装车臂的结霜情况，温度达到-130℃冷却完成。

5）装车

冷却完成后开始全速装车，装车过程中注意观察有无泄漏、罐车压力、液位变化等。

6）吹扫

装车结束后，进行装车臂的吹扫，将装车臂中的 LNG 残夜吹扫排净后，方可拆卸装车臂。

7）断开连接

断开装车臂连接，检查槽车状况，取下槽车静电接地夹，将阻滑器摆放整齐确认正常后可以驶离装车台，到称重处进行满车称重。

4. 槽车计量操作

LNG 槽车进站前需检查合格后方可过磅计量，进站装车。

槽车计量操作步骤及要求如下：

（1）车辆缓慢驶上地衡，停放在地衡中央。

（2）停止槽车引擎，拉好手刹，人员下车。

（3）计量员将车辆、人员等相关信息录入计量系统，进行空车称重。

（4）计量员根据驾驶员要求及车量大小合理设定装车量。

（5）驾驶员按照计量员安排进入相应装车台进行充装。

（6）充装结束后经检查合格驶离装车台，进行重车称重，计量员注意槽车装车量是否异常，若有异常及时上报做好相应处理，严禁槽车超装出站。

六、装车系统常见的问题及处理

装车系统常见问题主要有：阀门卡塞、流量计故障、批量控制仪故障、读卡器故障、各部位发生泄漏等。

出现问题时首先要找出问题所在，判断故障原因并分析给出处理办法，日常工作中注意做好设备的维护保养，及时发现问题，建立问题台账，总结经验办法，为安全生产提供有力保障。

第八节 CNG 系统

一、CNG 加注系统简介

LNG 接收站增加 CNG 充装系统一般有两种方案：一种是接入 BOG 系统，接收站运行产生的 BOG 先经低温 BOG 压缩机压缩到 0.7MPa 左右，然后经 CNG 压缩机进一步压缩到 20~25MPa，该方案通常作为 BOG 处理的辅助方式应用于不具备气化外输条件的 LNG 中转站；另一种是接入外输管道，将外输天然气直接压缩成 CNG，该方案更适合大型 LNG 接收站，流程如图 2-50 所示。

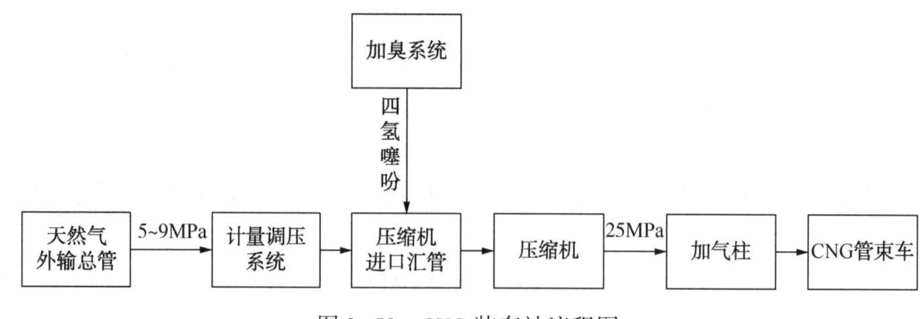

图 2-50 CNG 装车站流程图

CNG 装车站从 LNG 接收站的天然气外输总管上接入天然气，接入压力为 5~9MPa。经过计量、调压后进行加臭，然后进入压缩机进口汇管，再进入压缩机经两级压缩加压至 25MPa，然后通过加气柱进入 CNG 管束车外运。根据工艺流程，本项目的工艺系统分为：进站管道、计量调压系统、加臭系统、压缩系统、加气系统、安全放散系统和工艺辅助系统。

二、CNG 压缩机的启停

1. CNG 压缩机的启动

（1）检查润滑油油位在正常范围。

（2）检查冷却水液位或压力在正常范围。

（3）检查仪表风压力在正常范围。

（4）启动冷却水系统，检查循环水路压力、温度正常，无泄漏。

（5）启动润滑油系统，检查润滑油路压力、温度正常，无泄漏。

（6）对压缩机进行盘车。

（7）打开压缩机入口管线阀门。

（8）打开压缩机出口管线阀门。

（9）启动压缩机，空载运行 10~15s。

（10）压缩机正常启动后，缓慢打开压缩机进气阀门，使之平稳地进入负荷运转。

（11）检查压缩机各级温度、压力，压缩机振动及声音正常。

2. CNG 压缩机的停车

（1）降低压缩机负荷，关闭压缩机进气阀门。

（2）停止压缩机。

（3）确认压缩机正常停车，关闭进出口管线阀门。

（4）停止润滑油系统。

（5）停止冷却水系统。

3. 遇到以下情况，应紧急停车，及时排除故障

（1）润滑油或冷却水中断。

（2）排气压力高于规定范围。

（3）指示仪表损坏。

(4) 压缩机或电动机有不正常声响。

(5) 电机碳刷出现火星或过热。

三、加气柱的操作

1. 加气柱结构

图 2-51 为加气柱结构图。

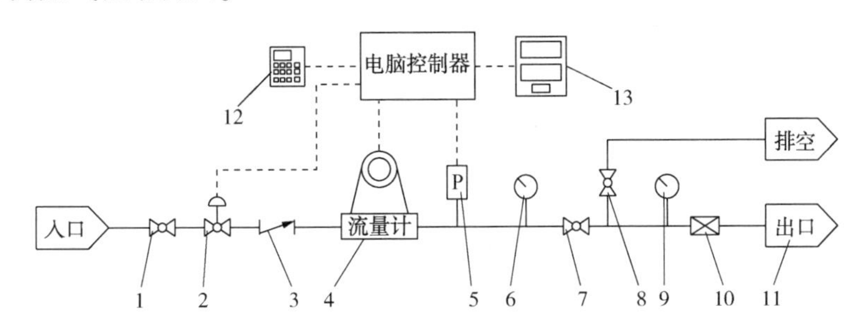

图 2-51 加气柱结构图

1—入口球阀；2—电磁阀；3—单向阀；4—质量流量计；5—压力传感器；6—压力表；7—加气球阀；8—排空球阀；9—排空压力表；10—拉断阀；11—快换接头；12—键盘；13—显示屏

压缩天然气经过输送管道进入加气柱，依次流经入口球阀、质量流量计、压力表、加气球阀、排空球阀、高压软管、快速接头，最后流入被充气汽车储气罐的气瓶。质量流量计测出流经加气柱的气体的密度、质量等参数的物理信号由信号转换器转换成电脉冲信号传送到电脑控制器，电脑经自动计算得出相应的体积(质量)、金额并由显示屏显示给用户，从而完成一次加气计量过程。

2. 对拖车加气的操作步骤

(1) 从加气柱枪盒上取下快速接头，将加气枪嘴插入汽车储气罐上的加气接口，可靠连接。

(2) 关闭加气柱上的放空球阀，打开汽车储气罐上的球阀，此时可从加气柱上的放空压力表读出汽车储气罐的剩余压力。

(3) 打开加气柱上的加气球阀。非定量加气：按加气柱键盘上的“加气”键即可加气。定量加气：首先通过键盘设定需加的气量(m^3 或 kg)或金额，然后按“加气”键开始加气，当达到设定值时自动结束加气

(4) 加气完成后电脑控制器的蜂鸣器会连续鸣叫三声自动停止加气；如果汽车储气罐不需要加足 20MPa，也可按“停止”键手动停止加气。

(5) 关闭汽车储气罐上的球阀。

(6) 关闭加气柱的加气球阀，打开放空球阀排空汽车储气罐上的球阀至加气柱的加气球阀之间管道中的高压气体。

(7) 从汽车储气罐取下快速接头放回加气柱枪盒内，结束加气。

3. 加气过程中出现意外事故的紧急处理办法

(1) 立即切断加气柱电源。

(2) 迅速关闭汽车储气罐上的球阀。

(3) 关闭加气柱前的进气阀或加气柱进气口球阀。

4. 注意事项

(1) 为延长加气柱高压软管的使用寿命，应避免让其长期处于高压膨胀状态，在每天工作结束或较长时间停止工作时，应关闭加气柱上的加气球阀，然后打开放空球阀，排空软管中的高压天然气。

(2) 再次使用加气柱时，应先排净软管中的空气，以保证充入汽车储气罐的天然气纯度。

5. 常见故障及排除方法

表 2-9 为加气柱常见故障及相应处理措施。

表 2-9　加气柱常见故障及相应处理措施

故障现象	产生原因	排除方法
显示屏显示“EU”	掉电或电压过低	检查输入 220V 电源
按“复显”键无显示	电脑蓄电池电压过低	检查并更换蓄电池
检查并更换蓄电池	1. 质量流量计信号不正常； 2. 信号线接头松动	1. 检修并调整质量流量计； 2. 重新插接信号线
无法读取累计	累计存储器损坏	更换累计存储器
按键无效	1. 键盘上集成电路故障； 2. CPU 故障	1. 更换键盘上集成块； 2. 更换主板上 CPU

四、常见问题及处理措施

1. 润滑油系统

1）润滑油位过低

观察压缩机端面的玻璃视窗中的油位，如果油位低于中线位置，及时补充。如果油位高于中线位置，检查油位开关。

2）润滑油系统油压过低

油过滤器过脏，堵塞油路，压降增大，会使后续的管路油压降低。应检查清理油过滤器或更换油过滤器元件。油路系统漏油时油压必然降低，检查管路接头是否有漏油现象。管路油压传感器失灵会产生虚假信息，检查压力传感器有无故障。压力调节器调整不当，也会造成油压降低，应检查和调节油压调节器的位置。润滑油系统油泵工作不正常，油压肯定降低，检查油泵。如果在启动过程中出现油压低的故障信号而不能启动时，若在冬天有可能因温度低油黏度高，短时间油压达不到所致，可多启动几次就可恢复正常。或者，由技术人员将预润滑泵延时工作时间设置适当加长即可。

3）润滑油温度过高

油冷却器内被杂物或脏物堵塞，冷却效率降低，检查予以清除。油路机械式冷热转换阀(有些称静热力阀)故障使润滑油无法经过油冷却器降温，检查维修或更换转换阀。过滤器过脏堵塞后使油流不畅，阻力增加发热使油温升高，应清理或更换油过滤器滤芯。润滑油过脏或黏度过高，使摩擦面容易发热，带走热量降低温度的效果变差，更换合适的润滑油。

2. 压缩机排气系统

1）排气压力过低

检查进气力是否过低，过低的进气压力会使压缩机达到额定排气压力的时间加长。检查是否有泄漏，排气管路系统的严重泄漏是造成排气压力过低的常见故障。检查压缩机进排气阀，进气阀关闭不严，会使进气量减少，压力降低，最终的排气压力必然降低或使压缩时间延长；排气阀关闭不严，会使压缩气体在进气冲程时返回气缸，减少了气量，也降低了排气压力。检查进气是否有堵塞，进气管路的堵塞，增加了压降，减少了进气量，清理或更换过滤器滤芯，以减少过滤器中的压降。

2）排气压力过高

检查压缩机的阀，如果出现在中间级，有可能是下一级进气阀开度不够、卡死或者排气阀不开。检查排气管路中是否有堵塞，如果中间级压力高，估计是过滤器堵塞；如果是最终排气压力高，则应检查管路中的过滤器是否过脏，单向阀、限压阀是否失效，尤其是手动球阀维修后容易忘记打开。监测控制系统失灵，最终排气压力达到设定值时（一般为25MPa）控制系统就会发出停机指令，如果控制系统失灵，例如压力传感器等元器件失效，就会使排气压力一直上升。

3）排气量减小

检查是否有泄漏，主要检查主气路上各个阀门（尤其是安全阀）和管接头处是否有较大的泄漏。压缩机阀门关闭不严，如果某一级进气阀关不严，活塞压缩时气体就可能通过该进气口返回到上一级，使排气量减少。检查进气压力是否过低。检查电机转速是否正常，和压缩机直联的电机多为异步电机，转速降低的可能性不大；如果电机和压缩机是通过皮带传动，则要检查皮带是否松动，影响了压缩机的转速，适当调整皮带张紧装置。

4）排气温度过高

检查压缩机阀是否失灵，压缩机阀开启不够，使气体流动阻力增大，流速增高，排气温度自然要升高。检查冷却风扇，如果冷却风扇是通过皮带传动，应检查风扇皮带是否太松，或者皮带断裂，使风扇转速下降甚至停转，排气温度必然升高。检查冷却器的散热片，这种情况多是散热器被灰尘堵塞太脏，冷却效果降低所致。

3. 安全放散系统

1）级间安全阀动作

下一级气缸进气阀开度不够或卡死打不开，必使该回路压力上升，以致超过安全阀的起跳压力，所以应首先检查该级进气阀门是否有故障。下一级进气管路中的过滤器太脏，使管路堵塞压力升高，应定期清洗过滤器。过滤器下的排液管路和单向阀不通畅，使过滤器下部液位升高，也可能污染滤芯，应拆开检查，必要时更换单向阀。回收罐旁的泄压排放阀没有定时打开，或打开时间太短，也会出现上述故障。

2）末级安全阀动作

主气路通向充气回路的手动球阀未打开，致使末级管路压力升高，这种情况多发生在系统检修后，忘记打开阀门。末级过滤器太脏使管路堵塞，压力升高，应定期清洗过滤器。过滤器下的排液管路和单向阀不通畅，使过滤器下部液位升高，也可能污染滤芯，应拆开检查，必要时更换单向阀。回收罐旁的泄压排放阀没有定时打开，或打开时间太短，也会出现上述故障。

3）回收罐安全阀动作

主气路到充气回路之间的单向阀关闭不严，致使停机时低压气瓶组的高压气体回流到回收罐中引起超压，使安全阀起跳释压。压缩机运行中，通向回收罐的泄压排放阀关闭不严，大量压缩气体进入回收罐，引起压力急剧升高，导致安全阀起跳。

第三章　接收站辅助系统

第一节　海 水 系 统

一、海水泵的结构及特点

LNG 接收站海水泵的作用是将海水输送至开架式气化器(ORV)气化 LNG，供下游客户使用。海水泵是 LNG 接收站非常重要的设备之一。

1. 海水泵的材质

海水具有非常强的腐蚀性，对长期浸泡在里面的海水泵材质的抗腐蚀性要求非常高。海水过流部件通常使用 316L 不锈钢、铸造镍铝青铜、双相不锈钢、超级双相不锈钢等。

316L 不锈钢易产生裂缝腐蚀和点蚀，抵抗海水腐蚀能力较弱；镍铝青铜抵抗海水的腐蚀能力很强，缺点是铸件致密性和铸造工艺性能不能完全满足要求；双相不锈钢是其固溶组织中铁素体相与奥氏体相约各占一半的不锈钢，缺点是易发生裂缝腐蚀和点蚀；超级双相不锈钢比其余不锈钢含有更多的合金元素，约 25%的铬和 7%的镍，以及微量的氮，这使其具有很高的耐应力腐蚀、耐孔蚀和缝隙腐蚀的性能。从抗海水冲刷和腐蚀的角度，海水泵通常使用超级双相不锈钢、铸造镍铝青铜、双相不锈钢作为材料。

2. 海水泵的结构

海水泵是输送海水的关键设备，主要部件包括轴、叶轮、吸入口、轴承、轴套、筒体和弯头等(图 3-1)。海水泵通常选用立式、单级泵。泵安装在海水流道中，距离地面有一定的高度。泵的入口安装有过滤网，对杂质进行过滤。泵吸入口一般为喇叭型，作用是将水流均匀地导向叶轮，减小吸入水力损失。叶轮通过键固定在轴上，随轴高速旋转而对海水做功。为避免叶轮受损，安装有可更换叶轮耐磨环和壳体耐磨环。泵轴一端连接叶轮，另一端通过联轴器与电机轴相连，主要作用是传递动力。一般海水流道较深，泵轴由几节连接而成，并通过筒体上的轴承限定。与轴承接触处的泵轴外面安装有轴套，避免了泵轴的直接磨损。海水泵的止推轴承位于叶轮轴的末端与电机轴相连接的位置，目的是承受叶轮轴向水推力与水泵转子质量。电机安装在地面独立的钢结构机座上，通过联轴器与泵相连。

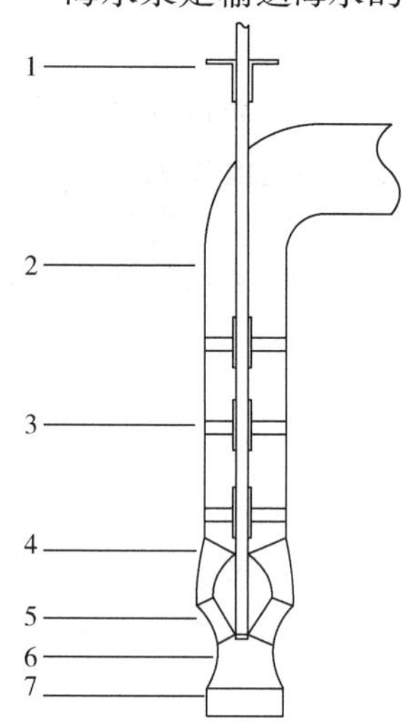

图 3-1　海水泵结构示意图
1—止推轴承；2—轴；3—轴承；
4—扩压器；5—叶轮；
6—吸入口；7—过滤器

3. 海水泵的启停操作

海水泵正常启动前，首先确认对应流道的钢闸门打开，流道通畅无阻。泵不允许在进口水位不足的情况下进行运转(图 3-2)。

海水泵的启机步骤为：

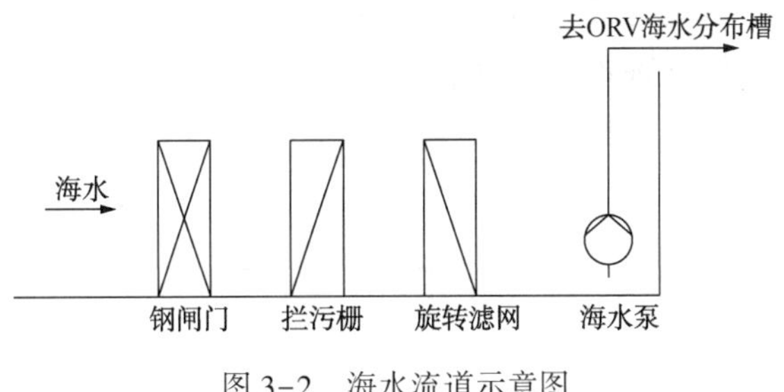

图 3-2 海水流道示意图

（1）进行启机前检查：确认润滑油充足；轴承及填料冷却水流量达到设定值；出口阀关闭。

（2）执行启动命令。

（3）打开海水泵出口阀，并相应打开气化器的海水阀门。

（4）现场检查泵的状态：振动是否正常，出口压力是否上升等。有异常情况应停止泵的运转并检查原因。

（5）打开海水泵所在流道的次氯酸钠加药阀。

海水泵运行时重点关注现场的振动和机体的温度变化情况。

需要说明的是，首台海水泵启动时需要对海水泵出口管线进行充液，充液过程中海水管线阀前后压差较大，泵出口阀的开度可根据管线的振动情况相应调节。充液完毕后需要匹配管路上各个阀门的开度，确保各阀门处的振动、过流声音均衡。

停用海水泵前确保对应气化器的 LNG 入口阀已关闭，LNG 流量为零。逐步关闭海水泵出口阀，相应地关闭对应气化器海水入口阀，此过程应确保海水供水总管压力平稳，避免造成剩余气化器海水流量不足。海水泵出口阀关闭后，停止海水泵，关闭对应海水流道的次氯酸钠加药阀。

4. 海水系统的工艺问题及处理措施

海水泵作为接收站生产核心设备之一，是维护工作的重点设备。海水泵在运行过程中出现的工艺问题主要有振动和出口压力不足。

振动的主要原因是轴承或轴磨损。海水泵长时间运行会出现导向轴承、轴套磨损现象，造成两者间隙变大，甚至导致轴承出现移位、破损等严重后果，从而产生振动异常现象。尤其是采用含沙量高的海水对轴承进行润滑冷却时，此现象更严重。对于此问题，建议更改冷却工艺方式，采用清洁淡水进行冷却润滑。此外，海水泵的导向轴承建议采用耐磨橡胶轴承，可以起到较好的吸振减振效果。

海水泵出口压力不足主要是由于吸入效果不佳引起。海水泵长期运行，吸入口处的吸力使海砂、贝类等不断沉积在海水泵吸入口附近，造成海水流道的堵塞，影响海水的流通性能。对于此问题，应根据海水泵出口压力或定期对海水流道进行清淤作业。

二、海水制氯系统

海水中含有大量的海生物，它会在海水管道内繁殖，堵塞海水管道，影响输水能力，也会在 ORV 传热管外壁附着生长，增加传热面的污垢热阻，降低气化器传热效率，影响传热管海水的均匀流动，导致管束受热不均，产生变形甚至断裂。为此，接收站一般采用电解海水制氯系统，产生活性有效氯，投放到海水的取水装置中，使海水保持一定浓度的有效氯含量，以抑制海生物的繁殖。

海水制氯系统的工作流程是：海水经海水升压泵升压，然后通过自动清洗过滤器除去海水中的杂质和海砂，进入电解槽组件。整流装置将交流电转化为直流电供给电解槽组。流经电解槽组的海水被电解产生次氯酸钠溶液及氢气进入次氯酸钠储罐。氢气在次氯酸钠储罐顶部稀释后安全地排到大气中。次氯酸钠溶液通过加药泵送至取水头和海水流道投放(图 3-3)。

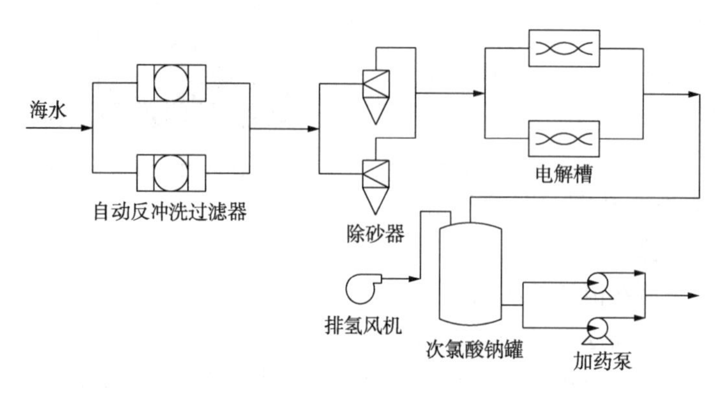

图 3-3　电解制氯工艺流程图

1. 过滤器

海水过滤器是用来滤除海水中的杂质，以防止电解槽堵塞的设备。其壳体、滤网、轴均采用耐海水腐蚀的不锈钢。过滤器常采用自动反冲洗型，在正常过滤的同时，能将积压的杂质通过反冲洗工艺外排。整个操作过程通过压差控制自动进行，设置有手动反冲洗功能时，可根据滤网堵塞情况手动冲洗。

2. 除砂器

海水中含有较多的泥砂，为保证电解海水的洁净度，必须将其去除。除砂器通过离心作用，将海水和泥砂分离，并将泥砂从底部排出。除砂器可根据含砂情况设置一定的时间定期自动排砂。

3. 电解槽

电解海水制氯装置是通过整流变压器和整流器，将交流电变压整流为直流电，施加到海水电解槽的阴、阳极上。在直流电作用下，含有氯离子的海水流经电解槽时，在电解槽内产生如下反应：

阳极反应：　$2Cl^- \longrightarrow Cl_2+2e$

阴极反应：　$2H_2O+2e \longrightarrow 2OH^-+H_2\uparrow$

极间的化学反应：

(1)　$Cl_2+2OH^- \longrightarrow ClO^-+Cl^-+H_2O$

(2)　$ClO^-+H_2O \longrightarrow HClO+OH^-$

(3)　$HClO \longrightarrow H^++ClO^-$

总反应：　$NaCl+H_2O \longrightarrow NaClO+H_2\uparrow$

平衡反应(1)、(2)、(3)的运行方向主要取决于 pH 值和环境温度。

电解过程中会产生钙、镁沉淀物附着在电解槽内，增加电能的消耗。因此，必须定期通过酸洗的方法消除这些沉淀物，酸洗后的废酸应该用碱中和后再排放。

4. 电解制氯系统的操作

电解制氯系统在就地控制盘上可以实现整流器启停、电流升降、数据传输以及控制的远程切换等功能。电解制氯系统的启动和停止需要按照一定的顺序执行，否则系统将不能工作。因此，设有相应的联锁逻辑，以避免出现危险状况。例如：在海水流量没有达到设定值的情况下，启动整流器的操作不会被执行。

系统启动：

(1) 启动风机。

(2) 打开海水入口阀引入海水。

(3) 海水流量、压力不足时，启动海水加压泵。

(4) 达到额定海水流量、压力后，启动整流器，调节电流输出至设定值。

(5) 次氯酸钠储罐液位到达中液位后，可以启加药泵进行加药。

系统停止：

(1) 将整流器输出电流调到零。

(2) 停运整流器。

(3) 停运海水加压泵。

(4) 关闭海水入口阀。

(5) 次氯酸钠罐排空后，停运风机。

5. 电解制氯系统的工艺问题及处理措施

电解槽阴极上易形成白色的钙镁沉淀物，必须定期酸洗消除。电极也可能被击穿而发黑，发现后必须停止运行并更换。

电解制氯系统中的电机法兰、泵机械密封处由于海水的腐蚀作用，容易发生腐蚀泄漏，在日常巡护时应予以重点关注。

三、海水过滤系统

1. 拦污栅

每一个海水流道均需要安装拦污栅，用于拦截海水中较大的悬浮物等垃圾。拦截下来的垃圾可用人工或自动清污机进行打捞清理。

全自动清污机通过电机运行在一个横贯所有海水流道的导轨上，实现对流道的作业覆盖。清污机的卷扬机可对抓爪实行升降操作，其液压系统驱动抓爪启闭，实现对垃圾的抓取和排放。

在工作时，清污机首先移动至设定的清污位置，抓爪向下运行。抓爪在下降的过程中，将垃圾向下推到拦污栅底部，抓爪合拢，然后带着垃圾一起向上运行。清污机移动至卸渣区，把垃圾倒至卸渣点。然后移动至下一个清污位置清理。自动清污系统除按设定的机位定时清理外，还可以提供手动控制模式，人为手动操作。

2. 旋转滤网

旋转滤网主要用于拦截水源中体积较小的水草、鱼虾、海生物等悬浮物。一般与上游的拦污栅配套使用。旋转滤网按海水的进水方式分为正面进水和侧面进水两种形式。按结构又可分为无框架和有框架两种结构形式。

旋转滤网主要由传动装置、安全保护装置、链轮传动系统、上部机架、冲洗水管系统、框架与导轨、链条与网板、就地电气控制箱、各种连接附件等部分组成。旋转滤网工作时，滤网电机驱动链轮、链条，带动网板运动。海水中被网板过滤下来的杂质被网板带到地面之上，由冲洗水系统冲刷下来，后跟随冲洗水进入收集池内。

旋转滤网可以定时人工启动运行，亦可由旋转滤网前后安装的水位计控制。当旋转滤网前后水位差达到设定值后，冲洗水系统、滤网系统自动启动运行。

3. 海水过滤系统的操作

为了给海水泵提供清洁的海水，每个泵的入口配有拦污栅和机械旋转滤网。钢闸门主要在海水流道清淤或隔离维修时使用，正常情况下处于打开状态。拦污栅网孔较大，主要拦截大的悬浮物，根据拦污栅处积聚的悬浮物数量可定期自动清理，也可人为手动进行清理。机械旋转滤网的滤网网板在海水泵运行时可将海水中较小的悬浮物打捞至地面。旋转滤网可以设置为自动模式，根据滤网前后压差作为控制信号控制滤网的运转，也可设置为手动模式，人为定期启动。海水泵吸入口还安装有吸入滤网，是海水泵的最后一道保护设备，海水泵检修时应检查吸入口滤网的堵塞、腐蚀情况。

4. 海水过滤系统的工艺问题及处理措施

海水流道在较长时间不使用时，海水中的泥砂等杂质容易沉积，影响海水泵的吸入效果。海水泵因此出现出口压力、流量下降和振动变大等现象。应根据海水泵参数的变化予以判断，及时组织进行海水流道的清淤工作。

第二节　空 气 系 统

一、仪表风

1. 仪表风参数要求

接收站仪表风主要用来吹扫和提供驱动的干净压缩空气。在使用中对压缩空气的质量要求较高，最主要的控制指标是露点和含油量。

仪表气源中只允许少量水蒸气存在，当水蒸气低温冷凝时，会使管路和仪表生锈，降低仪表工作的可靠性。在高寒地区，甚至产生冻结，危及控制系统的安全。因此，仪表气源中湿含量的控制应以不结露为原则。根据标准，供气系统气源操作压力下的露点，应比工作环境或历史上当地年(季)极端最低温度至少低10℃。

根据规定，仪表风对于含颗粒、含油污的相关要求为：含尘粒径不应大于3μm，含尘量应小于1mg/m^3。仪表空气中油含量应小于1ppm（1ppm = 10^{-6}），油分含量应小于10mg/m^3。

仪表气源中不应含易燃、易爆、有毒及腐蚀性气体或蒸汽。气源装置出口处压力范围宜为：600~1000kPa，送至各装置的压力宜为500~700kPa。

2. 仪表风的用户

仪表风的主要用户是气动阀门、部分设备（如SCV）、工厂风系统和制氮系统。仪表风系统主要的作用是为站场内的气动阀门驱动执行机构提供动力；同时，也可作为燃烧的助燃气，如火炬点火时提供助燃空气；工厂风系统可以使用仪表风作为气源，向分布在现场的公用工程站提供洁净的空气。安装有制取氮气的设备时，可以使用仪表风作为原料，既节约、简单又高效。在LNG接收站内，仪表风较为特殊的用途是作为SCV运行时点火器和火焰检测器的冷却介质，持续地吹扫可以避免仪器过热和水汽积聚。

3. 仪表风的重要性

仪表风系统是接收站最核心的辅助系统。使用仪表风作为阀门的驱动力，阀门响应灵敏，启闭速度快，开关速度可调整，容易设置阀门事故状态，适合于各类调节工况。且阀门执行机构相对简单易维护，同时仪表风不会产生火花静电，属本质安全，气源容易获得，运行成本较低。

仪表风压力的平稳保证了阀门调节、开关的顺利执行和阀位保持。当阀门失去风压时将处于事故状态，造成工艺系统的紊乱，影响接收站的平稳运行。所以，要求仪表风系统必须要持续、平稳不间断地供气。从气源安全角度考虑，通常要求仪表风系统具有一定的储气量，确保空压机停机后仍能保持供气一段时间。时间长短根据生产规模、工艺流程等的重要程度确定，如无特殊要求，一般在15~30min内取值。

二、工厂风

1. 工厂风参数要求

工厂风，也称非净化风。对压缩空气气质要求不高。通常，操作压力范围在0.5~1MPa，气体温度≤40℃。一般使用时，要求露点低于-40℃，以便于吹扫干燥设备。工厂风用量不太大时，可使用仪表风作为气源。

2. 工厂风的用户

工厂风主要供应维修车间、公用工程站或装置检修后吹扫用，为间歇性用气，使用频率较低，可不专门设置工厂风储罐，直接从仪表风储罐引出干空气作为工厂风。

三、空压机撬装设备

空压机是利用电能或机械能压缩空气从而得到一定压力空气的设备。空压机的种类很多，按工作原理可分为三大类：容积型、动力型(速度型或透平型)、热力型压缩机；按润滑方式可分为无油空压机和机油润滑空压机；按性能可分为：低噪声、可变频、防爆等空压机。目前，使用度较高的空压机为：活塞式、螺杆式(单螺杆、双螺杆)、离心式。

活塞式压缩机是历史最悠久的一种压缩机，应用非常广泛，尤其是在中高压工业领域中。它通过曲轴带动活塞往复运动对空气做功，达到压缩的目的。它的特点是结构简单、制造方便；缺点是制造耗材多、运转有冲击、运行不稳定、维修频率高。

螺杆压缩机最近几十年逐渐盛行，并在低压压缩中将活塞式压缩机淘汰。螺杆压缩机约98%为双螺杆机。它通过吸气、封闭压缩、排气等主要步骤，达到压缩的目的。它的特点是结构简单紧凑，运转平稳无冲击，运行可靠故障率低。缺点是转子技术含量高，制造难度大。

离心式压缩机的工作原理是由高速旋转的叶轮带给空气高速度，通过扩压器将速度转换为压力。每一级叶轮的升压是有限的，压比大时，需要多个叶轮，多级压缩。离心压缩机的特点是气量大，结构简单，质量轻，运行平稳，维护简单。缺点是稳定工况区较窄，不适用与压比过高和气量小的场合，效率不够高等。

LNG 接收站使用的空气压力较低、用量连续，一般采用螺杆压缩机。主要包括压缩系统、润滑油系统、冷却系统和控制系统。空气首先经过过滤后进入双螺杆中压缩，然后经分离器除油，再由冷却系统冷却后去往干燥机。润滑油的作用不仅是润滑，还有降噪、降温、清洗的功能。冷却系统可采用风冷或水冷的方式，风冷简单宜用，但冷却效果不如水冷。控制系统可以对压缩机进行启停操作、逻辑控制、联锁保护等，并且可以实现出口压力的自动调节。

双螺杆的压缩工作原理是：

（1）吸气过程：当转子转动时，主、副转子的齿沟空间在转至与进气口连通时，外界空气开始向主、副转子的齿沟空间充气，其空间随着转子的回转，这两个齿间容积各自不断扩大临界至封闭时为最大，此时转子的齿沟空间与进气口之空间相通，外界空气即进入阴、阳转子齿沟内。当空气充满了整个齿沟时，两转子之进气侧端面及外径螺旋线转至机壳之密封区，在齿沟间的空气即被封闭，进气停止。

（2）封闭压缩及喷油过程：主、副两转子在吸气终了时，其主、副转子齿外缘会与机壳封闭，此时空气在齿沟内封闭不再外流，即封闭过程。两转子继续转动，由于阴、阳转子齿的互相侵入，阴、阳转子齿间封闭容积渐渐减少，齿沟内之气体逐渐被压缩，压力提高，直到该齿间容积与排气口相连通为止。此即压缩过程。而压缩的同时，冷却液也因压力差的作用喷入压缩室内与空气混合。

（3）排气过程：当阴、阳转子之封闭容积转到机壳排气口相通时，被压缩之气体开始排出，直至两转子的齿间容积为零，即完成排气过程，随着转子的继续回转，上述过程重复进行，开始吸气过程，由此开始一个新的压缩循环。

（4）压缩机排出的压缩空气进入油气桶，在油气桶内进行油气分离，再经油细分离器、压力维持阀、后部冷却器，然后经水分离器分水后送入干燥单元。

四、干燥系统

空压机出口的压缩空气内含有水汽、油雾及尘埃，若直接送至用户将会对气动装置仪表产生锈蚀与污染，影响产品质量，甚至引发生产事故。空压机撬提供一整套的过滤干燥单元用来保证出口气质合格。

目前，干燥机主要分为冷冻式干燥机和吸附式干燥机。

冷冻式干燥机是运用了物理原理，将压缩空气中的水分冷冻至露点以下，使之从空气中析出的空气干燥机。受限于水的冰点温度，理论上来说，它的露点温度可接近于0℃，实际情况，好的冷冻干燥机压力露点温度一般在5℃左右。

吸附式干燥机的工作是利用了吸附质与吸附剂分子间相互作用会发生吸附质分子相际转移现象的原理。常用的吸附剂是氧化铝或分子筛，他们的特性是快速吸水且易于脱水。氧化铝的吸附性能很强、很稳定，遇到水分会潮解，且具有高抗碎强度和抗磨蚀性，适用范围很广。分子筛由于在相对湿度20%以下有较好的干燥性能，常常用于深度干燥。吸附剂都有一定的使用寿命，应根据脱水情况而更新，以保持良好的性能。

吸附式干燥机根据再生方式的不同，分为无热再生干燥机和加热再生干燥机。

干燥机为双塔结构，当空气流经一个塔时，压缩空气与吸附剂充分接触，空气中的水分子扩散到吸附剂上被吸附。另一个塔则通以微量干燥压缩空气，采用降压、吹洗的方法，使已经吸附水分的干燥剂进行解吸再生，即干燥剂解吸并将水分排出机外。双塔按照一定的周期交替连续工作，其净化空气含水量可达露点-40℃以下(图3-4)。

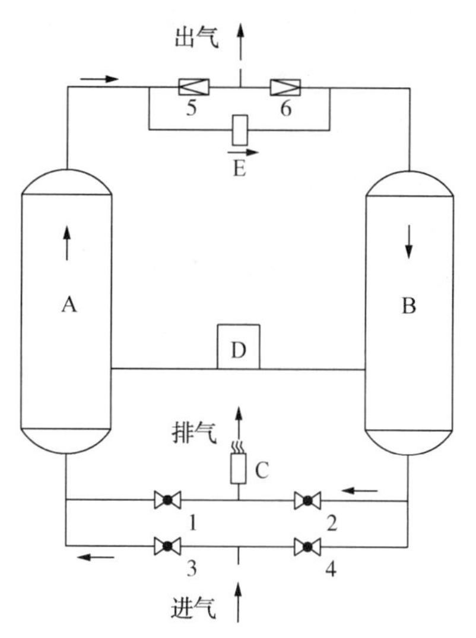

图3-4 干燥机的工作原理

1、2、3、4—电磁气动阀；5、6—止回阀；A、B—吸气筒；C—消音器；D—程序控制器；E—节流调节阀

由于空压机常采用润滑油润滑冷却，所以压缩空气中含有一定的油量，油会使吸附剂中毒，降低吸附效果，所以在干燥机前面一般安装有高效除油过滤器，对压缩空气进行深度除油。在干燥机下游则安装除尘过滤器，吸附压缩空气中夹带的吸附剂等杂质。干燥剂解压脱出的水气通过消气器排放，使放气噪声降低。

五、仪表空气系统常见的工艺问题及处理措施

(1) 仪表风的露点正常随季节、用气量变化会有小幅变化，但露点上升较高，尤其是达到-40℃以上时，应对设备进行仔细检查。露点较高的原因是干燥塔出现故障。引起干燥塔故障的原因可能是干燥塔的进/排气阀不能相应的关闭或打开，导致干燥剂再生不完全，吸附效果变差，或者是干燥塔的排水阀不能定期打开排水等，造成的干燥剂中毒而不能工作。主要的措施是对干燥塔的阀门状态进行检查，必要时更换吸附剂。

(2) 夏季高温时空压机出口的空气温度较高，易导致联锁停车。当温度升高时，应加强通风，定期对滤网、风扇、散热器等进行清理。

(3) 仪表风供应管路如果为支干式时，建议改为环形管网供气，首尾相连，管路上多设截止阀，提高供气安全性。

(4) 干燥机解析排放的气体中带有大量粉尘和水汽，在温度条件适宜时会有凝结水积聚，很容易造成消声器堵塞，使塔内压力升高甚至消气器开裂。尤其是冬季安装在室外的消气器要定期检查防止冰堵。

(5) 仪表风含油量如果升高，甚至在末端渗出油滴时，应检查油过滤器是否正常，必要时应更换。

第三节 制氮系统

一、PSA制氮系统

1. 制氮原理

PSA(Pressure Swing Adsorption)制氮即变压吸附制氮，其依据的工作原理是：吸附剂对不同压力下的吸附介质有不同的吸附容量，在一定压力下对被分离的气体混合物各组分又有选择吸附的特性。在吸附剂选择吸附的条件下，加压吸附除去压缩空气中的杂质组分(氧

气、水蒸气等)，减压脱附这些杂质而使吸附剂获得再生。采用两个吸附器，循环交替地变换所组合的各吸附器的压力，就可以达到连续分离气体混合物的目的。因为吸附与解吸过程是通过压力变化实现的，故称作变压吸附。

PSA 制氮优点是工艺流程简单、自动化程度高、产品纯度可在较大范围内根据用户需要进行调节、运行成本较低，缺点是对电力供应依赖较强，一旦失电制氮系统无法工作，所以制氮系统的电源应接入接收站的应急负荷回路。

2. PSA 制氮系统介绍

典型的 PSA 制氮工艺过程通常可分为三部分：空气压缩和净化→分离空气→氮气贮存和供气。

PSA 制氮系统由空气缓冲罐、制氮机、氮气缓冲罐、干燥机组成。控制系统由可编程序逻辑控制器(PLC)、电磁阀、气动控制阀等组成。程控阀按事先编制的时序开启和关闭，自动完成 PSA 过程的吸附、均压和解吸等过程。制氮系统工艺流程如图 3-5 所示。

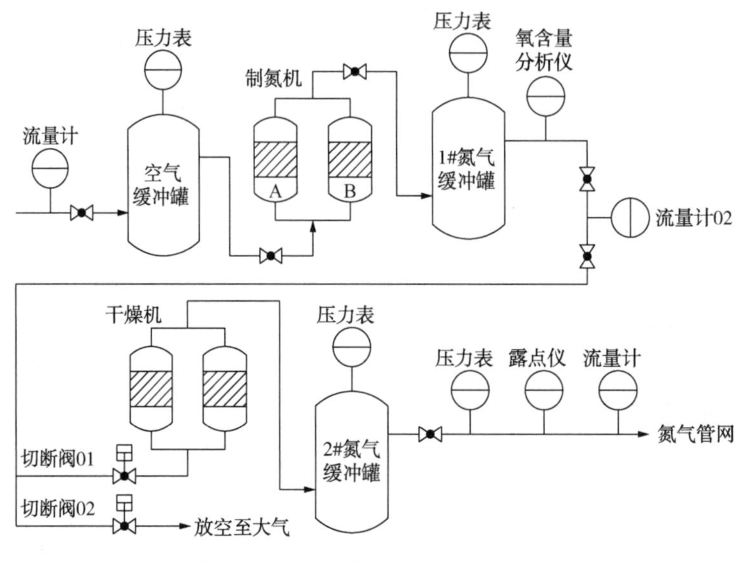

图 3-5　PSA 制氮系统工艺流程图

1）空气压缩和净化

用于 PSA 空气分离的原料空气必须进行压缩及净化。LNG 接收站均配置有用于提供工厂空气和仪表空气的压缩空气系统，产品气的残余含油量、粉尘及露点均高于 PSA 制氮机要求的空气质量高求。取部分来自压缩空气系统的洁净空气，进入制氮机入口空气缓冲罐，即可作为 PSA 制氮的原料气。

2）变压吸附制氮

经压缩净化后的空气压缩空气由下至上流经吸附塔，其间氧气分子在碳分子筛表面吸附，氮气由吸附塔上端流出，进入一个缓冲罐。经一段时间后，吸附塔中碳分子筛被所吸附的氧饱和，需进行再生。再生是通过停止吸附步骤，降低吸附塔的压力来实现的。两个吸附塔交替进行吸附和再生，从而确保氮气的连续输出。完整的变压吸附过程为：

(1) 吸附：装有专用碳分子筛的吸附塔共有 A、B 两塔，如图 3-5 所示。当洁净的压缩空气进入 A 塔底端经碳分子筛向出口端流动时，H_2O、CO_2和 O_2被吸附，产品氮气由吸附塔出口流出。

（2）均压：经一段时间后(大约 1min)，A 塔内的碳分子筛吸附饱和。这时，A 塔自动停止吸附，并对 B 塔进行一个短暂的均压过程，从而迅速提高 B 塔内压力并达到提高制氮效率的目的。

（3）解吸：均压完成后，A 塔通过底端出气口继续排气，将吸附塔迅速下降至常压，从而脱除已吸附的 H_2O、CO_2、O_2等，实现分子筛的解吸再生。

（4）吹扫：为了使分子筛彻底再生，以氮气缓冲罐内的合格氮气对 A 塔进行逆流吹扫。

氮气贮存和供气，如图 3-5 所示：

1#氮气缓冲罐的作用是缓冲由 PSA 过程阀门切换所引起的压力波动及保证干燥塔在吸附开始时的压力最小值。1#氮气缓冲罐出来的氮气经氧分析仪分析氧气含量。当氧含量超过设定值时，控制系统发出氧含量高报警，连锁关闭去往下游干燥机的切断阀，并打开放空管路上的切断阀，将 1#氮气缓冲罐中不合格的氮气放空，PSA 系统继续工作；当氧含量低于设定值，报警自动解除，系统将自动打开去往下游干燥机的切断阀和关闭放空管路上的切断阀，氮气经干燥机、2#氮气缓冲罐进入到氮气分配管网。

操作员可根据流量计和氧含量显示值，调整制氮机入口及出口阀门开度，控制氮气流量及氧含量，在保证纯度符合要求的前提下，调节产品气流量至设计值。

二、液氮气化系统

1. 液氮储存及气化系统介绍

接收站液氮储存系统一般设两座液氮储罐。液氮外购，由槽车运至接收站，卸入储罐内。液氮储罐接卸液氮时，罐内压力较低，而液氮气化输出时，罐内压力需处于较高值。两座液氮罐一用一备，一座储罐接卸液氮时，另一座液氮储罐可正常输出，保证了站内氮气的持续供应。

液氮气化系统设两套液氮气化器及相应的控制系统。可根据当地气候环境，选用电加热气化器或空温式气化器，或者组合使用两种气化器(图 3-6)。

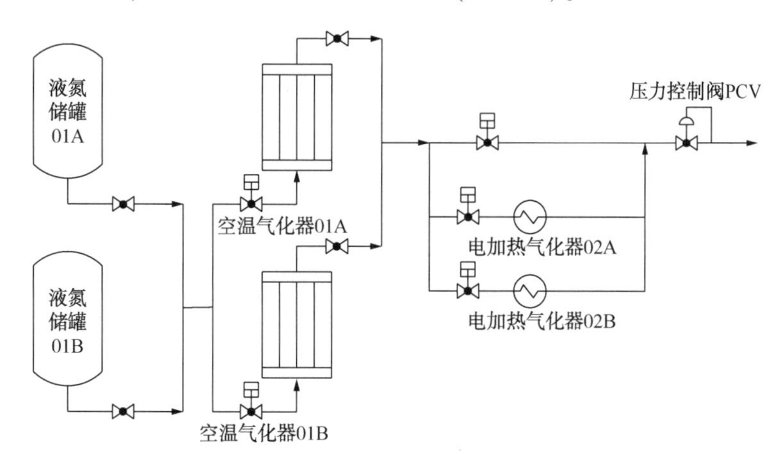

图 3-6　LNG 接收站液氮储存及气化系统典型构成图

组合使用两种气化器的液氮气化系统在正常运行时，只使用空温气化器气化液氮。当气温较低，空温气化器出口温度低于设定值(一般为2℃)时，PLC控制电加热气化器启动加热，到水域温度达到设定值(一般为10℃)时，气化器入口阀打开，电加热气化器投入运行。当空温气化器出口温度高于设定值(一般为6℃)时，电加热气化器自动停止运行。空温气化器和电加热气化器一台运行时，另一台用于解冻操作。液氮气化系统出口总管设有压力控制阀。当氮气使用量增大，氮气总管压力降低到设定值时，阀门开大，液氮储存及气化系统向氮气管网供气。当氮气使用量降低，管网压力升高至设定值，阀门关小，液氮气化系统减少氮气输出。

2. 液氮储罐外部管路介绍

1）组合充灌系统

组合充灌系统用于向储罐内补充液体，包括顶部进液阀、底部进液阀和残液排放阀。

储罐首次进液前必须利用槽车内的气体进行吹扫置换，通常方法是：进气至0.2MPa，保压3min后排气，重复进行，直至放空管有结霜。多次吹扫后，利用露点仪及氧含量分析仪进行检测，以达到规定的露点及氧含量。

2）储罐增压/减压系统

增压系统由增压阀、调压阀和气化器组成，用来增加液氮罐压力，实现连续排液。储罐增压原理是使罐底部液氮经过管道和调压阀进入罐体底部的气化器，与空气进行换热，汽化后的氮气进入罐体顶部气相空间，补充储罐压力，达到自增压效果。

节约系统由手动开关阀和调压阀组成。当罐内压力较高，输出管路排液超过下游使用量，则需要从输出管路引出部分液氮经顶部进料管进入液氮罐，降低罐内压力。

3）储罐安全系统

安全系统由并联的两组安全阀、爆破片组和放空阀组成。通过切换手柄保证一组安全阀、爆破片工作，另一组备用。储罐压力高于安全阀起跳压力时，安全阀起跳排气，保证容器不会因超压而破坏。在储罐压力过高时，可通过打开放空阀降低储罐压力。

4）储罐供液系统

出口阀用于与外部的气化器连接，气化后进入接收站氮气管网。

5）仪表监测系统

由液位计、压力表及气相阀、液相阀、平衡阀组成。正常情况下，平衡阀关闭，气相阀和液相阀打开。

3. 空温式低温液体气化器

空温式低温液体气化器是利用设备周围环境的空气作为加热源，通过其周围空气自然对流加热管内低温液体使其蒸发成气体的换热设备。

接收站常用空温气化器为立式星形大翅片式气化器，进液及出气管口均采用低温专用不锈钢法兰连接和低温专用金属垫圈密封，翅片管与翅片管之间为菱形补偿连接，四周为桥式连接。

气化器使用时，首先将系统中供液、排气阀关闭，然后缓慢打开供液阀，管外出现霜雾时，再缓慢开启排气阀，直至设备达到额定气化量后，稳定阀门开度。

若设备出气温度过低，造成出气管结霜，表明进液量过大，须关小液氮罐出口，并应及时清除管外结霜，增加通风设备或采取其他相应措施，以防低温气体对设备出口管路产生冷脆而破裂。

空温气化器运行时最好的大气状态是：大气温度高，非常干燥，微风状态。此时，气化量可达到额定出气量的 1.5 倍。当大气温度很低，湿度很大，无风状态下使用，气化量较低。

气化器连续使用不可超过设计时间。否则，因翅片管上结霜等其他原因，气化效果会有所减弱。因此，LNG 接收站常设两台气化器进行切换使用，切换周期可根据当地气候情况具体自由调整，使停止的气化器有足够自动融霜时间。

4. 水浴式低温液体气化器

水浴式低温液体气化器是利用电加热水后加热盘管内介质，使出口气体达到设定温度的一种换热设备。

1）气化器投用

（1）设备使用前，应确认所有设备及其附件均完好，并处于可投入使用状态，设备上所有阀门应为全部关闭状态。

（2）打开进水阀，使水进入筒体，达到一定液位时，溢流管有水溢出，此时，确认筒体内水已加满，然后关闭进水阀。

（3）打开电源开关，将工作状态拨向“合”，电热管开始加热，当筒体内水温达到设定上限温度时，电热管不加热，此时设备处于气化待命状态。

（4）缓慢开启气化器出口处出气阀门，使气化器与后部供气管道处于畅通状态。

（5）缓慢开启气化器进口处进液阀门，调节液氮罐出口流量，使气化器流量控制在设计范围以内。

（6）运行一段时间后，筒体内水由于电加热而蒸发减少，当液位低于水位下限时，应及时补充水，否则会导致电热管“干烧”而出现事故。

2）气化器停用

停用前，应先切断气化器前进液阀门，然后切断电源；气化器长期不使用时，应排空壳体内水分，并关闭所有与气化器运行相关的阀门。

3）水浴式低温液体气化器使用注意事项

（1）定期检测水质。

（2）经常观察水位变化，水位低于下限时要及时补充。

（3）气化器必须定期检漏，间隔时间一般为 12 个月。

三、氮气用户及分类

LNG 接收站的氮气使用有连续用气和间歇用气两种。

连续使用氮气的用户包括：

（1）对火炬总管的吹扫，使之保持微正压用来阻止火焰回烧和空气进入火炬总管。

（2）BOG 压缩机、回流鼓风机、增压机等设备的密封用气。

（3）对卸料臂和气相臂旋转接头的连续吹扫，防止在卸料时结冰。

间歇使用氮气的用户包括：

（1）公用工程站用气，用于设备和管道维修前后的隔离吹扫。

（2）高、低压输送泵仪表和电源电缆穿线管的密封气。

(3) 排净罐和分液罐的加压排净。

(4) 槽车区装车臂的吹扫。

(5) 卸船前，卸料臂和气相臂的气密性测试。

(6) 卸船后，卸料臂的排净吹扫。

(7) 在仪表空气供应不稳定时可用作仪表风，作为气动设备的驱动用气。

由于 LNG 接收站卸船后进行卸料臂的排净吹扫需要很大氮气量，而正常运行时(无卸船，无公用工程站用气)接收站用气量很小，供氮系统一般设计为 PSA 制氮系统和液氮储存及气化系统相结合的方式。在非卸料和公用工程站不使用期间，PSA 制氮系统提供接收站运行所需要的氮气；当 PSA 制氮系统出现故障或接收站需大量用氮时，利用液氮气化系统制氮速度快且流量大的特点，及时补充氮气。这种组合供应方式既能满足生产需求，又能节约生产成本(图 3-7)。

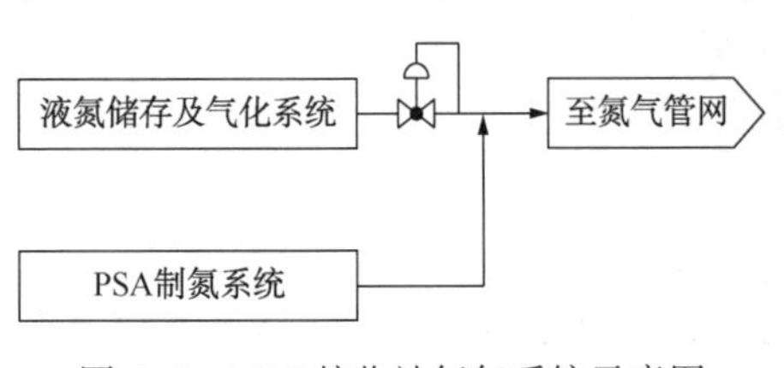

图 3-7　LNG 接收站氮气系统示意图

接收站使用的氮气规格要求为：

(1) 管网压力：0.6~0.8MPa。

(2) 氧含量：≤1%。

(3) 露点：≤-60℃(0.7MPa)。

四、液氮卸车操作

1. 液氮卸车准备

在进行液氮充装时，须穿戴合适的低温手套及防冻面屏。以液氮罐充装口为操作界面，槽车设备和软管连接由槽车司机操作，属于接收站液氮系统的设备及阀门由接收站操作人员操作。具体步骤如下：

(1) 向运行工程师确认需要接卸液氮。

(2) 确认作业许可证已签发完毕，槽车设置了阻火器，将槽车车牌号登记在作业许可相应位置，并将槽车引领至液氮储罐旁，在指定地点停车。熄灭引擎并完全制动，确认接地良好，并保管好槽车引擎钥匙。

(3) 检查即将进料的液氮储罐液位，计算该储罐的可接收的最大空间。

(4) 确认即将进料的液氮储罐出口阀关闭，增压阀关闭，且液位计示数正常。若需进料的液氮储罐处于输出状态，则提前打开备用储罐的增压阀进行增压，进料前切换至备用液氮储罐进行输出。

(5) 确认槽车已准备就绪，所有的工作人员已做好人身防护，穿戴好防冻手套和防护面屏。

2. 液氮卸车操作

(1) 通知槽车司机将充装软管一端接到液氮槽车上，另一端连接在液氮储罐进料阀上，连接软管必须固定，拧紧法兰螺栓，根据需要更换好新的垫圈。

(2) 通知槽车司机开始卸料，确保在软管连接处没有泄漏。

(3) 打开残液排放阀，将软管内空气、水分排出，当软管出现霜结时，关闭排放阀。

(4) 确认槽车的压力，若压力偏低，通知槽车司机通过自增压系统将压力升高到

0.8MPa左右。如果储罐压力与进液槽车仍过于接近，可打开放空阀排气降压。

（5）先打开顶部进料阀（可起到降压作用），当液氮储罐压力稳定，可同时打开底部进料阀，当液氮储罐压力上升时，关闭顶部进料阀，同时打开溢流阀。

（6）溢流管线底部开始出液时，关闭罐底部进料阀、溢流阀，通知槽车司机关闭槽车相关阀门。

（7）打开残液排放阀排净残液后，通知槽车司机拆除充装软管后，关闭残液排放阀。

（8）如果槽车内液氮尚未卸完，确认另一个液氮储罐有足够的空间，则切换液氮储罐后，将液体卸入另一储罐。

五、PSA制氮系统操作

1. PSA控制系统介绍

PSA控制系统是由程序逻辑控制器（PLC）、流量计、电磁阀、气动阀及辅助元器件和线路构成。控制系统按一定的逻辑和时序发出信号，控制10只程序控制阀门的开闭。制氮机启动运行后，程控阀按事先编制的时序开启和关闭，自动完成PSA过程的吸附、均压和解吸等过程。

2. PSA制氮系统启动

1）初次启动过程

对于初次运行或检修后重新投入运行的装置，应检查各阀门的动作顺序是否符合要求。然后才能缓慢打开空气缓冲罐至PSA装置之间的空气截止阀，使吸附塔内的压力缓慢上升。

打开吸附器出口手动调节阀至合适位置，产品氮气进入氮气缓冲罐，缓冲罐内压力逐步上升。初次启动可当压力上升至0.5MPa左右时，将氮气缓冲罐内氮气排尽、置换，以加快启动速度。

调节调整进入氧分析仪的样品气压力和流量，保证分析仪工作正常。设定氧含量联锁值，保证氮气纯度在要求范围内。

待氮气缓冲罐内压力高于设定下限时，调整氮气缓冲罐出口的两只调节阀，调整产品流量及纯度。

2）正常启动过程

当系统在预备状态，按下“启动”，各程控阀开始切换动作。PSA循环周期从均压过程（压力平衡）开始运行，然后吸附塔进入吸附过程。

当纯度达到设定时，氮气缓冲罐出口的两只程控阀会自动转换，停止放空，而将合格的产品氮气送入氮气贮罐，或直接送入用户管网。

3. PSA制氮系统停止

1）手动停运PSA

当PSA运行时，按下“停止”，PSA进入停车过程，待吸附结束，并均压，两塔解吸90s，然后关闭所有的气动程控阀门。

2）PSA系统自动停机

当由于用户的氮气消耗量过小，当氮气缓冲罐压力高于上限且持续时间超过一定时间，PSA系统将自动停止运行，处于备用状态；待压力低于下限后，PSA系统将自动恢复运行。

六、液氮系统常见问题及处理措施

（1）液氮罐经常需接卸液氮，并非一直处于外输状态，罐底部液氮管线常处于冷热交替状态。在夏季，液氮管线阀门和法兰在备用时处于常温，投入使用时由于低温冷缩，易发生泄漏，常需要进行冷紧固。

（2）冬季接收站接卸 LNG 船较多，卸料臂吹扫排净使用 LNG 量大，液氮储存及气化系统冬季一直处于外输状态。冬季气温较低，空温气化器表面结冰较厚，气化效果变差，气化率较低，常需两台空温气化器同时运行，才能保证氮气管网压力。

（3）水浴式电加热气化器使用频繁，水位降低较快，需要及时补充蒸馏水（表 3-1）。

表 3-1　液氮罐常见问题及处理措施

常见问题	原　因	处理措施
截止阀拧动时费力	阀杆上部填料压帽拧得过紧	适当拧松
	阀杆下部冻住	用（温）水浇淋
	阀杆弯曲	更换阀杆
截止阀整阀杆结霜	阀杆上部填料压帽拧得过松，以致不能密封	适当拧紧
进液时残液阀上连接处漏液	热胀冷缩现象	用扳手拧紧漏液处螺丝
	残液阀上铜连接头裂纹	更换残液阀
液氮罐内有一定液体，但液位计指针在零位	液位计气、液相管路接反	重新配置气相管、液相管
	液相管有漏气或阻塞现象	进行排液
	平衡阀没有关闭或泄漏	关平衡阀或拧紧漏处接头
液位计读数不稳定或不准确	指针与表盘玻璃卡住不动	轻敲表盘玻璃
	仪表管泄漏	用肥皂水检查并修复
	指针未做零位调节	重新进行液位计调零
	液位计损坏	更换
液氮罐压力上升较快	液氮罐初次使用或空罐停用较长时间后起用	压力过高时，开放空阀降压
	真空度较差	补抽真空
	增压调节阀失常（弹簧冰住或阀座密封面有脏物或划痕）	拆开阀腔化冰，或清除密封面脏物，或修磨密封面划痕
	用气量较小或液体长期储存不用	打开放空阀降压
	增压阀关不严	更换阀芯垫片
液氮罐内压力不能保持	增压阀开启阀未打开	打开增压阀开启阀
	增压调节阀压力设定过低	重新设定调节阀压力
	增压调节阀 C-1 失常（弹簧冰住或阀座密封面有脏物或划伤）	拆开阀腔化冰，或清除密封面脏物，或修磨密封面划痕
安全阀泄漏	密封面上有脏物或划痕	重新校验或更换
	弹簧室中进水，起跳后冰住，不能回座	切换到备用侧使用
	安全阀寿命	重新校验或更换

第四节 燃料气系统

一、燃料气的选择

燃料气来源包括 BOG 压缩机出口和外输天然气总管。当燃料气来自 BOG 压缩机出口，温度大约-20~50℃，压力大约为 0.7MPa。当燃料气来自压力 8~9MPa 的外输天然气，需经分程调节阀控制，降压至 0.7MPa 左右，同时温度会降低至-64~-30℃。因此，需要安装燃料气加热器，将燃料气加热到浸没燃烧式气化器(SCV)燃烧所要求的温度，另一部分由管线电伴热加热后供给火炬长明灯使用。

由于 BOG 压缩机出口的压缩 BOG 主要去往再冷凝器，与 LNG 混合再冷凝后进行外输，为防止 SCV 燃料气使用量波动影响再冷凝器的稳定运行，正常情况下，LNG 接收站使用外输天然气作为燃料气。当分程压力控制出现故障时，使用 BOG 压缩机给燃料气系统供气(图 3-8)。

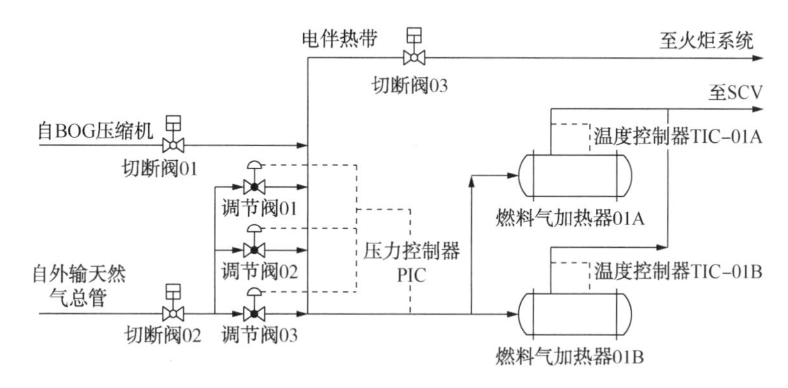

图 3-8 LNG 接收站燃料气系统流程简图

二、燃料气的用户

接收站燃料气系统的用户主要有浸没燃烧式气化器(SCV)和火炬长明灯。燃料气作为浸没燃烧式气化器(SCV)和火炬长明灯的燃烧能源，保证其正常运行；当储罐压力低于一定的设定值，燃料气作为补气源，起到保护储罐的作用；当再冷凝器运行时，出现液位较高的情况下，可以打开再冷凝器顶部补气阀，起到控制再冷凝器液位的作用；当接收站增压机运行时，来自压缩机的燃料气作为增压机的压缩气源，将压缩气体外输。

三、燃料气系统的控制

1. 压力控制

燃料气来自 BOG 压缩机时，压力为压缩机出口后的压力。当燃料气来自输出天然气总管，燃料气压力由压力控制器分程控制三个调节阀实现压力控制，如图 3-8 所示。压力低于设定值时，调节阀 01 首先打开进行调节(主要供火炬长明灯)；当它全开后，调节阀 02 开始进行压力调节；最后由调节阀 03 进行压力调节。燃料气电加热器均未运行时，调节阀

02 和调节阀 03 一般禁止打开。

当燃料气进料压力高高，触发联锁关闭燃料气进口管线阀门(切断阀 01 和切断阀 02)，进行压力保护。当需要用燃料气给下游管道充压时，需要手动控制压力调节阀，防止燃料气电加热器启动后，调节阀 02 和调节阀 03 打开，造成压力突然升高。

当燃料气进料压力低低时，触发联锁关闭去火炬长明灯的阀门。

2. 温度控制

接收站安装了两台燃料气电加热器，温度控制器根据加热器出口温度调节加热器输出功率，将燃料气加热到 4℃以上。

当燃料气电加热器出口温度高高时触发联锁，将电加热器停车，防止燃料气电加热器损坏。

当燃料气出口温度低低，触发联锁关闭燃料气进口管线阀门(切断阀 01 和切断阀 02)，防止低温破坏下游碳钢管线。

当燃料气电加热器加热元件温度高高或出口温度高高时触发联锁，将电加热器停车。

第五节 火炬系统

一、火炬系统的作用

在接收站中，火炬是一项重要的安全环保设施，用于在开停车、正常操作、事故或紧急状态下排放可燃性气体，以保护设备及人员的安全。

接收站在正常运行时，LNG 储罐蒸发、管道漏热及各个设备运行产生的 BOG 均返回储罐，而台风过境引起大气压力急剧变化、BOG 压缩机无法正常工作(停电或故障)、火灾等情况，也会产生大量的 BOG。如果缺乏有效处理 BOG 的方法，会对接收站的安全运行造成巨大的安全隐患，甚至会发生灾难性的事故。因此，接收站需要有火炬系统处理 BOG。火炬系统作为关键设备，确保了整个 LNG 接收站的安全运行。

二、火炬系统的组成

火炬按燃烧器是否远离地面可分为高架火炬和地面火炬，按运行压力可分为低压火炬和高压火炬。目前，LNG 接收站主要采用低压高空火炬，由于其高架式的结构，所以在设计火炬塔架结构时，需要充分考虑风、地震等荷载的影响。

接收站运行的火炬一般为低压火炬，火焰远离地面，在顶端远程自动点火燃烧。火炬分为各种高度，从最低 5m 到最高 200m。该系统包括：排放总管、火炬分液罐、火炬点火控制盘、火炬塔以及 LPG 燃料气罐。排放总管将来自 BOG 总管、设备火炬放空管、高压外输火炬放空管的排放连接到一起。火炬分液罐位于火炬塔的上游，用于收集排放管中的烃类液体。火炬点火控制盘用于长明灯点火和运行情况监控。火炬塔由火炬头、钢结构塔身、排放总管组成。

高架火炬工作流程为放空 BOG 气体经管道、分液罐输送至火炬头部燃烧。火炬头部配有长明灯，其燃烧源为稳定的燃料气源，流程图如图 3-9 所示。长明灯经点火器点燃后将一直燃烧，根据不同的设计要求点火方式有现场防爆内传焰点火和高空点火两种。高空点火可由现场控制盘手动点火和中控室远程点火实现。

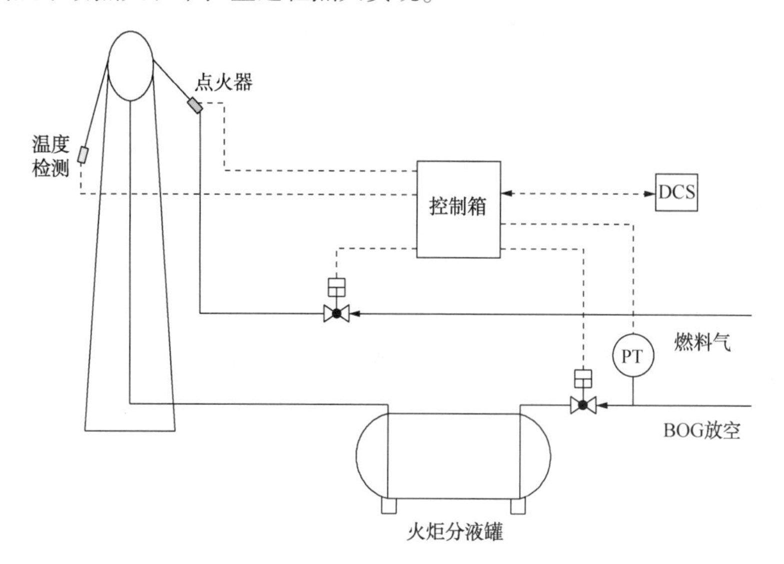

图 3-9 高架火炬 BOG 放空流程图

三、火炬点火操作

火炬系统的点火所用的燃料气有两个来源：一路是来自于 BOG 压缩机出口的气体作为燃料气的来源；另一路是系统自备的 LPG 储罐提供燃料气来引燃火炬。

1. 长明灯点火前注意事项

(1) 系统氮气置换合格且排放总管持续注入小流量氮气。

(2) 点火控制盘电源指示正常且各仪表显示正常。

(3) 系统内阀门按要求正确设置。

(4) 根据火炬燃烧空燃比调节仪表风压力。

(5) 根据火炬燃烧空燃比调节点火燃料气压力。

(6) 调节长明灯管线燃料气压力。

2. 长明灯控制盘内传焰点火步骤

(1) 检查仪表风及燃料气压力是否达到点火所需要的压力。

(2) 打开长明灯管线燃料管线出口阀门。

(3) 打开传焰管线上阀门，让瓦斯气通过点火室大约 15s，然后按下点火盘上“点火”按钮开始点火，每一次按下点火按钮 3~5s，观察视镜内是否有火焰。

(4) 观察现场长明灯温度检测表，温度逐渐上升则长明灯点燃且温度达到相应“长明灯熄灭报警灯”熄灭。

3. 长明灯现场控制盘手动高空点火步骤

(1) 检查仪表风及燃料气压力是否达到点火所需要的压力。

(2) 将现场控制盘的“手动/自动”旋钮旋至“手动”位置。

(3) 现场控制盘上手动打开长明灯燃料气动切断阀。

(4) 控制盘上打开相应长明灯点火器管线上气动切断阀。

(5) 控制盘上按下该长明灯点火器点火按钮。

(6) 观察现场长明灯温度检测表，温度逐渐上升则长明灯点燃且温度达到相应“长明灯熄灭报警灯”熄灭。

4. 长明灯中控室远程点火步骤

(1) 将现场控制盘的“手动/自动”旋钮旋至“自动”位置。

(2) 中控室 DCS 按下“远程点火”按钮。

(3) 确认长明灯已点燃。

四、火炬回火控制

事故状态下，当接收站内排放的烃类气体和向火炬头顶端倒流入火炬放空系统的空气混合后，其浓度达到了爆炸下限，同时遇到明火时，火炬放空系统即发生回火爆炸；当排放气体总管或火炬系统的设备内出现负压现象时，火炬筒顶部正在燃烧着的明火可能返回到火炬筒体直至相连的排放气体总管和设备内，也会引起爆炸事故。

为防止燃烧爆炸事故的发生，防止火炬系统回火，火炬放空系统中防回火设施的有效性极为重要。回火控制措施如下：

(1) 向火炬系统内持续注入氮气，并使其保持某一最小值以上。

(2) 火炬底部附近采用水封或在火炬筒顶部采用气体密封，并注入一定量密封气体，防止火焰从火炬顶部倒入火炬筒体及排放总管内，以达到防止回火的目的。

(3) 加装阻火器及阻火器吹扫设施。

五、火炬系统常见的问题及处理措施

火炬系统常见问题有火炬温度检测仪表故障、点火不成功、长明灯易熄灭等，处理措施如下：

(1) 检测火炬热电偶是否断裂，并及时更换。

(2) 高空点火不成功时，检查燃料气压力是否正常、点火器供电是否正常、检查高压发生器接线是否松动、接线柱是否有击穿现象。

(3) 内传火焰点火不成功时，首先观察点火室是否有火花，如果有则调整仪表风和燃料气的空燃比；如果没有火花，则检查点火器接线是否松动、点火器是否有击穿现象。

(4) 长明灯出现易熄灭情况时，及时调整燃料气压力。

第六节　供 电 系 统

一、接收站电力系统简介

液化天然气接收站供电系统设计主要是基于对接收站电力系统重要性的评估及地方电力系统实际情况。接收站电力系统既有与一般工厂电力系统设计的相同之处也有其特殊性。

接收站供电系统同其他工厂供电系统都是由输配电系统、动力系统、照明系统及防雷防静电系统四个大部分组成，完成生产、办公等各种工作条件的用电需求。为了确保生产装置的安全平稳运行而提出了比一般工厂供电更高的要求。

一般由地方供电公司提供两路高压电源，经过一系列变配电系统，将高压降为合适的不同电压等级，分输到各用电设备。

二、负荷特性及负荷等级

由于液化天然气接收站运行的特殊性，一部分负荷必须长时间运行以满足接收站生产工艺要求，否则会造成重大经济损失，甚至会导致事故的发生。因此，依据供电中断造成结果，一般将接收站工艺装置负荷分为三级。一级用电负荷包含部分工艺装置、应急照明、关键仪表负荷、开关柜控制电源、LNG 储罐混凝土基础电加热负荷等；二级用电负荷包含一级供电负荷以外的生产供电；三级用电负荷包含行政区域用电(表 3-2)。

表 3-2　电力负载等级表

电力负载等级	描　述	负载类型
一级	大型或重要设备，如果断电将会造成严重的经济损失和生产的停顿，而且电力的恢复需要一段较长的时间。等级一还应包括保证这些设备正常工作的公用设备	LNG 高压泵、低压泵、海水泵等
	特别重要的等级一： 1. 主电源中断，应安全关闭的自动控制系统和其执行设备； 2. 主电源中断时，保护工艺设备的应急装置； 3. 主电源中断时，保护生产设备不发生机械损伤的应急装置； 4. 对于安全运行，紧急事件控制和处理以及逃生的必要系统	DCS、SIS、应急照明、通信、CCTV、F&GS 系统、空压机等
二级	当电源中断时，将导致经济损失，但电源很快能恢复	BOG 压缩机、回流鼓风机等
三级	不属于一级和二级的设备	生活系统

三、对电源的要求

部分重要的工艺负荷、仪表负荷及消防负荷为一类特别重要的负荷，所涉及的设备主要有低压输送泵、DCS 电源、SIS 电源、FS 电源、广播系统、应急照明设备、电气操作电源、消防保压泵、空气压缩机、加氯装置风机等，针对上述负荷需要在电气设计过程中重点关注，配备后备电源保障供电安全；在接收站设计中，DCS 电源、SIS 电源、FS 电源、广播系统电源由交流 UPS 供电；消防保压泵、低压输送泵、空气压缩机、加氯装置风机等由应急母线供电(应急柴油发电机)；高压和中压开关柜的控制电源，由工艺变电所内设置的直流电源供电(表 3-3)。

表 3-3　负载电源需求表

电力负载等级	负载类型	电源需求
一级	LNG 高压泵、低压泵、海水泵等	两个独立电源
	DCS、SIS、应急照明、通信、CCTV、F&GS 系统、空压机等	两个独立电源和一个应急电源系统，应急电源系统为 AC UPS 系统、DC 电源系统、自启动发电机装置
二级	BOG 压缩机、回流鼓风机等	两路电源
三级	生活系统	无特殊要求

四、应急电源及应急负荷

应急电源是为一级负荷中特别重要的负荷(包括工艺所提供的应急负荷、直流电源、应急照明，UPS 等)在两路进线失电的情况下提供供电，即由连接于应急母线的应急柴油发电机供电。

应急柴油发电机由一套往复式内燃机驱动的交流发电机组包括一台往复式内燃(RIC)发动机、一台发电机及其相关部件组成。原动机为压缩点燃式发动机，发电机为同步交流无刷永久励磁发电机。

使用准则：

(1) 运行方式为限时运行。

(2) 限时运行是指发电机组在某一限定时间内运行。正常情况下，厂区负荷由两路进线电源供给，当两路进线故障时，才由发电机组供电。

(3) 场地准则：陆用固定式室内安装机组。

(4) 机组运行：单机运行。

(5) 启动和控制方式为 PLC 自动操作。自动操作是指自动地启动和控制发电机组。

(6) 开动时间为长时断电机组。

长时断电机组是指规定了开动时间的发电机组，从供电电源故障至发电机组供电之间的时间是相当长的。在这种情况下，整套机组是从静止状态启动向负载供电的。

应急负荷是在接收站外电中断时，由应急电源供电保障接收站在断电情况下能安全运行的负荷，包含保冷所需的低压泵、空气压缩机、空气干燥系统、回流鼓风机辅油泵、火炬分液罐电加热器、主控制室 HVAC、主控制室 UPS、槽车站 HVAC、槽车站 UPS。

五、UPS 系统

UPS 系统即不间断供电系统，主要用于向计算机或计算机网络系统和其他控制系统提供稳定、不间断的电力供应。当市电输入正常时，UPS 将市电稳压后供应给负载使用，此时的 UPS 就是一台交流式电稳压器，同时它还向机内电池充电；当市电中断(事故停电)时，UPS 立即将电池的直流电能，通过逆变器切换转换的方法向负载继续供应 220V 交流电，使负载维持正常工作并保护负载软、硬件不受损坏。该系统包含 AC UPS 系统和直流电源系统。

AC UPS 系统供给 LNG 接收站、海水区、码头区各仪表，DCS/控制系统的不间断电源应由 220V AC UPS 配电盘供应。UPS 应为全数字控制形式的充电器和密封免维护的铅酸电池。电池系统的设计要能满足至少 30min 的持续供电量。UPS 的配电盘是钢板结构，放置在控制室内，并配有 MCCB 开关保护的出线回路。

直流电源系统应包括 220V 直流电池，电池充电器和直流配电盘。电池应为密封免维护型，适合 220V 直流，备有所有附件和支架。电池充电器应是柜式，带有 100%冗余配置，并分别为以上电池设计为主浮充/备用浮充/强充回路。在每一个变电站都设置有一套蓄电池/充电器/直流配电盘，为开关柜控制、保护提供 220V 直流操作电源。

UPS 系统技术要求如下：

(1) 柜体结构应符合柜体图及柜体技术条件的要求，并便于设备的安装调试、维护检修和运行操作。外壳防护等级至少IP30。电池组的布置应易于观察液面。长期发热的元器件应有足够的散热距离，并尽量安在柜体的上方。设备应设保护接地及其标志，接地应有防护措施。

（2）设备内电气元件的电气性能应符合技术性能的规定，整台设备应满足技术标准及设计条件的要求。控制及动力母线对地绝缘电阻应≥10MΩ，充电、浮充电装置及控制和动力母线的绝缘强度，应能承受2kV工频1min的试验。当直流系统发生接地，或绝缘水平低于以下值时，绝缘监视装置应可靠动作，报警装置应发出声光报警信号。控制母线低于或高于整定值时，电压监视装置应可靠动作，报警装置应发出声光报警信号。

六、供配电方案

接收站项目供电系统一般设置一个总变压变电所，作为连接厂区内外、供电和用电的枢纽，其进线一般为110kV，进线电源为两个独立电源，实现双回路供电，当某一进线电源故障停电时，另一路电源能够保证供电。一般接收站电力系统分为A、B两段母线，为实现供电系统的合理分配，接收站区域会根据设备数量设置若干区域变电所。在每个区域内根据用电负荷和工艺要求将不同设备分别分配在不同的进线上。以江苏LNG接收站为例，对接收站电力分配方案进行说明。

接收站总变电所电力系统运行方式：总变20kV的A段母线由A段进线211线路供电、20kV的B段母线由B段进线244供电，两条20kV进线解列运行，20kV母联270开关在分闸位置，处于备自投状态。接收站变电所1#、2#主变运行，6.3kV母联处于备自投状态。C段进线651开关处于备自投状态，应急柴油发电机在停位，处于热备用状态。

停电事故发生后，相应A段或B段母线上所挂载的运行设备都会停车。操作人员需要及时联系电气人员确认停电事故的状态和恢复供电需要的时间，并根据确认结果进行相关工艺应急操作。

瞬间失电：接收站开闭所20kV进线及主变处于备自投状态，发生故障时接入此线路的设备停车，1~1.5s后，高压或低压侧的母联自动合闸，此时两台主变并列运行或一台主变带两中压母联运行。

短时间停电：线路故障未实现1~1.5s自动合闸，4h内可以排除故障恢复正常供电。

长时间停电：线路故障未实现1~1.5s自动合闸，需要4h以上才能恢复正常供电。

第四章　接收站主要设施

第一节　码头、栈桥及附属设施

一、码头的分类和结构特点

LNG 码头(LNG Jetty)是为液化天然气船舶提供锚泊、进出港、靠离泊和装卸作业的港口设施。码头结构形式有重力式、高桩式、板桩式。主要根据使用要求、自然条件和施工条件综合考虑确定。

(1) 重力式码头。靠建筑物自重和结构范围的填料质量保持稳定，结构整体性好，坚固耐用，损坏后易于修复，有整体砌筑式和预制装配式，适用于较好的地基。

(2) 高桩码头。由基桩和上部结构组成，桩的下部打入土中，上部高出水面，上部结构有梁板式、无梁大板式、框架式和承台式等。高桩码头属透空式结构，波浪和水流可在码头平面以下通过，对波浪不发生反射，不影响泄洪，并可减少淤积，适用于软土地基。近年来广泛采用长桩、大跨结构，并逐步用大型预应力混凝土管柱或钢管柱代替断面较小的桩，而成为管柱码头。

(3) 板桩码头。由板桩墙和锚碇设施组成，并借助板桩和锚碇设施承受地面使用荷载和墙后填土产生的侧压力。板桩码头结构简单，施工速度快，除特别坚硬或过于软弱的地基外，均可采用，但结构整体性和耐久性较差。

LNG 码头的平面、结构与相同吨位、水深的其他专业码头大致相同，由于船舶主尺度大、造价高、迎风面积大、干舷高，在有关规程中对其均有相应的规定，对靠船速度有相应的考虑。主要而突出的特点在于码头的安全设施、安全距离和安全作业上，已定案的 LNG 码头多采用高桩或重力式结构蝶型布置。

LNG 码头设计应结合工程规模、总体布局、环境和设施配备等因素，对 LNG 船舶进出港、靠离泊和装卸作业等环节进行风险分析，并对 LNG 意外泄漏的防范和控制能力进行安全评估。

1. 安全距离

交通部对 LNG 接卸终端和码头安全距离规定如下：

(1) LNG 码头与海滨浴场、人口密集的居民区和其他工业区的距离应不小于 500m。

(2) LNG 码头工作平台至接收站储罐的净距不应小于 150m。

(3) LNG 泊位与 LPG 泊位以外的其他货类泊位的船舶净距不应小于 400m。

(4) LNG 泊位与工作船泊位的船舶净距不应小于 200m。

2. 码头设计参数

1) 码头年作业天数和船舶作业标准

由于 LNG 船舶造价昂贵，年操作费 1600 万美元，滞期费 10 万美元/天，因此对码头作业条件提出要求为：年工作天数不宜少于 300 天(与年运量有关)，连续不可作业天数不宜大于5天。

为保证作业安全，规范对LNG船舶进出港航行、靠泊操作、装卸作业、在港系泊和离泊操作允许的风速、波高、能见度和潮流流速均有严格的规定，见表4-1。

表4-1 船舶作业条件

序号	作业阶段	允许风速/(m/s)	允许波高(横浪)/m	允许波高(顺浪)/m	能见度/m	流速横流/(m/s)	流速顺流/(m/s)
1	航道航行	≤20	≤2.0	≤4.0	≥1000	<1.5	≤2.5
2	靠泊操作	≤15	≤1.2	≤1.5	≥1000	<1.0	<2.0
3	装卸作业	≤15	≤1.2	≤1.5	—	<1.0	<2.0
4	在港系泊	≤20	≤1.5	<2.0	—	≤1.0	<2.5
5	离泊操作	≤20	≤1.5	<2.0	≥1000	≤1.0	<2.5

2）码头设计水深

常规码头前沿设计水深，是指在设计低水位以下的保证设计船型在满载吃水情况下安全停靠的水深。而对于LNG码头，规范要求设计水深应保证满载设计船舶在当地理论最低潮面时安全停靠，通常港口当地理论最低潮面比设计水位低0.4~0.5m。因此，LNG码头设计水深比其他货类码头安全储备要高。

设计低水位：统计多年实测低潮累积频率90%的潮位。

当地理论最低潮面：实际海面低于海图理论基准面的概率为0.14%所对应的潮位。

3）航道通航水深

常规码头航道水深以乘潮水位作为航道设计水深的计算基准面，以减少航道疏浚工程量。而LNG码头要求航道设计水深基准面从当地理论最低潮面起算。

乘潮水位：船舶乘潮进出港的某一潮位，根据通航密度、乘潮延时、潮汐性质和疏浚工程量等因素确定。

4）水工建筑物

为确保安全可靠，规范提高了LNG码头主体水工建筑物(如码头工作平台、系靠船墩、引桥及引堤等)结构安全等级，规定为一级标准。而其他货类码头的水工建筑物结构安全等级基本按二级标准设计。

3. 工艺系统要求

1）码头装载臂

LNG因其低温性能而对输送设备有着特殊的要求，LNG码头装载臂作为装载环节的关键设备，且处于海上恶劣的使用环境，必须绝对安全可靠。

LNG装载臂尺寸有16in和20in两种，一般配备3台液相臂，1台气相臂。装载臂采用超低温的不锈钢材料，密封接头为特殊双重密封构造。LNG装载臂前端都配备了紧急脱离系统(ERS，Emergency Release System)，当发生意外时，该装置与快速脱缆钩联合动作，可快速将装载臂同船舶接口法兰脱开，同时，该装置内的双球阀切断，避免泄漏。

2）码头操作平台

LNG比重小，船舶相对于油轮具有尺度大、干舷高的特点，需要在码头平台上设置操作平台，以满足装载臂对接操作和其他作业需要。因船舶接口汇管通常不在船舶中部，因此工作平台、靠船墩以及装载臂布置等要适应这种要求。

3）卸船管线

LNG 码头卸船管线整体造价较高(超过 1 万美元/米)，同时引堤栈桥投资大，如卸船管线距离过长，不仅投资增加较多，而且导致卸船过程中 LNG 气化量增加，可能带来卸船管径的增大(或卸船时间延长)。因此，要求卸船管线距离尽可能短。

4. 消防及其他安全设施

1）消防

交通部发布规范要求油气码头所配备陆上和水上消防设施的能力应满足扑救码头火灾和停泊船舶初起火灾的要求。码头消防设施包括干粉、消防冷却水、水幕系统和水上消防船等。LNG 码头设计规范也按此要求配备消防设施，因此消防设施等级较高，有利安全。

2）其他安全设施

为保证 LNG 船舶进出港和靠离泊安全，LNG 码头除配备导助航设施外，还应配备带电子海图的差分全球定位系统。码头应设置靠泊辅助系统、缆绳张力监测系统和作业环境监测系统(风、浪、流)及快速脱揽钩等。

除上述设计要求外，LNG 码头平面布置亦需要详细论证，一般情况下，为适应当地特殊的海洋自然环境，LNG 码头平面布置可以采用 T 型布置或 L 型布置。码头通常由工作平台、靠船墩和系缆墩以及人行桥组成。

T 型布置方案中，码头为对称布置，中部为工作平台，上面布置有操作平台支持系统、登船梯、控制室、靠泊辅助系统等设施。工作平台两侧布置了 4 个靠船墩和 6 个系缆墩，各部分之间通过人行钢桥连接(图 4-1)。T 型(蝶型)布置 LNG 泊位是传统的开敞式码头的布置形式(图 4-2)，经过多年实践验证，T 型码头布置船舶缆绳受力条件更好，有利于船舶安全作业。

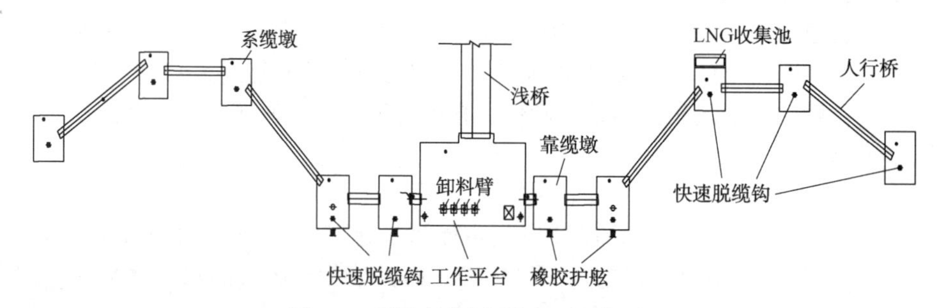

图 4-1　码头结构平面图(T 型布置)

L 型布置方案中，码头各墩台均呈直线型布置，作业平台居中，平台前沿两侧对称布置靠船墩。平台东侧为系缆墩，各墩台之间通过人行桥联系。平台西侧为架管桥，架管桥桥墩兼作系缆墩。此方案可以节约码头岸线，并且靠船平台及系缆墩可以两个泊位共用，综合考虑能够节省工程量并节约工程投资。

图 4-2　蝶形开敞式码头布置

此外，码头结构形式应综合分析当地的气象、水文、地质、码头平面布置形式及施工条件等因素，在设计方案比选时应主要对桩基础进行比较，针对较常见的两种墩台基础方案，优缺点比较如下(表4-2)：

表4-2 墩台基础方案优缺点比较

优缺点	方案一(钢管桩方案)	方案二(大管桩和钢管桩组合方案)
优点	1. 钢管桩的加工成型均可在工厂完成，质量有保证； 2. 质量轻，刚度大，施工方便	1. 防腐性能好； 2. 价格较钢管桩低
缺点	1. 防腐性能不如混凝土桩好，应有专门的防腐措施； 2. 价格较组合桩高	1. 每根组合桩的成型工序复杂，施工工期长； 2. 打桩过程中易产生管桩劈裂现象

布置靠船墩时，应按照有关规范规定，在数模分析的基础上，进行系泊船舶运动物理模型实验，对码头设计主尺度进行优化。根据相关规定和计算，若仅考虑靠船墩间距的要求，$(12.5\sim26.7)\times10^4m^3$ 的LNG船只采用2个靠船墩即可，但由于LNG船舶与一般的液体散货船不同，船上的装卸管汇的位置一般情况下不在船舯，而是偏向船首或船尾，其位置与船舶储罐采用的形式和数量有关，不同类型、吨位的船舶，偏移的距离不同。因此，接卸作业时LNG船并不是船舯对准工作平台，而是略向船尾或船首方向偏移，仅布置2个靠船墩将使码头对大小船型作业的适应性和灵活性受到限制。考虑船舶靠泊的灵活性、可靠性，在内侧可增设2个辅助靠船墩。

系缆墩的布置应尽可能满足各种设计船舶停泊时的系缆角度和缆绳长度符合规范要求的安全作业标准。对缆绳的布置要求需符合规范要求，一般设置首尾缆墩各1座。由于靠泊船型长度介于281.8~345m，为满足各种船型的系缆要求，增加码头使用的灵活性，可设置4座横缆墩。根据相关规定“液化天然气船舶停靠码头时船首应朝向有利于船舶紧急离开码头的方向”。由于LNG船的船首和船尾的横缆出缆点不对称，船尾的横缆出缆点更靠近船尾，在设计时可以考虑横缆墩非对称布置的方式。

根据规范，LNG码头应设置应急锚地，一般分为内锚地和外锚地。若遇大风大浪不宜靠船或其他原因暂不能靠泊时，LNG船只可停在外锚地，外锚地的设置应符合相关规范要求。若因受限于航道条件，LNG船舶亦可采用乘潮进出港，但是一旦LNG船舶在码头前装卸作业过程中出现安全问题，而此时潮位低于船舶出港所需的乘潮水位，LNG船舶将无法逃离码头区，危及码头甚至接收站和LNG船舶的安全问题，此问题可以通过设置内锚地予以解决。

二、栈桥的分类和结构

栈桥是指形状像桥的建筑物，车站、港口、矿山或工厂，用于装卸货物或上下旅客或专供施工现场交通、机械布置及架空作业用的临时桥式结构。栈桥的结构形式与桥梁基本相同，不同的是桥梁的梁部结构和轨面固定不动、全部跨越河道，栈桥的梁部结构和轨面可随水位的涨落而升降，轨面坡度可随之调节。此外，栈桥只伸入水域一部分。栈桥的下部结构为混凝土或钢筋混凝土的桥墩和桥台；上部结构为钢板梁或钢桁梁。桥墩和桥台是支承桥梁上部结构和荷载的构筑物。桥台在栈桥靠岸一端，与路堤相连。

接收站栈桥特指连接 LNG 码头和接收站的栈桥，其上铺设工艺管线，导通 LNG 码头和接收站之间物料运输，并具备人行通道的功能。

在栈桥的结构形式上一般可采用钢栈桥方案或预应力混凝土栈桥方案，应综合考虑工艺要求和实际条件布置栈桥桥墩的尺度和间距，合理设置补偿器墩、固定墩以及滑动墩(表 4-3)。

表 4-3　栈桥方案比选优缺点

优缺点	钢栈桥方案	混凝土栈桥方案
优点	1. 跨度大，质量轻，施工方便； 2. 构件数量少，相应安装时使用船机费用省； 3. 桥墩的数量是混凝土栈桥方案的 1/2，因此大大节省了工程造价； 4. 桥型美观，有一定的景观效果	1. 防腐性能好； 2. 大型车辆可在桥上通行
缺点	1. 钢栈桥防腐性能不如混凝土栈桥好，需要经常进行维护保养； 2. 不允许大型车辆在桥上通行； 3. LNG 管线泄漏有造成钢栈桥冷脆毁坏的危险	1. 预应力梁跨度小，数量多； 2. 施工期使用船机次数多，施工工期长； 3. 工程造价比钢栈桥方案高

以江苏 LNG 接收站为例，栈桥主体为钢管桩墩式结构，对于栈桥根部墩台采用灌注桩墩式结构(图 4-3 和图 4-4)。

图 4-3　LNG 栈桥-工艺管线

图 4-4　LNG 栈桥-人行通道

三、码头的附属设施

码头系船设备包括：橡胶护舷、系船柱、快速脱缆钩和绞缆机等。系船设备的设计，应考虑泊位功能、码头结构形式、设计船型、水位变幅和风浪流等情况。系船设备应满足船舶靠离码头、停泊、移泊和调头等作业安全可靠和使用方便的要求。系船设备布置应避免对码头作业产生干扰。

为减小船舶靠泊和系泊时对码头的作用力，避免船舶对码头的碰撞和摩擦，使船体和码头结构物免受损伤，确保船体和码头的安全，在码头上设置防冲设备是港口工程中普遍采用的有效措施。防冲设备应根据其适用条件、码头结构形式、靠泊船型和靠泊方式及安装、适用和维修要求等，通过技术经济比较后确定。根据使用要求，防冲设备可采用固定式、漂浮式或转动式护舷。固定式防冲设备固定在码头上，按材料可分为橡胶护舷、轮胎护舷、聚氨酯护舷、木护舷和钢护舷等。橡胶护舷可用于任何形式、任何吨级的码头；轮胎护舷可用于3000t级以下的中、小型码头；木护舷可用于1000t级以下的小型码头；钢护舷可用于特定条件下的码头。漂浮式防冲设备是系在码头上可随水位升降漂浮在水上的充气囊型和充填泡沫型橡胶护舷。转动式防冲设备是安装在码头上的可转动的轮胎型橡胶护舷。

以江苏LNG接收站选用的固定式鼓型橡胶护舷为例，这类护舷的特点是单位反力吸能量适中，吨橡胶吸能量较大；设有防冲板，作用于船舷侧板面压力可降低；结构较复杂，安装维护较不方便。适用于大型码头，特别是大型墩式码头和外海开敞式码头(图4-5)。

大、中型危险品码头及开敞式码头宜采用快速脱缆钩。快速脱缆钩是一种现代化码头系泊设施，解除了传统的系船柱带缆和解缆作业的繁重劳动，节省人力和操作时间，特别是无掩护大型危险品码头，采用快速脱缆钩装置，带缆简单方便，脱缆快捷且安全可靠，保证了船舶、码头和操作人员的安全，提高了船舶装卸效率。快速脱缆钩的形式和数量应根据设计船型、系缆力大小和缆绳数量确定。快速脱缆钩可采用遥控操作，亦可采用手工操作。遥控操作的快速脱缆钩，运动部分应装设适当的安全防护装置。快速脱缆钩宜设置测力装置。

图4-5　橡胶护舷

大、中型码头可根据需要设置绞缆机。

其他附属设施：大型专业化码头宜配置靠泊仪等监控设施。靠泊仪一般可以监测船舶至码头的距离、靠泊的速度、船体与泊位的夹角、船舶靠泊时的撞击能量等。目前，靠泊仪有激光、声呐、雷达和空气声波等多种形式。

大、中型码头前沿宜设置夜间和雾天指示灯，指示灯可采用固定式或移动式。固定式指示灯可设在护轮槛上。

根据相关规范布置，在航道两侧及转角拐点设置浮标，在航道的第一组航标上安装雷达应答器，以便船舶进港时能顺利找到航道入口。在码头上需设置堤头灯，标示建筑物的位置。

LNG码头应配备无线电导助航设施，以江苏LNG接收站为例，工程配备了高频(VHF)岸台系统一套，该岸台设计为VHF/DCS配置，可为船舶提供VHF船舶遇险和安全通信、航行安全信息广播及船岸VHF有线/无线转接通信等业务。电路规模为4个信道(含DCS专用的CH70)，系统发射功率为50W。设音频调度台一套，可实现遇险指挥、常规调度和有/无线转接功能，另设DCS控制设备一套，实现DCS各项岸台功能。在无遮挡的情况下，天线挂高为35m。海岸电台的设置必须符合国家交通部有关海岸电台布局的规划，并获得交通部及无线电频率主管部门的批准。

安装在码头及靠船墩区域的船舶安全靠泊系统设备均应采用已获得1级危险区域使用认

证的产品，设备的防护等级达到IP66以上。在码头区域的控制电缆应采用电缆桥架和穿钢管保护等方式敷设。所有控制电缆、控制电源电缆均应采用阻燃、铠装电缆，信号电缆采用阻燃、铠装屏蔽电缆。船舶安全靠泊系统设备应采用独立的控制系统接地系统，接地电阻小于1Ω。

1. 船岸连接系统

船岸连接系统(SSL，Shore Link System)主要功能是保证船岸两侧安全的系统，同时触发阀门紧急切断(ESD，Emergency Shut Down)，以及语音通信和数据传输。一个完整的船岸连接系统包括系统机柜、固定电缆(光缆、电缆)、脐带电缆、气源管、卷盘、连接接头、其他辅助设备等。系统机柜内部安装的模块有：一个智能光纤模块；一个智能电气模块；一个系统状态和选择器模块；一个通用电源模块；一个热线电话模块。

船岸连接系统的卷盘一侧连接码头控制室的系统机柜，另一侧利用脐带电缆、光缆及软管通过特定的接头与船进行连接。以光缆连接方式为例，脐带光缆长度一般为50m，为柔性铠装光缆，与船连接时可保持松弛以保证不受潮汐、压载、卸货等操作影响，同时也可以防止船上重物对光缆的损坏。通过转动卷盘手柄可以将放出去的光缆收回到转盘内，转盘采用ERP或者316不锈钢盖保护。

船岸连接系统的作用包括三个方面：

(1) 使船岸之间实现电话通信(热线电话、公共电话和私人电话)，保持装卸货期间的沟通及时、顺畅，保证安全操作。

(2) 实现缆绳张力监控系统的数据传输，使电脑实时反映缆绳张力的情况，便于船上对缆绳的监控。

(3) 实现ESD系统的作用，一旦船舶或终端发生断电、爆炸、LNG泄漏、起火或船舶发生快速漂移等紧急情况时，立即关闭卸料臂双球阀(出现二级ESD时，卸料臂回收)，船上卸货泵停止，关闭船侧和岸侧的相关阀门，从而保证LNG泄漏量最少，减少事故造成的损失。

在卸船前检查中，要进行船岸连接系统的测试，测试步骤如下：

(1) 无源光纤测试系统。根据行业标准，光纤连接器的无源逻辑测试单元装有1~6根试针，一般为1~2、3~4、5~6路环回连接器，或者是“检查插头”使用Tx信号来检查Rx电路和FO路径的功能。这种易于使用的无源光纤回环连接器可以通过给出模拟的ESD的正常信号或者是ESD的停车信号来实现整个ESD回路的测试。

(2) 岸式电缆测试系统。此为一个手持插座连接器，ESD的控制电缆连接器可以插入。可以在船靠泊之前24h进行岸-船和船-岸的测试。测试单元上装有LTD指示岸-船上的连接状态和一个按钮来模拟船-岸的停车信号。此测试单元为便携式，LED的电压由SSL控制室供应。

船岸连接系统的连接方式主要有三种：光缆接连、电缆连接、气动连接。

(1) 光缆连接方式。光缆连接方式主要通过TEL IF模块和ESD模块实现支持三路电话语音通信和一路数据传输，以及船岸之间的ESD信号通信。脐带光缆末端为6路光缆接头，各芯光缆功能分配见表4-4。

表 4-4 连接光缆分配表

芯 号	通 道	备 注
1	电话通道	船到岸
2	电话通道	岸到船
3	ESD 通道	船到岸
4	ESD 通道	岸到船
5	备用	
6	备用	

(2) 电缆连接方式。电缆连接方式无须通过特定的功能模块进行信号转换，可直接与船连接传输有关信号。主要用于电话语音，数据以及 ESD 信号传输。一般情况下，作为光缆连接方式的备用。由于在危险区域内使用，需要进行防爆认证。在紧急脱离时，为确保安全，除电话电路外，其他所有电路防爆等级必须为本安型。由于电话电路无法通过本安认证，其需要通过本安型继电器进行隔离。该方式采用的电缆为 19 对仪表通信铠装总屏分屏电缆。

(3) 气动连接方式。气动连接系统由压力开关、指示器、电磁阀、脐带软管等组成，仅用于 ESD 信号传输，作为光缆和电缆连接系统失效后备用。软管用于连接岸上系统和船上系统。船侧 ESD 系统通过岸上的电磁阀来泄气触发岸到船的 ESD 信号。脐带软管破裂时也会引起(在逃离或者低温泄漏时)ESD 信号。

以江苏 LNG 接收站为例，码头采用光缆接连、电缆连接两种方式。正常操作时只连接其中一种，且整个操作过程中应保持连接。光缆连接方式可提供三路电话语音通信和一路数据传输，以及船-岸和岸-船的 ESD 信号传输；电缆连接方式通常作为备用系统，除了提供以上通信功能外还具有一些附属功能(图 4-6 和图 4-7)。

图 4-6 光缆、电缆卷盘及连接接头

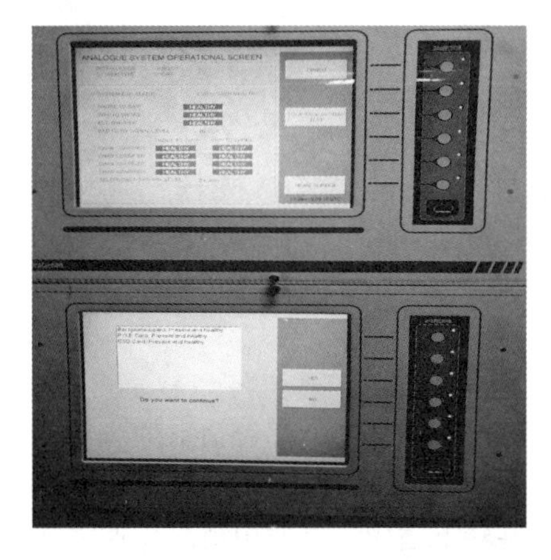

图 4-7 SeaTechnik 船岸连接系统控制柜

2. 登船梯

1）功能

登船梯是码头泊位上的附属设备，供船员、操作人员及其他人员安全方便上下之用。登船梯外形应简洁大方、动作可靠、操作灵活、维修方便，能满足各种工作和作业要求。

以江苏 LNG 接收站为例，码头采用了无锡沪联机械设备有限公司生产的 DCTT 型塔架升降式登船梯，具备最低潮位时 145000m^{3}LNG 船满载至最高潮位时 267000m^3 船空载条件下的作业要求。

2）结构组成

登船梯主要由塔架、旋转平台、悬梯、前梯、三角梯、回转机构、液压系统、电气控制系统、消防喷淋系统等组成。分成两大部分：一部分由悬梯、回转机构、前梯调位、变幅机构、升降塔架组成，即动的部分；另一部分由塔架、扶梯、液压系统、升降机构组成，都固定在码头上(图 4-8)。

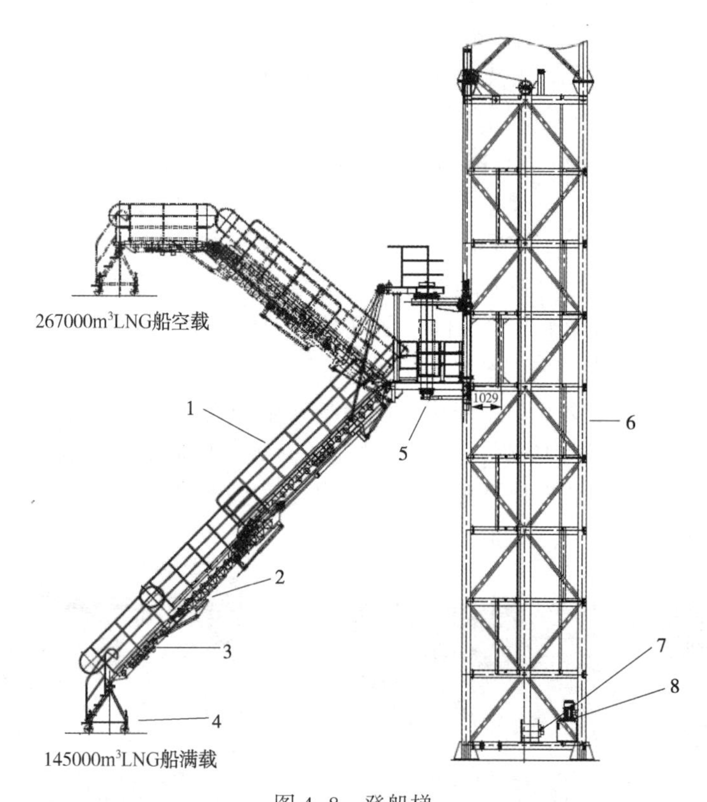

图 4-8 登船梯

1—主梯；2—伸缩梯；3—前梯；4—三角梯；5—回转机构；6—塔架；7—升降系统；8—液压系统

(1) 悬梯。悬梯包括主梯、伸缩梯、前梯、三角梯，伸缩梯与前梯、前梯与三角梯之间采用铰联接，并装有滚动轴承，采用变幅式，并带有变踏步机构，整个悬梯在悬梯变幅及平台旋转下适应各类使用情况。伸缩梯可伸缩，适应船舶漂移；三角梯由万向支承架和滚轮组成。悬梯结构主要采用低合金钢焊接而成，踏步采用铝合金花纹板与钢骨架铆接，其他金结构件采用普通碳素钢焊接而成，能够承受均布总重 600kg(约 7 人)的载荷。

梯子的俯仰角度由双侧油缸牵引实现，主梯工作俯仰角度-45°~+45°，主梯具有浮动的功能，在一定范围内能补偿潮位变化和船舶由于载重量变化引起的吃水变化。伸缩梯由单个油缸驱动，用来延长主梯，可延长3m，具有浮动功能。前梯俯仰角度为0°~40°，由两个油缸承担，就位后油缸自锁。三角梯搁置船舶上通过弹簧设有尼龙轮，有缓冲作用，与船舶起到绝缘作用，隔绝登船梯和船舶杂散电流。

悬梯回转机构由回转马达驱动回转支承达到回转目的，设有浮动功能，以便搭接船梯后悬梯与平台随船一起转动，满足油船漂移而悬梯不会损坏。回转速度可由液压系统调整。转动角度为±90°，设有限位开关，回转±90°时声光报警。不作业时，由俯仰机构抬起，旋转90°放于安全搁架上，以避免船梯同其他设施发生碰撞。

（2）升降架、升降机构。升降架是带动悬梯升降的主要部件，由框架、上平台、下平台、滚轮装置等组成，框架上下安装滚轮装置，滚轮装置与轨道配合，在轨道中上下升降。

升降机构由液压绞车、钢丝绳、滑轮组组成。因升降行程不大，故采用单联卷筒卷绕钢丝绳。采取液压绞车失压自锁制动，钢丝绳安全系数大于5倍。平台运行到上下极限时通过接近开关对升降系统供油切断，重新按检修按钮通过操纵手动阀可以使平台动作。

（3）塔架。塔架是登船梯的主要支撑件，用来为升降回转平台提供升降轨道，同时要满足整体稳定性要求。

载荷分如下两种工况：①非工作状态（即收拢状态）设计风速55m/s；②工作状态设计风速≤25m/s。

（4）液压系统及电气系统。登船梯配套使用的液压系统，主要由防爆电机、叶片泵、油缸、阀件、液压管线等组成，其主要功能和特点如下：

① 可满足装置在设计范围的运动；

② 可实现手动和无线遥控等操作方式；

③ 配备机泵和手动泵，当停电及液压站故障时，可采用备用手动油泵及应急油路系统工作，及时拉起悬梯回转至安全位置，不使悬梯由于船舶上下浮动而损坏。

登船梯所有电机、电器及控制设备均有防爆措施，防爆等级dIIBT4，电器设备防护等级大于IP55，整机接地，与码头平台上的接地线连接，以防雷击。

电气控制系统采用可编程控制器控制。为了系统控制及安装方便，遥控部分在液压控制系统中。系统总电源设在升降控制箱内，经空气开关，分别进入油泵电机和控制系统，并有三相电压显示。

悬梯旋转至左右极限位置及平台上升或下降至极限位置时设有接近开关，对超限进行声光报警。接近开关采用电感式接近开关，安全可靠。

3. 安全注意事项

（1）作业时油轮靠泊后，首先起动油泵电机，通过按钮操纵悬梯各机构动作。使三角梯置于甲板空位上，使人员上下。并打开浮动开关。

（2）如船舶在作业但无人员上下时，应把悬梯拉起避免当潮水上涨和船舶上浮时或船舶下降时梯与船舶甲板上的障碍物碰撞。

（3）当潮水上涨和船舶上浮时，俯仰机构油缸自动调整，同时当船舶浮动一定高度后，应及时调整角度，使三角梯不致碰撞船舶甲板上的障碍物，人员更方便地上下船。

（4）当船舶下降时，悬梯由俯仰机构油缸自动调整，不使前梯与甲板脱离，此时不需启动俯仰机构，将悬梯下降至甲板面，同理，应及时调整梯角度。

(5) 作业完毕后，通过俯仰机构将悬梯拉起，将悬梯旋转，悬梯置于搁架上。

(6) 不使用时，应尽量把油缸收小以减小油缸轴腐蚀。

(7) 检测或修理时，必须断总电源。

(8) 每次工作前，应验证制动的可靠性。

(9) 在电压显著降低和电力输送中断的情况下，主开关必须断开，并将所有操作复零。

4. 维护与保养

为保证设备在良好的状态下正常运行，必须经常注意保养和维护。为此，定期进行以下各项检查：

(1) 设备的各转动部件和滑动部件润滑情况。

(2) 回转机构及各铰接点轴承应定期加注润滑油。

(3) 定期检查液压管路。

(4) 经常检查电路和电器设备情况，保持工作可靠。

(5) 电动机也应经常检查和维护。

(6) 定期检查所有联接螺栓，不得有任何松动。

(7) 主要焊缝应每年进行一次检查。

(8) 经常检查金属构件有否破裂，油漆是否剥离。

(9) 经常检查油箱中液压油，保持油面及保持油液的清洁，必要时更换润滑油。

第二节 管线及阀门

一、阀门分类

阀门是用来控制管道中流体的流向、压力及流量的基础元件，它是用来改变通路断面和介质流动方向，具有导流、截止、调节、节流、止回、分流、溢流和卸压等功能。接收站阀门种类很多，根据功能可分为截断阀、调节阀、止回阀、安全阀、分配阀。

截断阀主要用于截断流体通路，包括闸阀、截止阀、球阀、蝶阀、旋塞阀。调节阀主要用于调节介质的压力和流量，包括调节阀、节流阀、减压阀和浮球调节阀等。止回阀用于阻止介质倒流，包括各种结构的止回阀。安全阀在介质压力超过规定值时，用来排放多余的介质，保证管路系统及设备安全。分配阀改变介质流向、分配介质，包括三通旋塞、分配阀、滑阀等。

1. 闸阀

闸阀(Gate Vavle)：指启闭体(阀板)由阀杆带动阀座密封面做升降运动的阀门，可接通或截断流体的通道(图 4-9)。闸阀作为截止介质使用，在全开时整个流通直通，此时介质运行的压力损失最小。闸阀通常适用于不需要经常启闭，而且保持闸板全开或全闭的工况。

闸阀有以下优点：

(1) 流体阻力小。

(2) 开闭所需外力较小。

(3) 介质的流向不受限制。

(4) 全开时，密封面受工作介质的冲蚀比截止阀小。

(5) 体形比较简单，铸造工艺性较好。

闸阀也有不足之处：

(1) 外形尺寸和开启高度都较大，安装所需空间较大。

(2) 开闭过程中，密封面间有相对摩擦，容易引起擦伤现象。

(3) 闸阀一般都有两个密封面，给加工、研磨和维修增加一些困难。

2. 截止阀

截止阀(Globe Vavle)：指关闭件(阀瓣)沿阀座中心线移动的阀门，阀杆轴线与阀座密封面垂直，通过带动阀芯的上下升降进行开断(图 4-10)。引入截止阀的流体从阀芯下部引入称为正装，从阀芯上部引入称为反装。正装时阀门开启省力，关闭费力；反装时，阀门关闭严密，开启费力，截止阀一般正装。

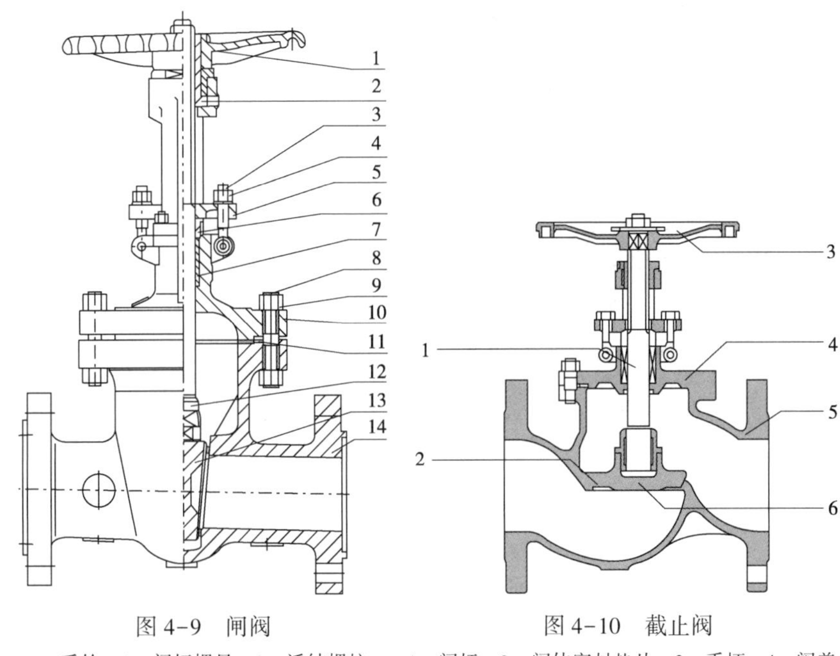

图 4-9 闸阀

1—手轮；2—阀杆螺母；3—活结螺柱；4、9—螺母；5—填料压板；6—填料压套；7—填料；8—螺柱；10—阀盖；11—垫片；12—阀杆；13—闸板；14—阀体

图 4-10 截止阀

1—阀杆；2—阀体密封垫片；3—手柄；4—阀盖；5—阀体；6—阀板

截止阀有以下优点：

(1) 双重的密封设计(波纹管+填料)若波纹管失效，阀杆填料也会避免泄漏。

(2) 外泄漏，并符合国际密封标准。

(3) 没有流体损失，降低能源损失，提高工厂设备安全。

(4) 使用寿命长，减少维修次数，降低经营成本。

(5) 坚固耐用的波纹管密封设计，保证阀杆的零泄漏，提供无须维护的条件。

(6) 波纹管密封截止阀采用波纹管密封的设计，完全消除了普通阀门阀杆填料密封老化快、易泄漏的缺点，不但提高了能源使用效率，增加生产设备安全性，减少了维修费用及频繁的维修保养，还提供了清洁安全的工作环境。

截止阀也有不足之处：

（1）流体阻力大，开启和关闭时所需力较大。

（2）不适用于带颗粒、黏度较大、易结焦的介质。

（3）调节性能较差。

3. 止回阀

止回阀(One-way Vavle)：指依靠介质本身流动而自动开、闭阀瓣，用来防止介质倒流的阀门(图 4-11)。通常，这种阀门是自动工作的，在一个方向流动的流体压力作用下，阀瓣打开；流体反方向流动时，由流体压力和阀瓣的自重合阀瓣作用于阀座，从而切断流动。

图 4-11　止回阀

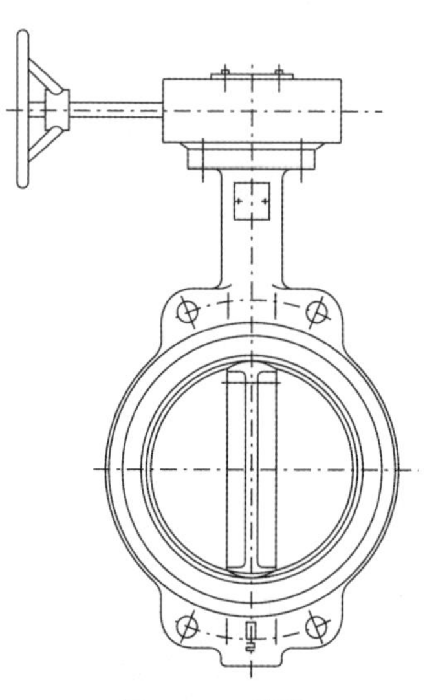

图 4-12　蝶阀

4. 蝶阀

蝶阀(Butterfly Vavle)：由阀体、圆盘、阀杆、和手柄组成(图 4-12)。它采用圆盘式启闭件，圆盘式阀瓣固定于阀杆上，阀杆转动 90°即可完成启闭作用。

它有以下特点：

（1）结构简单，外形尺寸小，结构长度短，体积小，质量轻，适用于大口径的阀门。

（2）全开时阀座通道有效流通面积较大，流体阻力较小。

（3）启闭方便迅速，调节性能好。

（4）启闭力矩较小，由于转轴两侧蝶板受介质作用基本相等，而产生转矩的方向相反，因而启闭较省力。

（5）密封面材料一般采用橡胶、塑料、故低压密封性能好。

5. 球阀

球阀(Ball Vavle)：由旋塞阀演变而来(图 4-13)。它具有相同的启闭动作，不同的是阀芯旋转体不是塞子而是球体。当球旋转 90°时，在进、出口处应全部呈现球面，从而截断流动。球阀在管路中主要用来切断、分配和改介质的流动方向。

它具有以下优点：

(1) 结构简单、体积小、质量轻，维修方便。

(2) 流体阻力小，紧密可靠，密封性能好。

(3) 操作方便，开闭迅速，便于远距离的控制。

(4) 球体和阀座的密封面与介质隔离，不易引起阀门密封面的侵蚀。

(5) 适用范围广，通径从小到几毫米，大到几米，从高真空至高压力都可应用。

6. 旋塞阀

旋塞阀是一种开速开关的直通阀，由于旋密封面之间运动带有擦拭作用，而在全开时可完全防止与流动介质的接触，故它通过也可用于带悬浮的介质。

阀体形式有直通式：截断介质；三通式：改变介质方向或进行介质分配；四通式：改变介质方向或进行介质分配。

图 4-13 球阀

1—上轴承；2—阀座；3—弹簧；4—阀杆；5—阀体；6—球体；7—下轴承

旋塞阀有以下优点：

(1) 旋塞阀用于经常操作。

(2) 流体阻力小。

(3) 相对体积小，质量轻，便于维修。

(4) 密封性能好。

(5) 无振动、噪声小。

旋塞阀的缺点是：普通旋塞阀靠精加工的金属塞体与阀体间的直接接触来密封，所以密封性差，启闭力大，容易磨损，通常只用于小口径或低压场合。

7. 隔膜阀

隔膜阀是用一个弹性的膜片连接在压缩件上，压缩件由阀杆操作上下移动，当压缩件上升，膜片就高举，形成通路，当压缩件下降，膜片就压在阀体上，阀门关闭。此阀适用于开断、节流。隔膜阀特别适用于运送有腐蚀性、有黏性的流体，而且此阀的操作机构不暴露在运送流体中，故不会被污染，也不需要填料，阀杆填料部分也不会泄漏。

隔膜阀有以下特点：

(1) 流体阻力小。

(2) 能用于含硬质悬浮物的介质，由于介质只与阀体和隔膜接触，所以无需填料函，不存在填料函泄漏问题，对阀杆部分无腐蚀可能。

(3) 适用于有腐蚀性、黏性、浆液介质。

(4) 不能用于压力较高的场合。

8. 安全阀

安全阀是自动阀门，它不借助任何外力，利用介质本身的压力来排出一定量的流体，以防止系统内压力超过预定的安全值(图 4-14)。当压力恢复到安全值后，阀门再自行关闭以阻止介质继续流出。

安全阀的选用要求如下：

(1) 灵敏度高。

(2) 具有规定的排放压力。

(3) 在使用过程中，保证强度、密封及安全可靠。

(4) 动作性能的允许偏差和极限值。

9. 调节阀

在现代化工厂的自动控制中，调节阀起着十分重要的作用，这些工厂的生产取决于流动着的介质正确分配和控制(图 4-15)。常见的控制回路包括三个主要部分：第一部分是测量元件，是一个能够用来测量被调工艺参数的装置，这类参数如压力、液位或温度。变送器的输出被送到调节仪表——调节器，它确定并测量给定值或期望值与工艺参数的实际值之间的偏差，一个接一个地把校正信号送出给最终控制元件——调节阀。阀门改变了流体的流量，使工艺参数达到了期望值。

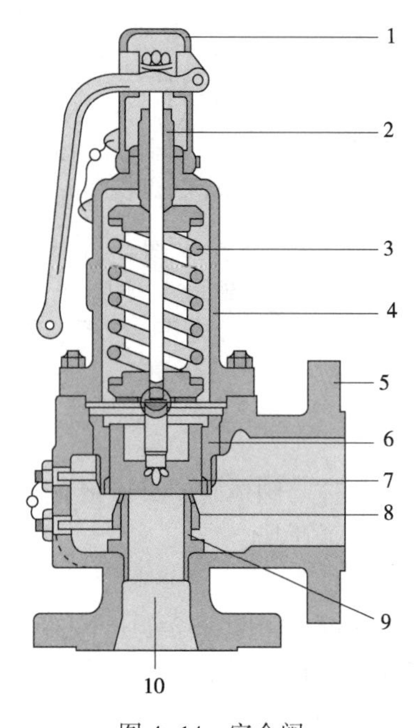

图 4-14 安全阀

1—阀帽；2—弹簧调节螺丝；3—弹簧；4—弹簧腔(阀盖)；5—阀体；6—上调节圈；7—阀瓣；8—下调节圈；9—阀座
10—进口流道

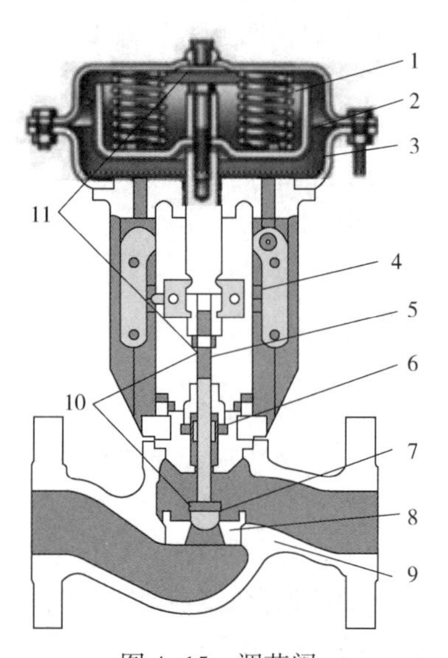

图 4-15 调节阀

1—弹簧；2—膜片；3—气室；4—位移刻度；5—阀杆；6—填料；7—阀芯；8—阀座；9—阀体；10—调节机构；11—执行机构

二、低温阀门的特点

低温阀门通常是设计温度在-40～-196℃的阀门，低温阀门是接收站重要的元器件设备，为了适应阀门在低温下使用的要求，低温阀门的材料选用，结构形式等有着一些和普通阀门不一样的特点。

1. 低温阀门材料

1）主材

低温阀门材料的基本要求，主要有以下几点：

（1）在工作温度下，不产生低温脆性破坏，同时还应考虑耐介质的腐蚀性等要求。

（2）在工作温度下，其组织结构应稳定，防止材料相变引起体积变化。用于-101℃以下的低温阀门，其阀体、阀盖、阀瓣、阀座、阀杆等零件在精加工前应进行深冷处理。

（3）采用焊接结构时，焊接性能及低温下焊缝必须可靠。

（4）在低温工况下频繁操作，其内件材料无卡阻、咬合及擦伤等现象并考虑材料的电化学腐蚀，其耐腐蚀性能应不低于阀体。

LNG 阀门正常工作温度约-162℃，在此温度下，一般阀门用的材料强度和硬度升高，塑性和韧性大幅下降，这会严重影响阀门的安全性。目前，阀门选用最多的材料是奥氏体不锈钢，该材料低温变形小，没有明显的低温冷脆临界温度，在-200℃以下，仍能保持较高的韧性。

2）填料和垫片

低温阀门的填料和垫片要求在低温下保持稳定的密封性能。一般常用的填料为膨胀石墨或浸渍聚四氟乙烯盘根，常用的垫片材料为膨胀石墨或浸渍聚四氟乙烯和不锈钢绕制而成的缠绕式垫片。

2. 低温阀门的结构特点

1）长颈阀盖

低温阀门的一个最显著的特点就是其阀盖一般为长颈结构，长颈阀盖使填料部位远离阀体中流过的介质 LNG，保证填料部位的温度在 0℃以上，防止因填料函部分过冷而使处在填料函部位的阀杆以及阀盖上部的零件结霜或冻结，使填料可以正常工作；由于低温管道一般有着较厚的保冷层厚度，长颈阀盖可以便于保温施工，并使填料压盖处于保冷层外，有利于需要时随时紧固压盖螺栓或添加填料而无须损坏保冷层。

2）释放孔

对于有密闭中腔结构的阀门，由于在间歇管线或检修状态下，中腔存有的 LNG 可能会发生气化，导致阀门内部超压，甚至威胁到阀门的安全，为保证阀门的安全性，此类阀门要求带中腔自泄压结构，使阀门内腔压力异常超压时，实现自动泄放。

3）防静电

由于 LNG 介质的易燃易爆特性，在设计 LNG 超低温阀门时，一般设计有防静电结构，以保证阀门的导电性。

4）唇式密封

为防止 LNG 外泄漏，在阀体/压盖处及阀杆处引入唇式密封的密封方式，可以很好地控制阀门的外泄漏。

三、阀门的保冷

阀门作为 LNG 接收站最重要和用量最大的附件之一，它的安全性、可靠性对接收站的安全运行和经济效益有着重要的影响。如果阀门不保冷或保冷不良，不仅会造成大量的热量损失，而且也会对阀门的安全可靠运行造成不良影响。由于阀门外形比较复杂，存在狭小空间，且外形没有统一的规格，因此不能像直管段那样采用车间预制成形的保冷层。现场施工中，一般有以下两种方法：

（1）用泡沫盒分两层包裹阀体，然后用瓶装聚氨酯发泡剂、其他颗粒状或纤维状绝热材料进行填充，再用密封剂涂抹，包裹防潮层和保护层，如图 4-16 所示。

(a)

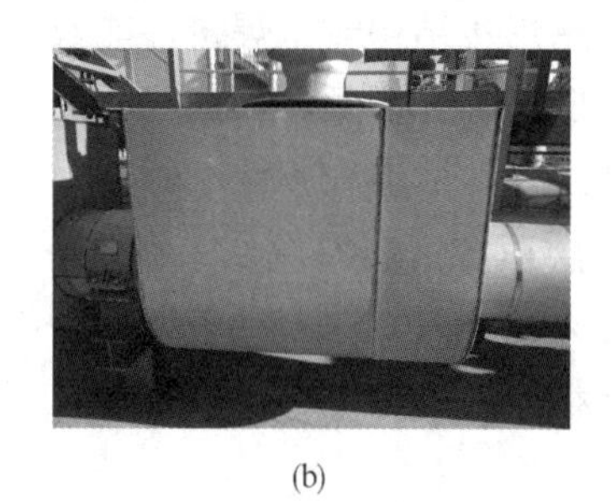

(b)

图 4-16 阀门保冷盒填充

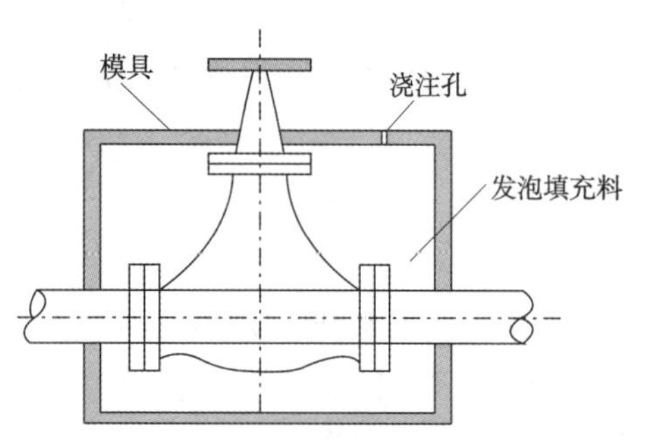

图 4-17 阀门保冷层的现场发泡浇灌

(2) 采用现场发泡浇灌技术，将发泡材料浇灌入预制的模壳中发泡成保冷层结构。这种方法发泡剂填充饱满、密实、强度高，保冷层和设备外表贴合紧密，保冷效果好，推荐使用该种方法，如图 4-17 所示。

四、低温管线材质

LNG 低温管线处于-162℃低温工况，一般碳钢、低合金钢等铁素体钢种在低温条件下会迅速失去韧性而脆化，故不能用于 LNG 系统。这就要求管道材料具有杰出的低温韧性、抗腐蚀功能及焊接功能。目前，常用的材料只有铝合金、奥氏体不锈钢和 9%镍钢在 LNG 低温工况下具有良好的低温韧性。其中，铝合金因其线性膨胀系数偏高，强度较低，导致管道热应力偏大、壁厚较厚，应用局限性较大；奥氏体不锈钢具有优良的耐腐蚀性能，并且具备成熟的生产工艺，应用最为普遍；9%镍钢具有优良的综合性能，在国外 LNG 工业中的应用呈增长趋势，但该材料在国内的生产技术不成熟，价格较高。

目前，LNG 接收站根据使用工况和市场行情等因素综合考虑，一般选择奥氏体不锈钢 TP304/304L 双证钢材质。9%镍钢仅在 LNG 储罐上有所应用。奥氏体不锈钢材料的膨胀系数较大，通常采用金属波纹管、管环式补偿器来补偿低温条件下的冷收缩作用。

综合材料性能和经济性，在无腐蚀的情况下不锈钢 304 和 304L 仍是 LNG 管道材料的最佳选择；在海洋腐蚀环境中易发生晶间腐蚀与应力腐蚀开裂，这种情况下所选用材料应具备与 316L 相当的耐腐蚀性能；选用双牌号不锈钢时，应综合考虑该材料在国内市场的经济性进行取舍。另外，随着 9%镍钢生产技术的成熟，在无海洋腐蚀的情况下，集优良的低温力学性能、物理性能、焊接性能和经济性于一身的 9%镍钢有可能成为 LNG 管道的主流材料。

五、低温管线的保冷

液化天然气(LNG)站场内管线长期低温运行，需采取保冷措施以减少周围环境中的热量传入管线内部，防止管道外壁凝露，经济有效地保护低温管道中的冷量不散失。

保冷采用的绝热方法通常有堆积绝热和真空绝热。堆积绝热是一种传统绝热方法，即在管线外侧敷设多孔型绝热材料，因孔泡中充满常压空气(或其他气体)而实现绝热。真空绝热是将绝热结构制成密闭的夹层，内部空间抽至一定真空度，以减少热量传入。在绝热效率方面，堆积绝热不及真空绝热，但其结构简单，成本低廉，运行维护方便，因此目前国内外LNG管线保冷多采用堆积绝热。

1. 低温管线保冷材料性能要求

由于LNG输送温度低、压力高，绝热材料必须满足以下条件：

(1) 材料在超低温和常温交变时尺寸稳定性要好。

(2) 材料具有较低的导热系数即有较好的绝热性能。

(3) 在超低温和常温下具有一定的强度要求，抗压强度要高。

(4) 材料具有较高的防火性能。

(5) 吸水及吸湿性能要好。

(6) 具有一定的水蒸气阻隔性，同时在工程选材设计中还应考虑材料的成本、施工性能，可以满足LNG绝热材料的指标。

2. 常用低温保冷材料及性能

常见的保冷绝热材料有聚氨酯泡沫、聚异氰脲酸酯泡沫塑料(PIR)、酚醛泡沫、聚乙烯泡沫、泡沫玻璃、膨胀珍珠岩等。这些材料的性能指标和特性见表4-5，结合各种材料的特性和保温的要求，目前国内的LNG接收站低温管线常用的保冷材料为聚异氰脲酸酯泡沫塑料(PIR)和泡沫玻璃(CG)等。PIR是以聚醚多元醇、聚合异氰酸酯为主要原材料，PIR的低温适用性好(最低达到-196℃)、导热系数低、耐热及阻燃性能好。泡沫玻璃以石英砂为基础原料，具有良好的化学稳定性、隔热性能良好，不吸湿吸水，不燃烧，耐腐蚀。江苏LNG接收站低温管线绝热层使用两层PIR和泡沫玻璃。

表4-5 常见保冷材料性能参数

材料	密度/(kg/m³)	热导率/[W/(m·K)]	吸水率/%	抗压强度/MPa	使用温度/℃	燃烧性
聚氨酯泡沫	30~60	0.019~0.026	1.5	0.20	-190~100	自燃(碳化)
PIR	52	0.021	1.0	0.28	-200~230	难燃(碳化)
聚乙烯泡沫	16~50	0.046	0.1	0.06~0.11	-100~80	自熄(熔融)
酚醛泡沫	30~40	0.031	4.0	0.19	-260~130	难燃(碳化)
泡沫玻璃	112~115	0.051	0.2	0.53	-260~430	不燃
膨胀珍珠岩	70~250	0.043~0.046	29~30	—	200~800	不燃

3. 管道保冷层结构

由于LNG系统在运行过程中温度交变范围非常大，超低温和常温交变容易造成保冷材料收缩开裂等结构破坏，保冷层失效。因此，设计合理的保冷层结构非常重要。保冷结构一般由绝热层、防潮层、保护层等组成[16]。绝热层由保冷材料构成，是保冷结构的主体，一般绝热层都采用多层结构，防止由于单层绝热层的局部缺陷而影响整体保冷效果。防潮层的作用是防止外部大气中的水蒸气渗透到绝热层中，否则会急剧增大保冷材料的导热系数，使保冷层失效。保护层一般采用铝箔、镀锌铁皮或不锈钢，包裹在保冷层外表面，主要保护保冷材料免受外力损伤及大气环境的影响，延长保冷层的使用寿命，同时还起到美观作用。

根据生产操作条件，地上管道的保冷材料选用为一层或两层硬的、成型的三聚酯PIR(用在内层和中间层)和一层泡沫玻璃(用在外层)；保温选用岩棉；人身防护材料选用为一层或两层硬的、成型的三聚酯PIR。外层防护层材料采用镀铝铁皮，如图4-18所示。

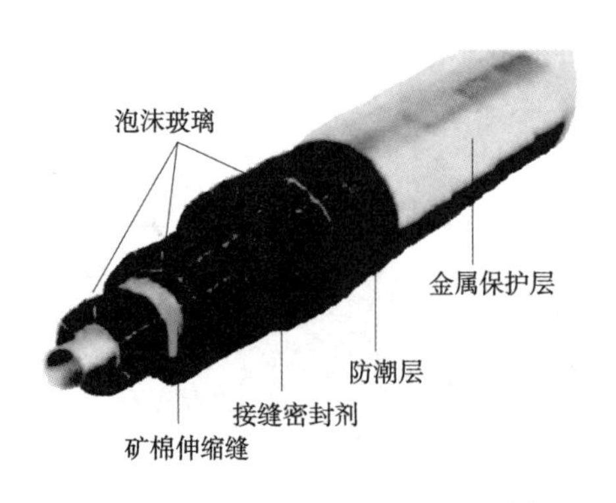

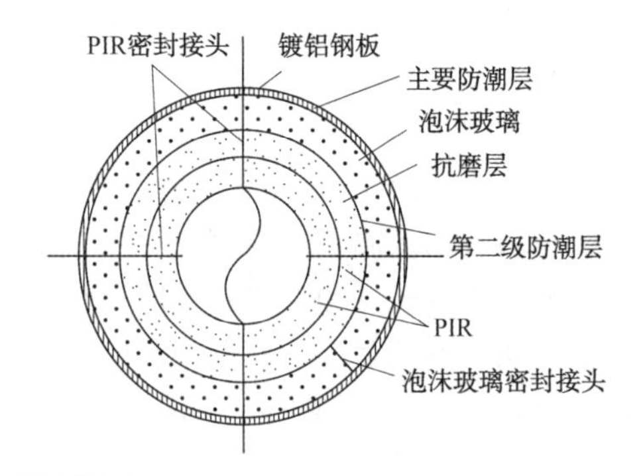

图 4-18　保冷结构图

4. 管线保冷厚度设计

对于保冷材料厚度设计，目前业界比较常用的标准有国家标准(如 GB 50264—2013)、英国标准(BS EN ISO 12241—2008)和日本标准(JISA 6501—2006)等。从计算方法上来说，主要有最大允许冷损失、经济厚度和防结露法等方法。一般，当无特殊要求时，使用最大允许冷损失方法，在使用不同种类保冷材料时，用经济厚度调整，使用经济厚度计算的保冷厚度用防结露厚度核实(表 4-6 和表 4-7)。

表 4-6　保冷厚度表 1

管道公称直径/in	操作温度/℃								
	20	0	-20	-40	-60	-140	-150	-160	-170
≤1	50	50	50	70	80	110	110	120	120
11/2	50	50	50	80	80	120	120	120	120
2	50	50	60	80	80	120	120	120	140
3	50	50	60	80	90	140	140	140	150
4	50	50	70	80	90	140	140	150	150
6	50	50	70	90	100	150	150	150	160
8	50	50	80	90	110	150	150	160	160
10	50	50	80	90	110	150	160	170	170
12	50	50	80	90	110	160	160	170	170
14	50	60	80	90	110	160	170	170	190
16	50	60	80	90	110	160	170	170	190
18	50	60	80	90	110	170	170	190	190
20	50	60	80	100	110	170	170	190	190
24	50	60	80	100	120	170	170	190	190
26	50	60	80	100	120	170	190	190	200
30	50	60	80	100	120	170	190	190	200

续表

管道公称直径/in	操作温度/℃								
	20	0	-20	-40	-60	-140	-150	-160	-170
32	50	60	80	100	120	170	190	200	200
36	50	60	80	100	120	170	190	200	200
38	50	60	80	110	130	200	200	210	220
40	50	70	90	120	140	220	230	240	250
设备	50	80	90	120	140	220	230	240	250

注：保冷材料组合及相应厚度详见表 4-7。

表 4-7 保冷厚度表 2

总厚度/mm	内层厚度/mm	中间层厚度/mm	外层厚度/mm
	PIR	PIR	Cellular Glass
50			50
60			60
70			70
80	30		50
90	40		50
100	30		70
110	40		70
120	50		70
130	60		70
140	30	40	70
150	30	50	70
160	40	50	70
170	50	50	70
180	50	60	70
190	50	70	70
200	50	80	70
210	50	90	70
220	50	100	70
230	50	50+60	70
240	50	50+70	70
250	50	50+80	70
260	50	50+90	70
270	50	50+100	70

六、管线及阀门常见问题及处理

1. 管线常见问题及处理

由于低温管线的工作温度在-162℃，LNG 接收站投产阶段最重要的过程之一就是管线的预冷，预冷速度控制不均，可能造成管路结构损坏。LNG 管路通常采用奥氏体不锈钢材料。奥氏体不锈钢具有优异的低温性能，但线膨胀系数较大。在 LNG 温度条件下，不锈钢收缩率约为 3‰，对于 304L 材质管线，在工作温度为-162℃时，100m 管线大约收缩 30mm。因此，在管线设计时要考虑收缩因数。LNG 管线由于冷收缩产生的应力，可能远远超过材料的屈服点。特别是对于大管径管道要求更加严格，一旦出现问题，将会产生严重后果。因此，在管路设计时，必须考虑有效的补偿措施。LNG 低温管线一般采用 π 弯管和膨胀节。虽然设计时考虑了冷收缩补偿，但在温度变化速率较大时，还是存在因温度变化过快，热应力过大，而使材料或连接部位产生损坏的可能。这就要求在低温管道和设备引入低温液体前，采取恰当、充分预冷措施。

对大管径的管线（如卸料管线、外输管线总管等），若直接用 LNG 冷却，由于 LNG 易存于管道底部不易流动，极易造成管线上下部温差较大（底部温度极速下降，而上部温度变化极小），产生巨大应力，引起大位移和管道变形，因此对于 12in 以上管道，需先用 BOG 进行预冷到一定温度后，再用 LNG 来冷却和填充。LNG 进入管道会使管道温度急速下降，且引起管道上下部温差拉大，产生极大的应力，因此为控制温差，减少应力，确保安全，冷却时一定要先小流量进行。一般通过控制冷却速度及管道上下温差作为控制指标。由于管径不同，控制指标也不同。一般 40in 以上管径控制管线上下温差不超过 50℃，冷却温降速率不大于 15℃/h，管径缩小，指标可适当放宽，管径增大，指标应更加严格。

除此之外，冷却过程中需要安排专人负责管线预冷情况的跟踪检查。

具体需要检查以下内容：

(1) 检查低温管线有没有低温开裂现象。

(2) 检查低温管道焊接部位有无裂纹，特别是法兰焊接部位。

(3) 检查管线冷缩量和管托支撑变化。

(4) 检查法兰连接部位是否泄漏，螺栓是否因冷缩而使预紧力减小。

(5) 检查管线位移后是否将仪表引压管拉紧。

(6) 检查管线是否产生弯曲变形。

(7) 检查管线位移是否对各类附件和其他管道产生危害。

2. 阀门常见问题及处理

LNG 接收站生产运行用的阀门大多数是低温阀门，现就接收站阀门出现的问题总结分析。

1）低温阀门的机械故障

分析：在操作过程中对气动执行机构提供动力的阀门来说，执行机构膜片的老化破损，气缸活塞磨损漏气，阀门推杆变形、脱落，弹簧断裂和长时间在疲劳强度下使用，仪表空气管路不洁净，阀座松动，阀芯、工艺操作中所要求阀门的正常差压以及填料及垫片磨损等，都会导致阀门出现故障。

解决措施：应在正常开关范围内进行操作，避免因压差大、操作频繁、阀体振动过大以及机械损伤而损坏阀门。检查阀杆与阀芯、推杆的连接有无松动，是否产生过大的变形、裂纹和腐蚀；检查聚四氟乙烯或其他填料是否老化、缺油、变质，填料是否压紧；检查垫片及O型圈是否老化、裂痕、磨损、变形和断裂；对低温气动阀门要定期进行测试。

2）低温阀门的卡壳

分析：在工程试运行前，管道会进行吹扫，但有时会吹扫不干净，仍留有少量的尘埃、焊渣，以及水压试验后残留的液体，从而造成结冰、生锈，这些都可能导致阀门卡死。

结论：在工程运行前，要注意对管道内尘埃、沙粒、焊渣的清理和对管道的干燥处理。另外，初次预冷也非常重要，预冷控制不均，会使阀体变形进而损伤阀门，一旦损伤，严重的会使阀门卡涩，轻微的损伤也会造成内漏，对以后的操作都会有一定的影响。

解决措施：订货时，采购合同中须明确规定，阀门出厂须带防护帽；书面文件发送施工部和质量部，提醒无论是低温阀门/常温阀门，在试验完成后，要将阀腔内杂质/水排干净，保证阀腔内的清洁。当阀门与管道法兰或螺纹连接时，阀门应在关闭状态下安装；当阀门与管道焊接方式连接时，阀门应处于全开状态，严禁在半开半闭状态下进行安装。

3）低温阀门内漏

分析：阀门产生内漏主要是由密封圈的磨损或变形造成的。在工程试运行阶段，由于管道内仍存有少量的沙粒及焊渣等杂质，在阀门开启或关闭时，造成阀门密封面的磨损。

结论：在阀门到现场试压、安装完成后，必须要将阀体内残液、杂质吹扫干净，所以在施工阶段一定要将生产厂家提供的现场保养措施、现场试验需注意的事项等一并告知现场，严把质量关，便于以后项目的生产运营及维护。

4）低温阀门外漏

分析：低温阀门的外漏，其原因归为以下四种原因：

（1）阀门本身的质量不过关，有砂眼或壳体开裂。

（2）在安装过程中，阀门与管线用的法兰连接时，由于连接紧固件及垫片等因材质不同，在管线里进入介质后，在低温环境下，各种材质收缩不同，从而产生松弛。

（3）安装方法的错误。

（4）阀杆与填料处的泄漏。

解决措施：在订货通知单下发前，要及时将厂家提供的图纸与设计确认完成，并与驻厂监造及时沟通，对于原材料的进厂要严格审查，根据技术要求，进行RT、UT、PT检验，并形成书面报告。提供详细的生产进度表，在以后的生产过程中，如无特殊情况，应保质保量的严格按进度进行生产，并在出厂前进行严格的检验工作。标有流向的阀门应注意阀体上的流向标识。另外，对于工艺来讲，控制阀门初次预冷的时间，使阀门整体能够充分冷却是很关键的，要经常检查阀体内壁是否有裂纹、变形和外表面腐蚀等情况出现，特别是用于低温介质的阀门，更易产生热胀冷缩现象，对处于空化作用等恶劣条件下的阀门，必须保证其耐压强度、低温耐磨性能。

第五章　接收站消防系统

第一节　淡水保压系统

液化天然气(LNG)的储存温度为-162℃，其组成绝大部分是甲烷。液化天然气具有低温、易挥发和易燃易爆的特性。人体接触低温的液化天然气易引起冻伤。泄漏的液化天然气很容易挥发，挥发出的天然气与空气的混合物具有爆炸性。液化天然气火灾的特点有：火灾爆炸危险性大；火焰温度高、辐射热强；易形成大面积火灾；具有复燃、复爆性。因此，接收站消防设计必须充分考虑到上述危险。

接收站消防专业的设计范围为码头和接收站的消防系统。消防设计按照码头和接收站内同一时间发生1次火灾考虑。码头的火灾延续时间按6h考虑，码头逃生通道的冷却延续时间按1h考虑。接收站消防系统中，储罐区火灾延续时间按6小时考虑，工艺生产区、装车区的火灾延续时间按3h考虑。接收站在不同的区域内配置如下消防系统：室外消火栓、固定式水喷雾系统、高倍数泡沫灭火系统(LNG收集池)、干粉灭火系统(LNG储罐罐顶安全阀)、灭火器、固定式消防水炮、干粉灭火系统、火灾报警、低温检测、可燃气体检测和红外火焰探测系统。

消防系统设置两套独立的稳高压消防给水系统，分别为1.1MPa和1.9MPa消防水系统。设置1个淡水储水罐，该储水罐的淡水仅用于小型火灾的扑救、消防系统的试验及消防管网的清洗。储水罐的补水接自淡水系统。消防给水管网码头部分沿栈桥敷设，陆上部分埋地敷设。消防水系统平时由稳压泵用淡水稳压，小火灾时启动淡水试水泵，用淡水消防；大火灾时启动海水消防泵，用海水消防。

一、1.1MPa消防水系统

接收站消防给水管网在整个接收站LNG罐区、工艺装置区、LNG槽车装车站、辅助设施区等均成环状布置，消防水主管管径为450mm。消防水管网用阀门分割成若干段，每段的消火栓及消防炮的数量不超过5个。码头平台消防系统采用单根管路供水，消防水管管径为350mm，沿途每60m布置1个室外消火栓，每5个消火栓设1个切断阀，并设高点排气阀。

1.1MPa消防水系统自动控制逻辑：

(1) 正常时，管网压力由稳压泵维持在1.1MPa，消防泵处于待用状态。

(2) 消防时，若管网压力降至0.8MPa时，启动试水泵(试水泵与水罐的低液位连锁，当水罐达到设定液位时测试泵自动停泵)，若管网压力降至0.6MPa，启动消防海水泵。当主泵出现故障时，系统能自动切换，启动备用柴油泵。

(3) 消防结束后，手动关闭海水消防泵，用淡水将消防管网中的海水置换干净，然后将系统恢复到平时状态。

二、1.9MPa 消防水系统

码头消防水工作压力为 1.9MPa，消防水管径为 500mm，直接供码头消防水炮。码头前沿设置 4 个高架远控消防水炮，消防时，消防炮的射程可覆盖最大的设计船型。码头 4 台高架远控消防水炮的进口压力为 1.2MPa 时，其中 2 台流量为 $360m^3/h$，最大射程不小于 90m，采用直流-喷雾两用喷嘴，另外 2 台流量为 $648m^3/h$，最大射程不小于 110m，采用直流-喷雾两用喷嘴，消防炮设置在炮塔上。远控消防水炮可在码头控制室或中央控制室远程操作。

1.9MPa 消防水系统自动控制逻辑：

（1）正常时，管网压力由稳压泵维持在 1.9MPa，消防泵处于待用状态。

（2）消防时，若管网压力降至 1.5MPa 时，启动消防海水电泵。当主泵出现故障时，系统能自动切换，启动备用柴油泵。

第二节　海水消防系统

海水消防系统分为两个独立的系统：1.1MPa 消防电泵、消防柴油泵及相关管线和附属设施；1.9MPa 消防电泵、消防柴油泵及相关管线和附属设施。海水消防系统正常情况下保持备用状态，仅在厂区内出现较大面积火灾时作为主要消防用途时紧急启动。

一、海水消防电泵、柴油泵概述

电动消防泵为电动立式潜液两级离心泵，由入口过滤器、叶轮、主轴、轴承、止推轴承、排出管、自动空气释放阀等组成。电动消防泵完全浸没在海水里，由恒速异步电动机驱动。电动机的电力电缆和控制系统的仪表电缆被密闭在由氮气保护的接线盒内。

消防柴油泵系统主要由柴油机、消防泵、联接装置、油箱、散热器、蓄电池组、智能型全自动控制屏组成。消防柴油泵为立式潜液两级离心泵，由柴油机驱动。消防柴油泵由入口过滤器、叶轮、主轴、轴承、止推轴承、齿轮箱、排出管、自动空气释放阀等组成。消防柴油泵通过齿轮箱、联轴器与柴油机相连，柴油机由柴油机控制器控制其开停。来自海水管网的海水经消防泵加压后送往消防管网提供消防水。消防管网中的消防水通常由电动消防泵提供，只有在紧急情况或消防电泵故障的情况下才由消防柴油泵提供(图 5-1)。

二、消防泵启动条件

从接收站海水系统取水要求实际出发，电泵和柴油泵分别安置在不同的海水流道内，因此确保每台泵在启动前必须满足以下启动条件，才能满足消防安全运行需要。

（1）泵井内有足够的海水，达到允许的最低液位值。

（2）相关的调节阀、安全阀安装到位并调试合格。

（3）相关的联锁系统调试合格。

（4）确认主机及其附属设备、管道、仪表、电气安装合格并处于备用状态，按流程图进行检查，确认完整无误。

（5）公用工程系统能连续提供仪表空气、氮气、冷却水、电等。

（6）岗位人员培训合格。

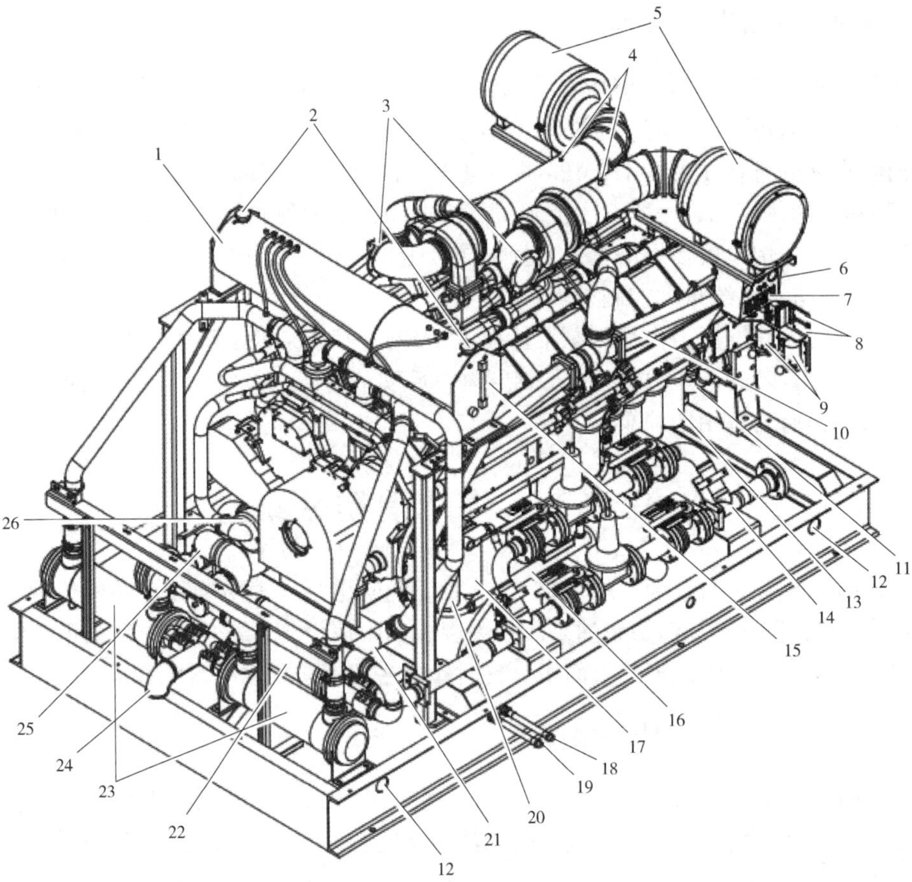

图 5-1　电动机组成图

17—燃料预过滤器；18—回油管；9—回油管；20—油水分离器；21—上冷却管；22、23—换热器；24—排水管；25—下冷却管；26—冷却泵(电动机)1—冷却膨胀罐；2—螺帽；3—废液连接点；4—空气过滤指示；5—空气滤清器；6—接线箱；7—操作控制盘；8—发动机转速板；9—A/B 电池；10—低温冷却器；11—加油口；12—提升孔；13—油滤器；14—水分配管；15—冷却液位视镜；16—发动机冷却液换热管

三、消防电泵启动前准备

(1) 确认已执行“安装驱动器”中描述的各项程序(驱动器指电机或柴油机)。

(2) 确定机械密封已正确润滑和所有管道已连接，检查将要运行和调节的所有冷却和冲洗管道。

(3) 所有到驱动器和启动设施的联结点符合布线图。

(4) 马达铭牌上的电压、相位、频率与线路电流一致。

(5) 用手转动叶轮，保证叶轮不卡。

(6) 检验驱动器轴承已正确润滑，并检查轴承箱中的润滑油液位。

(7) 检查轴向密封元件正确通风。

(8) 检查出口管道连接和压力表正确运行。

四、消防电泵故障诊断与处理措施

表 5-1 为消防电泵故障诊断与处理措施表。

表 5-1 消防电泵故障及处理措施

序号	故 障	原 因	处理措施
1	泵振动	1. 转动部件动态失衡； 2. 轴承磨损或损坏； 3. 气蚀； 4. 叶轮堵塞； 5. 泵在小于最小流量下运行	1. 确定损坏部件，替换或修理； 2. 拆除并更换； 3. 降低流量或将泵停止； 4. 按需要清洗； 5. 增加流量
2	达不到额定压力和流量	1. 泄漏； 2. O 形环损坏； 3. 叶轮或扩散器堵塞； 4. 叶轮损坏	1. 确认垫圈和 O 形环完好，并且密封适当； 2. 拆卸并更换； 3. 拆卸并清洗流道障碍物； 4. 更换
3	泵提速时间增加	1. 内部间隙损坏； 2. 轴承损坏； 3. 电机故障或单相运行； 4. 电机外的电气问题	1. 拆卸并修理； 2. 拆卸并更换； 3. 检查三相电压平衡，如不平衡，进行修理； 4. 检查并维修电气系统
4	高电流	1. 内部间隙损坏； 2. 轴承损坏； 3. 电机故障或单相运行； 4. 电机外的电气问题	1. 拆卸并修理； 2. 拆卸并更换； 3. 检查三相电压平衡，如不平衡，进行修理； 4. 检查并维修电气系统
5	无排放流量	1. 入口管线或出口管线阻塞； 2. 出口阀开度过小； 3. 入口压力太低； 4. 排气不彻底； 5. 转动部件和静止部件的间隙过大； 6. 旋转方向相反； 7. 排放流量计发生故障	1. 清洗管线； 2. 调整出口阀开度； 3. 检查海水池的液位是否高于规定的液位； 4. 检查排气管线上的所有阀门是否全开； 5. 用新部件更换； 6. 更改电机动力电缆的相序； 7. 检查并维修流量计

五、消防柴油泵启动前的准备

（1）确定柴油机与泵已按要求联接。

（2）确定正确润滑机械密封和所有密封的管道已联接，检查将要运行的泵和所有冷却、加热和冲洗管道。

（3）用手转动叶轮，保证叶轮不卡住。

（4）检查压力表等仪表根阀已打开。

（5）柴油机铭牌上的说明与设备技术规格书一致。

（6）检查柴油机润滑油的液位在油尺的中间位置，液位低时添加润滑油。

（7）检查柴油机润滑油的压力不低于 83kPa，控制盘上无润滑油压力低报警指示。

（8）通过蓄电池 A/B 的电压表，检查电池的连接和充电状态。

（9）检查断路器开关正常，可以在电池故障时进行双电池切换。

(10) ECM 电子控制模块上无故障指示。

(11) 检查柴油机油箱液位满足要求。

六、消防柴油泵故障诊断与处理措施

表 5-2 为消防柴油泵故障及处理措施表。

表 5-2　消防柴油泵故障及处理措施

序号	故　障	原　因	处理措施
1	泵振动	1. 转动部件动态失衡； 2. 转轴轴承磨损或损坏； 3. 气蚀； 4. 叶轮堵塞； 5. 泵在小于最小流量下运行	1. 确定损坏部件，替换或修理； 2. 拆除并更换； 3. 降低流量或将泵停止； 4. 按需要清洗； 5. 增加流量
2	达不到额定压力和流量	1. 泄漏； 2. O 形环损坏； 3. 叶轮或扩散器堵塞； 4. 叶轮损坏	1. 确认垫圈和 O 形环完好，并且密封适当； 2. 拆卸并更换； 3. 拆卸并清洗流道障碍物； 4. 更换
3	泵提速时间增加	1. 内部间隙损坏； 2. 轴承损坏； 3. 柴油机故障或单相运行； 4. 电气问题	1. 拆卸并修理； 2. 拆卸并更换； 3. 检查三相电压平衡，如不平衡，进行修理； 4. 检查并维修电气系统
4	无排放流量	1. 入口管线或出口管线阻塞； 2. 出口阀开度过小； 3. 入口压力太低； 4. 排气不彻底； 5. 转动部件和静止部件的间隙过大； 6. 旋转方向相反； 7. 排放流量计发生故障	1. 清洗管线； 2. 调整出口阀开度； 3. 检查罐内的液位是否高于规定的液位； 4. 检查排气管线上的所有阀门是否全开； 5. 用新部件更换； 6. 更改电机动力电缆的相序； 7. 检查并维修流量计
5	柴油机故障	1. 电池故障； 2. 电压调节器故障； 3. 冷却液污染或缺少冷却液； 4. 冷却液温度高或低	1. 检查电池，更换备用电池； 2. 联系厂家测试柴油机； 3. 排净和吹扫冷却系统，更换新的冷却液； 4. 冷却液流量调节阀故障或调节错误，冷却管道堵塞或泄漏
6	柴油机自动启动模式失效	1. 超速开关故障； 2. 断路器断开； 3. 电气故障； 4. 电池失效； 5. 自动/手动模式切换开关故障； 6. EMC 锁定； 7. 燃料油供应不足	1. 调整或更换超速开关； 2. 重置断路器开关； 3. 测试并检查电路； 4. 检查并更换电池； 5. 测试并更换选择开关； 6. 重新连接电池电缆； 7. 添加燃料油
7	柴油机达不到额定转速	1. 转速表未校准； 2. 燃料不符合要求； 3. 空冷器故障	1. 重新校准转速表； 2. 检查燃料油入口管线、过滤器和泄漏等； 3. 检查冷却器

第三节　喷 淋 系 统

一、喷淋系统的介绍

1. 概述

主要用于冷却厂区内消防通道和关键设备，在火灾发生时有些设备很容易受到热辐射的干扰，需阻止热辐射的扩大。该系统处于准工作状态，由消防保压泵维持雨淋阀入口前管道内的充水压力。发生火灾时，由火灾自动报警系统自动控制开启雨淋阀，向系统管网供水，管网上的开式喷头开始供水。该系统属于固定式灭火系统，具有自动报警、自动喷洒、灭初期火灾效率高等特点。

2. 使用范围

要喷水范围由雨淋阀控制，在系统启动后立即大面积喷水。因此，该系统主要适用于需要大面积喷水，快速扑灭火灾的特别危险场所。接收站内安装自动水喷淋的位置有：高压泵、BOG 压缩机、SCV、槽车装车撬、LNG 储罐罐顶、码头逃生通道等。其作用是当周边区域发生 LNG 泄漏或火灾时，可通过自动水喷淋系统进行掩护并灭火。

3. 组成部分

自动水喷淋系统工作原理如图 5-2 所示。其主要由以下几个部分构成：

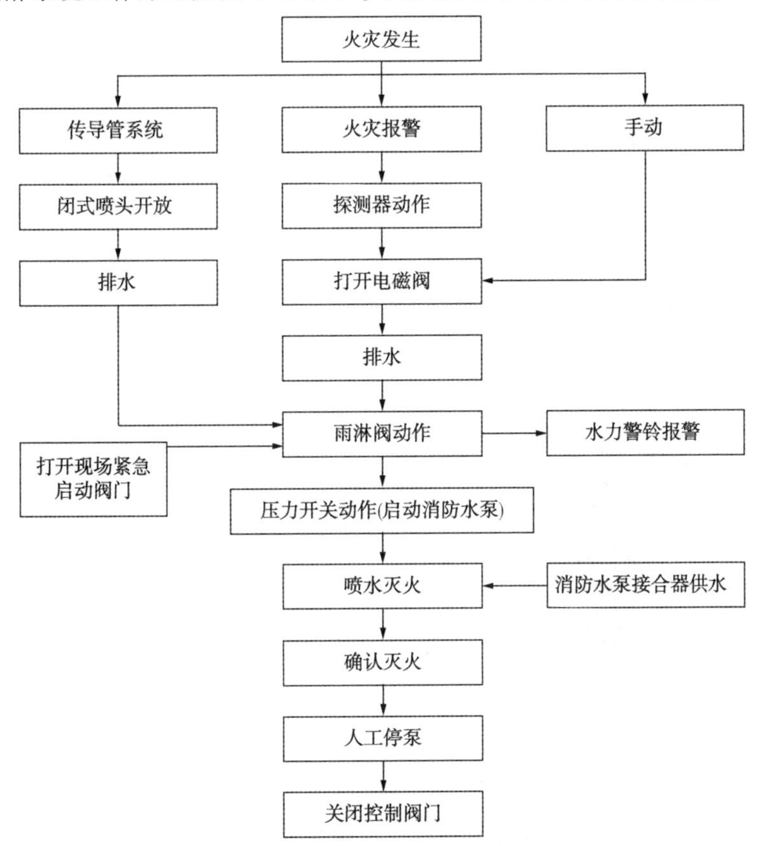

图 5-2　喷淋系统工作原理图

（1）水力警铃：当火灾发生时，由雨淋阀流出带有一定压力的水驱动水力警铃报警。警铃流量等于或大于一个喷头的流量时立即动作。

（2）雨淋阀：安装在总供水干管上，连接供水设备和配水管网。雨淋阀在火灾探测系统动作之前，一直对系统的水起着阻隔作用，只有膜片腔泄压后，阀门才能打开让水进入系统侧的管路中进行灭火。同时，部分水流通过阀座上的环形槽，经信号管道送至水力警铃，发出报警信号。

（3）火灾报警控制器(中控室)：用于接收系统传来的电信号及发出控制指令。

（4）消防水泵：给消防管网中补水用。

（5）压力开关：是自动喷水灭火系统的自动报警和控制附件，它能将水压力信号转换成电信号。当压力超过或低于预定工作压力时，电路就闭合或断开，输出信号至火灾报警控制器或直接控制启动其他电气设备。

（6）其他：系统管网、喷头、放水阀、过滤器、压力表、火灾信号传感器等。

二、喷淋系统的操作

1. 雨淋阀的工作和关闭状态

1）设定状态

设定状态时，主管压力通过引压管路及 EASYLOCK 手动复位开关进入雨淋阀控制腔，此时两位的电磁阀处于关闭状态，EASYLOCK 手动复位开关内置的止回阀封闭控制腔内的水压，从而使主阀处于完全关闭状态(图 5-3)。

2）工作状态

当发生火警或消防测试时，监控系统通过控制面板点动电磁阀，将控制腔内的水压释放，而 EASYLOCK 手动复位开关则防止系统水压再次进入主阀的控制腔，从而上游水压将雨淋阀完全顶开并锁定在开启位置，消防水进入喷淋及报警系统(图 5-4)。

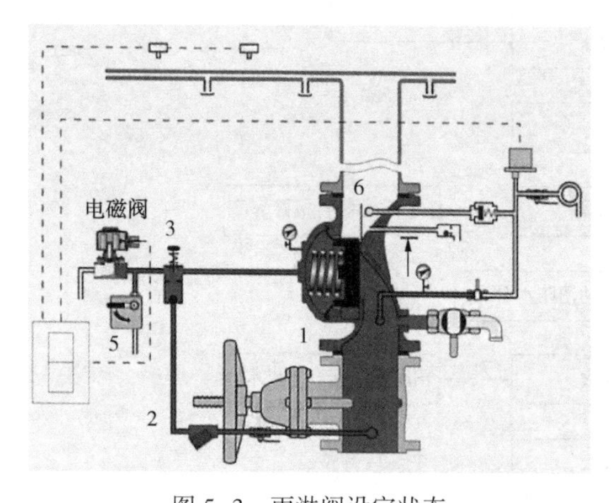

图 5-3 雨淋阀设定状态

1—雨淋阀控制腔；2—引压管路；3—手动复位按钮；4—电磁阀；5—紧急释放手柄；6—下游阀腔

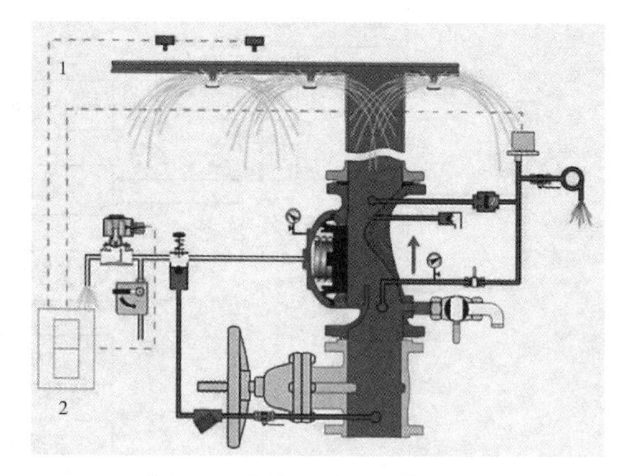

图 5-4 阀门开启(工作状态)

1—监控系统；2—控制面板

自动开启：当系统主机接到报警信号时，且系统处于联动状态，主机就发出相应的控制信号来启动电磁阀，电磁阀被打开后，水就会从膜片室中流出，此时雨淋阀就会开启。

远程开启：在火灾报警控制盘上，有一个报警对应区域的手动开关按钮，当有火灾发生时，按下火灾报警控制盘上的按钮，对应区域的雨淋阀就会开启。

现场开启：若远程开启故障或未打开，则实施现场开启。机械手动开阀在雨淋阀组的管件上，有一个带有红色的手动开阀标示牌的手动开阀控制阀（1/2in 球阀）。当有火情时，先将此球阀按标示牌所示方向打开，使水直接从膜片室内流出，这时雨淋阀就会打开。

2. 雨淋阀复位及水力警铃测试

（1）首先将雨淋阀下部蝶阀关闭，上部蝶阀打开。

（2）关闭膜片腔供水阀，关闭手动开阀控制阀。

（3）打开雨淋阀上下腔隔离阀，然后打开主排水阀，放干雨淋阀后面管路中的水，放干后将雨淋阀上下腔隔离阀及主排水阀关闭。

（4）关闭雨淋阀上部蝶阀，打开膜片腔供水阀。

（5）待膜片腔压力与管网压力相同时，关闭水力警铃测试阀，然后将雨淋阀下部蝶阀微微开启，确认水力警铃没有动作后将此蝶阀完全开启。

（6）打开水力警铃测试阀，测试水力警铃动作情况，然后关闭。

（7）将雨淋阀上部蝶阀完全打开，此时雨淋阀处于复位状态。

三、系统常见的工艺问题及处理措施

表 5-3 为系统常见问题及处理措施表。

表 5-3 系统常见问题及处理措施

序号	常见问题	可能原因及处理措施
1	警铃不响	1. 清洗报警管路上的过滤器（4A）； 2. 检查报警管路是否堵塞； 3. 确定水力警钟是否处于正常工况； 4. 如果采用电子报警器，检测电子报警线路
2	不能使用	1. 引压管路、趋真空加速器或过滤器（4B）堵塞； 2. 手动复位开关堵塞，检查手动复位开关
3	雨淋阀漏水	1. 引压管、趋真空加速器堵塞； 2. 控制管路故障或漏水； 3. 雨淋阀密封阀座损坏
4	雨淋阀无法复位	1. 手动复位开关堵塞或处于关闭状态；； 2. 过滤器（4B）堵塞； 3. 引压管开关阀（18B）关闭； 4. 控制面板处于开启状态； 5. 杂质卡在阀座与密封盘之间

第四节 干粉灭火系统

一、干粉灭火系统的介绍

1. 功能介绍

干粉灭火系统是传统的固定式灭火系统之一，广泛用于石油化工、油船、油库、加油站、港口码头、机场、机库等重要的防火区域。

干粉灭火系统是以高压惰性气体(通常为氮气)为动力，通过减压系统进入干粉罐并与干粉灭火剂充分混合后，以气粉混合形式通过管路输送到干粉炮、干粉枪或固定喷嘴喷射向火源，以达到扑救易燃可燃液体、可燃气体和电气设备火灾的目的。

2. 系统组成及工作原理

1）系统组成及结构

每套化学干粉系统由一个干粉罐、氮气钢瓶组、容器阀、安全泄压阀、瓶头阀、集流管、减压阀、压力报警、控制装置、喷头等组成。干粉软管卷盘的喷射率为5kg/s，喷头的喷射率为2kg/s。干粉的喷射时间为60s。卷盘中的软管长度可达30~40m。干粉炮由耐压铜材和不锈钢制成，根据要求电动干粉炮可在仰角40°俯角60°回转270°范围内工作；手动干粉炮可在仰角70°俯角60°回转360°范围内工作。

图5-5为干粉灭火系统的典型示意图，启动氮气瓶作用是打开先导阀，进入集气管，打开启动气瓶。动力气瓶作用是驱动干粉喷出。干粉罐是用于储存干粉的容器，属于中压容器，设计压力为1.8MPa，由罐体、安全阀、入孔(装粉口)、进气口及出粉口等组成。氮气瓶数量由实际使用的干粉进行计算，1kg干粉需要40L标准大气压下的氮气进行驱动。减压阀输入压力25MPa，输出0.5~3.5MPa(可调)。

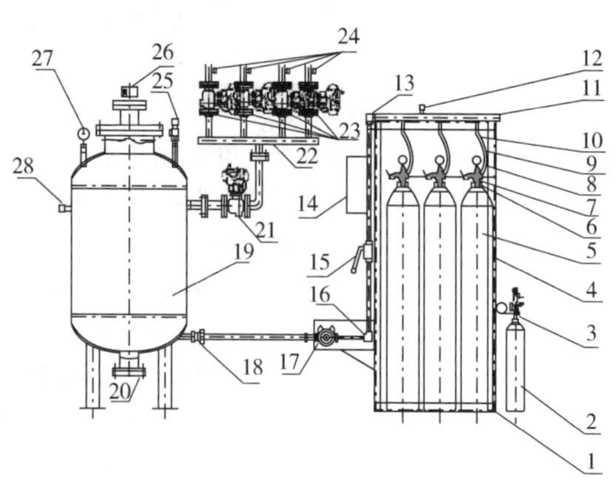

图5-5 干粉灭火系统组成示意图

1—动力瓶组架；2—启动氮气瓶；3—电磁瓶头阀；4—紫铜管；5—动力氮气瓶；6—先导阀；7—瓶头阀；8—高压压力表；9—高压软管；10—单向阀；11—集气管；12—泄压阀；13—不锈钢弯头；14—防爆型自动控制箱；15—高压球阀；16—不锈钢弯头；17—减压器；18—钢管活接；19—干粉储罐；20—清扫口；21—出粉总阀(防爆型电动球阀)；22—干粉汇集管；23—分区阀(防爆型电动球阀)；24—压力讯号器(分区释放反馈)；25—安全阀；26—防爆型压力开关；27—不锈钢压力表；28—放空球阀

2）工作原理

干粉灭火剂的灭火机理是阻断燃烧链式反应，即化学抑制作用。同时，干粉灭火剂的基料在火焰高温作用下，会发生一系列的分解反应，吸收火焰的部分热量，达到降低火区温度的目的。而这些分解反应产生的一些非活性气体如二氧化碳、水蒸气等，有稀释燃烧氧气浓度的作用。

干粉灭火系统启动流程(图 5-6)是：当有火灾发生时，火灾信号采集系统会发出火灾信号进入系统控制柜，系统控制柜启动干粉灭火系统(或手动启动干粉灭火系统)，打开启动瓶，启动瓶中的高压气体进入集气管，使得管中压力迅速上升。当集气管中的压力升到一定数值后，启动气瓶同时打开，释放氮气瓶组内部压缩氮气，之后，氮气瓶组内的高压氮气经减压阀减压后进入干粉罐，使干粉灭火剂与氮气混合。随着罐内压力的升高，部分干粉灭火剂随氮气进入出粉管被输送到干粉炮、干粉枪或干粉固定喷嘴的出口阀门处，当炮、枪或干粉固定喷嘴的出口阀门处的压力到达一定值后(干粉罐上的压力表值达 1.5~1.6MPa 时)，打开阀门(或者定压爆破膜片自动爆破)，将压力能迅速转化为速度能，这样高速的气粉流便从干粉炮(或干粉枪、固定喷嘴)的喷嘴中喷出，射向火源，切割火焰，破坏燃烧链，起到迅速扑灭或抑制火灾的作用。

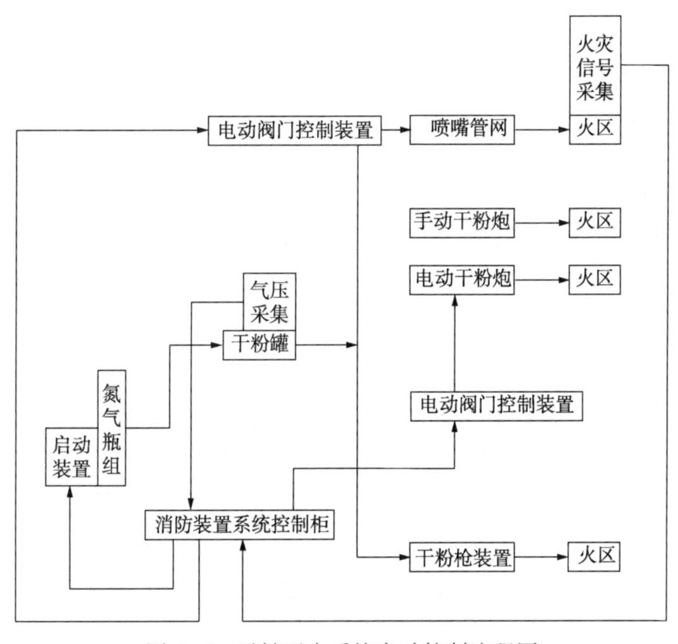

图 5-6 干粉灭火系统启动控制流程图

二、干粉灭火系统的操作

化学干粉灭火系统的控制分为自动控制、手动控制、机械应急操作三种方式。接收站储罐顶、码头卸料臂处干粉炮设置为远程手动控制，槽车装车撬处干粉炮使用遥控器进行手动控制。所有干粉炮均可以进行机械应急操作。

1. 自动控制方式

化学干粉系统的自动控制在收到两个独立火灾探测信号后启动，并延迟一定时间后自动开始喷放。

2. 手动操作方式

中控室火灾报警系统收到信号后报警，操作人员通过 CCTV 或者现场确认是否存在火情，然后执行下列步骤：

按动控制柜上的启动按钮(对于手动系统，抓住启动手柄，逆时针旋转)，启动装置开始动作，刺破高压氮气瓶瓶头阀的内部膜片，瓶头阀开启，释放高压氮气。高压氮气再经减压后，进入干粉罐，此时干粉罐上的压力表显示指示压力。延时一定时间后，系统自动打开干粉炮进口电动球阀，氮气和干粉混合物则流经管路通过干粉喷射器喷射到火源上。

槽车站发现现场着火，使用遥控器远程控制启动。

3. 机械应急操作

若整个启动过程有故障，应立即到现场启动机械应急装置(应急拉手)，打开氮气瓶头阀，待干粉罐压力升高到 1.5MPa 时，手动打开终端球阀，释放干粉到火源上。

4. 干粉卷盘的手动操作

在开启设备之前，散开卷盘上的软管，按动干粉卷盘现场启动柱上的启动按钮(对于手动系统，抓住启动手柄，逆时针旋转)，启动装置动作，刺破高压氮气瓶瓶头阀的内部膜片，瓶头阀开启，释放高压氮气；高压氮气再经减压后，进入干粉罐。在压力下，混合干粉顺从卷盘输送管路送达卷盘末端，此时开启干粉卷盘上的球阀，氮气和干粉混合物则流经管路通过干粉卷盘喷射到火源上。

5. 干粉盘卷的机械应急操作

若整个启动过程有故障，应立即到现场启动机械应急装置(应急拉手)，打开氮气瓶头阀，待干粉罐压力升高到 1.5MPa 时，手动打开终端球阀，释放干粉到火源上。

三、系统常见的工艺问题及处理措施

表 5-4 为干粉灭火系统常见问题及处理措施表。

表 5-4　干粉灭火系统常见问题及处理措施

序号	常见问题	可能原因及处理措施
1	灭火系统打不开	1. 储气钢瓶上的阀门操作机构锈蚀或卡阻，需要清洗或更换零部件;； 2. 内涨式的压杆或穿刺式的刀杆过短，需要更换压杆或刀杆； 3. 内涨式的压杆或穿刺式的刀杆变形或刀杆的刀口不锋利，进行检修； 4. 压杆或刀杆装配位置不正确，进行检修； 5. 压把变形，需要更换压把
2	灭火系统开启后无灭火剂喷射	1. 储气瓶无气，需要重灌氮气； 2. 进气管堵塞，清理进气管； 3. 出粉管堵管，清理出粉管； 4. 喷嘴(或喷管)堵塞，清理喷嘴(或喷管)； 5. 可间歇喷射机构(或喷枪)锈蚀或堵塞，检修或清理间歇喷射机构或喷枪； 6. 干粉结块造成各通道部分堵塞，清理灭火器各部件，重换干粉灭火剂
3	灭火系统喷气多喷粉少	1. 外装式储气瓶与筒体连接处漏气，需要检修连接处； 2. 器头有气孔或砂眼，漏气更换器盖； 3. 出粉管脱落，需要重装出粉管

续表

序号	常见问题	可能原因及处理措施
4	灭火系统喷射时漏粉	1. 灭火器头与筒体连接部分泄漏，检查密封垫是否变形、损坏或螺纹连接是否松动； 2. 压杆或刀杆与器头密封部分泄漏，检查密封圈； 3. 喷嘴或喷管与器头密封部分泄漏，检查密封圈是否失效或螺纹连接是否松动； 4. 喷嘴或间歇喷射机构与喷管连接部分泄漏，检查密封圈是否失效或螺纹连接是否松动
5	灭火系统喷射强度不够	1. 储气瓶瓶头阀未开启到最大状态； 2. 储气瓶瓶头因3、2结构问题(压杆或刀杆长度不够)不能开启到最大状态，需要更换压杆或刀杆； 3. 储气瓶气量不足(或因泄漏)造成气体压力过低，需要查明原因，修理后再充足二氧化碳； 4. 筒体漏气，需要报废处理； 5. 外装式储气瓶与筒体连接处漏气或有堵物，需要清理或检漏修理； 6. 器头有气孔或砂眼，需要更换器头； 7. 出粉管变形或松脱，需要更换或装牢出粉管； 8. 出粉管有堵物不畅通，需要清理出粉管； 9. 进气管有堵物不畅通，需要清理进气管； 10. 喷管(或喷嘴)有堵物不畅通，需要清理喷管(或喷Ⅱ觜)； 11. 可间歇喷射机构(或喷枪)有堵物或未开启到最大状态，需要清理堵物或开启到最大状态； 12. 干粉有小结块，需要重新换装干粉
6	灭火系统喷射时间过长	1. 出粉管有堵物不畅通，需要清理出粉管； 2. 进气管有堵物不畅通，需要清理进气管； 3. 喷管或喷嘴有堵物不畅通，需要清理喷管或喷嘴； 4. 喷孔过小，需要更换喷嘴； 5. 可间隙喷射机构或喷枪有堵物或未开到最大状态，需要清理堵物或开启到最大状态； 6. 干粉有小结块，需要重新换装干粉
7	储气瓶无气或者压力过低	1. 充装量不足，需要重充二氧化碳； 2. 阀芯密封垫片变形，密封垫片与阀体密封口密封面有杂物或阀体密封口有缺口或划痕，需要更换密封片、阀体或清理杂物； 3. 瓶头阀与钢瓶连接处泄漏，需要检修； 4. 钢瓶泄漏，需要更换钢瓶

第五节 高倍数泡沫灭火系统

一、高倍数泡沫灭火系统的介绍

1. 系统的特点及灭火机理

高倍数泡沫是由泡沫溶液形成的充满气体的气泡聚集体，发泡倍数介于200~1000倍。高倍数泡沫是由一定比例的空气泡沫液、水和空气，经机械式的水力撞击作用，相互混合形成充满空气的微小稠密的膜状泡沫群。高倍数泡沫具有蒸发、吸热、降温和稀释空气中的含氧量、封闭火区、隔绝空气来源等效应。高倍数泡沫灭火系统以全淹没或覆盖的方式扑灭火灾，具有发泡倍数高、灭火效率强、灭火迅速，并具有极强渗透性能，对难于接近或不易发现火源的A类火灾等火灾极为有效；高倍数泡沫可用作隔离带隔绝火焰，分隔火区，防止和控制火势的蔓延；灭火用水量小，水渍损失小，抗复燃能力强，成本低；高倍数泡沫绝热性能好，无毒无污染，能保护火场中为避险而躲入其中的现场或灭火人员，不破坏生态条件；它可以有效地控制液化天然气等流淌火灾及封闭的带电设备火灾，对各类物质无污染、无损害。其灭火机理(图5-7)如下：

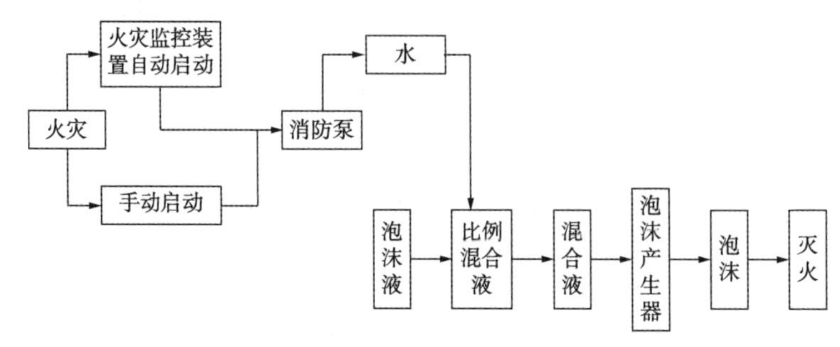

图5-7 泡沫灭火系统工作原理图

(1) 隔氧窒息作用。在燃烧物表面形成泡沫覆盖层，使燃烧物的表面与空气隔绝，同时，泡沫受热蒸发产生的水蒸气可以降低燃烧物附近氧气的浓度，起到窒息灭火作用。

(2) 辐射热隔离作用。泡沫层能组织燃烧区的热量作用于燃烧物质的表面，因此可以防止可燃物本身和附近可燃物质的蒸发。

(3) 吸热冷却作用。泡沫析出的水对燃烧物表面进行冷却。

2. 系统的组成

高倍数泡沫灭火系统的设置目的是控制泄漏到LNG收集池内的液化天然气的挥发和降低LNG着火时的产生大量辐射热。设计应选用耐海水型泡沫液，供给强度为7.2L/(min·m^2)，混合比为3%，淹没体积保持时间为30min，泡沫原液的储量不小于设计用量的200%。系统由公共底架、蝶阀、篮式过滤器、液位计、雨淋阀、液位传感器、泡沫液储罐、比例混合器、减压孔板、高倍泡沫产生器以及进水管路，混合器管路等阀件和管路组成。

二、高倍数泡沫灭火系统的操作

1. 控制方式

系统按控制方式分为自动控制和手动控制两种形式。自动控制灭火系统由自动探测、自动报警和自动控制与高倍数泡沫灭火系统连接组成。除自动控制外，还有手动控制和应急操作等控制方式。自动控制一般由火灾自动报警系统联动。火灾自动报警系统的作用原理是，当现场泄漏收集池处的火焰探测器和感温检测仪捕捉到报警信号时，将信号传至中控室火灾控制系统处，在中控室发出声光报警。值班人员确认火灾发生，有序疏散现场工作人员，启动火灾区域的分区控制电磁阀，释放泡沫灭火。

(1) 备用状态下，雨淋阀、旁通阀和泡沫罐加液处的加液阀处于关闭状态，出、入口手动阀和其他的所有手动阀处于打开状态，泡沫液储罐内泡沫液已灌满。

(2) 使用时，由中控室人员在火灾报警控制盘上向对应的雨淋阀发出信号后，雨淋阀自动打开即可输出泡沫液。

(3) 如雨淋阀未自动打开，操作人员迅速赶至现场，打开雨淋阀应急手柄即可输出泡沫液。

2. 加液操作

打开泡沫罐上方的加液阀，通过加液泵向罐内加液。观察液标，加满后即停止加液。然后关闭加液阀门并盖紧加液口。

3. 调试

启动消防泵，使消防水流入装置进口，打开雨淋阀，检查出液口(液测试口)是否有泡沫混合液流出。若有泡沫混合液流出则系统完好，如没有泡沫，需要检查系统管路和阀体是否出现故障。

三、系统常见的工艺问题及处理措施

(1) 如果控制中心向雨淋阀发出信号后没有出泡沫液，可能是雨淋阀失效；如果雨淋阀不能工作，可手动打开旁通阀。

(2) 雨淋阀工作时会向外输出压力信号。如果压力传感器没有信号，表示雨淋阀可能出现故障，需要及时维修雨淋阀。

第六节 气体灭火系统

一、气体灭火系统的介绍

1. 功能介绍

七氟丙烷在常温下是一种无色、无味、不导电、可低压液化贮存的气体灭火剂，其密度约为空气密度的6倍(其物理性能见表5-5)，其分子式为CF_3CHFCF_3，商标名为HFC-227ea，国外称FM-200(其技术性能见表5-6)，该灭火剂适用于全淹没灭火系统。当灭火剂喷至防护区后，灭火剂接触火焰或高温表面时分解产生活性自由基，该自由基夺取燃烧链锁反应中生成的活性物质，破坏燃烧过程中的链传递，最终达到灭火的目的，该种方式属于化学灭火，冷却、稀释或隔绝空气等物理作用极小。因其具有灭火效能高、对设备无污染、不破坏大气臭氧层等优点，是目前替代卤代烷灭火剂中的首选产品，现已在世界上许多国家和地区得到广泛的应用；在我国亦被公安部作为推荐使用的卤代烷替代品广泛应用于电力、水利、冶金、石油化工、电信、工矿企业、银行、民航系统等各种重要场所的防护，如计算机房、通信机房、精密仪器室、理化实验室、发电机房、变电器、图书库、资料库、档案库、金库、采油平台、液压油库等可燃易燃液体房和易产生电器火灾危险的场所。

表5-5 HFC227ea物理性能

物理性能	数 值
相对分子质量	170
1.013bar绝对大气压下沸点/℃	-16.4
凝固点/℃	-131.1
临界温度/℃	101.7
临界压力/MPa	2.912
临界密度/(kg/m^3)	621

续表

物理性能	数　值
20℃时蒸汽压力/MPa	0.391
20℃时液体密度/(kg/m^3)	1407
20℃时饱和蒸汽密度/(kg/m^3)	31.176
20℃时 0.1013MPa 时过压蒸汽的比容/(m^3/kg)	0.1373

表 5-6　HFC227ea 技术性能

性　能	技术指示	性　能	技术指示
纯度	≥99.6%质量比	不挥发残余物	≤0.01%质量比
酸度	≤3×10^{-4}%质量比	悬浮物或沉淀物	不可见
水含量	≤1×10^{-3}%质量比(≤10ppm)		

2. 系统组成及工作原理

系统典型组成如图 5-8 所示。

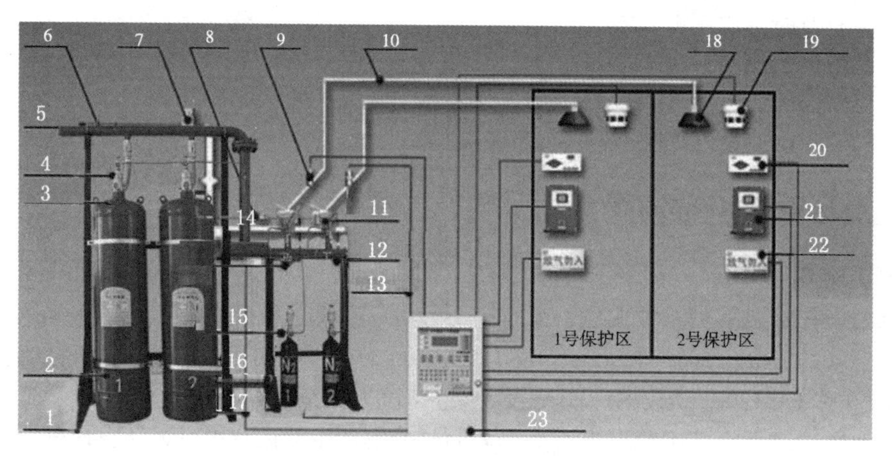

图 5-8　气体灭火系统组成

1—储瓶框架；2—灭火器储瓶；3—瓶头阀；4—金属软管；5—集流管；6—液流单向阀；7—安全阀；8—气流单向阀；9—自锁压力开关；10—灭火剂输送管道；11—选择阀；12—信号反馈线路；13—控制线路；14—电磁阀；15—启动瓶；16—启动瓶框架；17—控制线路；18—喷嘴；19—探测器；20—声光报警器；21—手动控制盒；22—放气显示灯；23—灭火报警控制器

当有火灾发生时，火灾信号采集系统会发出火灾信号进入系统控制柜，系统控制柜启动气体火系统(或手动启动气体灭火系统)，打开启动瓶，启动瓶中的高压气体进入集气管，使得管中压力迅速上升。当集气管中的压力升到一定数值后，启动气瓶同时打开，释放灭火剂储瓶组内部七氟丙烷。七氟丙烷在储存瓶及管网内以液态流通，从喷嘴喷出后，由液态转化为气态吸收热量，从而达到冷却的作用。对于每一个防护区都有一个固定的灭火剂量，为了使喷射到每个防护区的灭火剂用量相适合，那么设置气动单向阀来控制启动气体对储存瓶的开启，一次来控制喷射到不同防护区的灭火剂量。

七氟丙烷是一种可以液化贮存的灭火剂。它的灭火机理既有物理作用，又有化学作用。化学作用在于惰化火焰中的活性自由基，实现断链灭火；物理作用在于其分子汽化阶段能迅速冷却火焰温度并降低燃烧区中氧的浓度，实现灭火(图 5-9)。

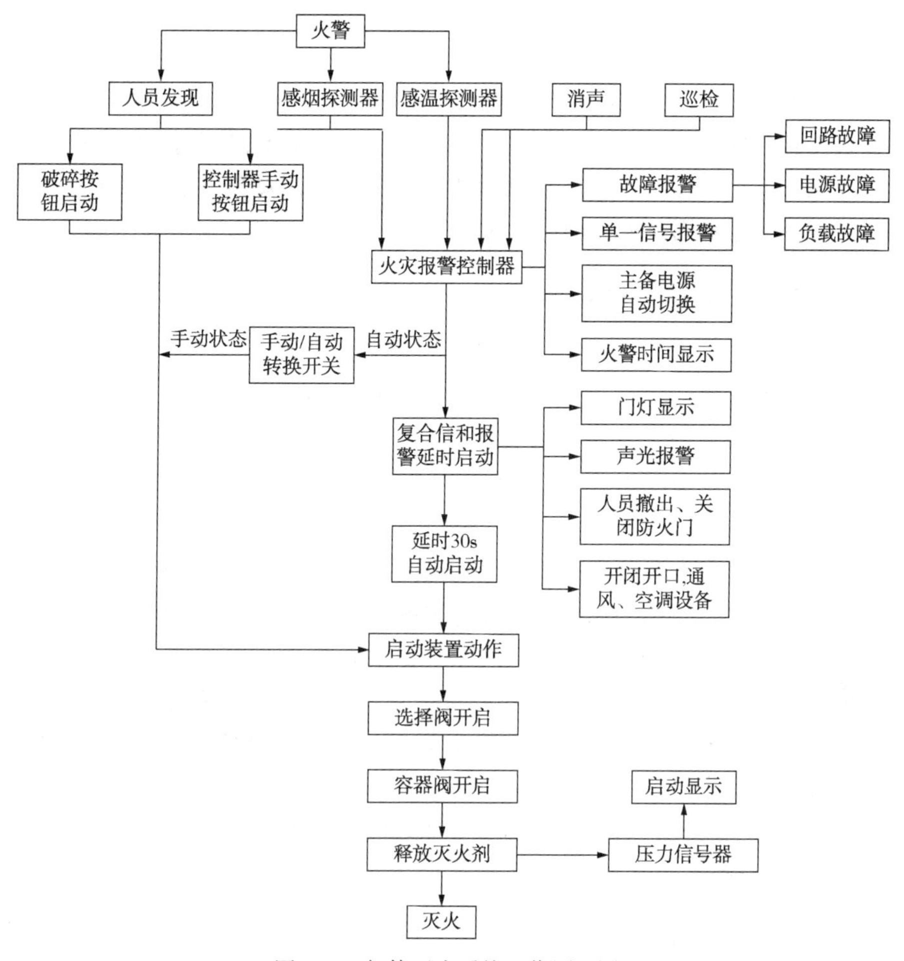

图 5-9 气体灭火系统工作原理图

二、气体灭火系统的操作

1. 自动控制

将火灾报警灭火控制器(以下简称“控制器”)上的控制方式选择键置于“自动”位置。当防护区发生火灾时，火灾探测器探测到的火灾信号输送给控制器，控制器立即发出声、光报警信号，同时又发出联动信号(如关闭通风空调、防火阀等)，经过预先设定的30s延时时间后，输出启动灭火系统的信号，使对应防护区的电磁启动瓶组打开，启动气体释放后打开相应的选择阀和灭火剂瓶组，释放的七氟丙烷灭火剂，经过选择阀及管网将灭火剂喷至相应的防护区内进行灭火。

2. 手动控制

将控制器上的控制方式选择键置于“手动”位置。当防护区发生火灾时，火灾探测器探测到的火灾信号输送给控制器，控制器立即发出声、光报警信号，同时发出联动信号，但不会输出启动灭火系统信号；此时，需要经值班人员确认火灾后，按下控制器上相对应防护区的紧急启动按钮，即可按预先设定的程序启动灭火系统，释放七氟丙烷灭火剂进行灭火。

3. 机械应急启动

当防护区发生火灾时，因控制系统出现故障不能启动灭火系统，此时应由值班人员确认火警，通知人员撤离现场，人为关闭联动设备，拔出储瓶间内对应防护区启动瓶组上的手动保险销，用力压下手动按钮，即可使启动瓶组阀门开启，启动气体释放后打开相应的选择阀、容器瓶组，释放七氟丙烷灭火剂进行灭火。

三、系统常见问题及处理措施

1. 工艺问题

(1) 灭火剂储存容器、选择阀、液体单向阀、高压软管、集流管、阀驱动装置、管网与喷嘴等全部系统组件存在碰撞变形及其他机械性损伤，表面锈蚀，保护涂层破损，铭牌模糊，手动操作装置的防护罩、铅封和安全标志缺失。

处理措施：对储存容器、选择阀、液体单向阀、高压软管、集流管、阀驱动装置、管网与喷嘴等全部系统组件存在碰撞变形及其他机械性损伤，进行维修或者更换；进行防腐处理和涂层修复；更换铭牌；更换手动操作装置的防护罩、铅封和安全标志。

(2) 储存装置或电磁驱动装置的压力表无压力显示。

处理措施：检查储存装置的压力表开关是否已打开；若压力表开关已打开，卸下压力表，换上新压力表，打开压力表开关。若换上完好的压力表后打开压力表开关仍无压力显示，可能是增压器已泄漏，应尽快补压。

(3) 灭火剂储存容器间设备、灭火剂输送管道和支、吊架的固定松动。

处理措施：进行紧固。

(4) 高压软管应变形、裂纹及老化。

处理措施：更换高压软管。

(5) 各喷嘴孔口存在堵塞。

处理措施：进行严密性试验和吹扫。

(6) 气动驱动装置的气动源的压力小于设计压力的 90%。

处理措施：进行严密性试验和充压。

(7) 灭火剂储存容器内的压力小于设计储存压力的 90%。

处理措施：进行严密性试验和充压。

2. 电气故障

(1) 火灾探测器故障：火灾报警控制器发出故障报警，故障指示灯亮、屏幕显示探测器故障类型、时间、部位等。

故障原因：探测器与底座脱落、接触不良；报警总线与底座接触不良；报警总线开路或接地性能不良造成短路；探测器本身故障；探测器接口板故障。

(2) 主电源常见故障：火灾报警控制器发出故障报警，主电源故障灯亮，屏幕显示主电故障、时间。

故障原因：市电停电；电源线接触不良；主电熔断丝熔断等。

排除方法：连续供电 8h 应关机，主电正常后在开机；重新接主电电源线，或使用铬铁焊接牢固；更换熔断丝或保险管。

(3) 备用电源常见故障：火灾报警控制器发出故障报警，备用电源故障、时间。

故障原因：备用电源损坏或电压不足；备用电池接线接触不良；熔断丝熔断等。

排除方法：开机充电后24h后，备电仍报故障，更换备用蓄电池；用铬铁焊接备电的连接线，使备电与主电良好接触；更换熔断丝或保险管。

3. 通信故障

故障现象：火灾报警控制器发出故障报警，通信故障灯亮。

故障原因：区域报警控制器或火灾显示盘损坏或未通电、开机；通信接口板损坏；通信线路短路、开路或接地性能不良造成短路。

排除方法：更换设备，使设备供电正常，开启警报警控制器；检查区域报警控制器与集中报警控制器的通信线路，若存在开路、短路、接地接触不良等故障，更换线路；检查区域报警控制器与集中报警控制器的通信板，若存在故障，维修或更换通信板；若因为探测器或模块等设备造成通信故障，更换或维修相应设备。

4. 重大故障

(1) 强电串入火灾自动报警及联动控制系统。

产生原因：主要是弱电控制模块与被控设备的启动控制柜的接口处，如卷帘、防排烟风机、防火阀等处发生强电的串入。

排除办法：控制模块与受控设备间增设电气隔离模块。

(2) 短路或接地故障而引起控制器损坏。

产生原因：传输总线与大地、水管、空调管等发生电气连接，从而造成控制器接口板的损坏。

解决办法：按要求做好线路连接和绝缘处理，使设备尽量与水管、空调管隔开，保证设备和线路的绝缘电阻满足设计要求。

第七节 消防炮及消防栓

一、消防炮及消防栓系统的介绍

可调压式消火栓，设有一个150mm消防炮接口、两个65mm消防水带接口，并且内部设有压力调节装置，使消防水压力可调。室外消火栓的设计压力为1.6MPa，设计温度为65℃。在正常的操作条件下，消火栓入口的操作压力为1.1MPa，经压力调节装置调压后，出口的水压为0.5MPa，水的温度为环境温度。其作用是当消火栓周边区域发生火灾时，可通过外接消防水枪、消防水带和消防车等灭火设备进行灭火。

每个消火栓配1个室外消火栓箱，其安装位置距消火栓不大于5m。每个室外消火栓箱内放置以下设施：

2条65mm×25 m消防水带(配置1个DN65的水带接口)、1个Φ19mm直流水雾水枪、1个消火栓扳手。

手动消防水炮额定流量为40L/s；额定工作压力为0.8MPa；设计压力为1.6MPa；最大

喷射距离为50m(30°仰角)。主要由消防管网水源、阀门、水炮、转动控制装置等组成。

每个手动消防水炮旁放置开关扳手1个。

码头消防水炮的作用是当码头区发生火灾时可利用其进行快速地灭火，或是利用消防水炮对被保护的设备、管道等进行喷水降温，起到保护设备的作用(表5-7)。

表5-7　码头消防炮性能参数

遥控消防炮(码头系船墩)	遥控消防炮(码头平台)
进口尺寸：DN150mm 在工作压力1.2MPa时，要求流量180L/s并且喷射距离大于110m(30°仰角时) 回转角度：360° 俯仰角度：-30°~+80° 上下、左右可控，直流—喷雾可调喷嘴 控制方式：手动、远程操作、无线遥控	进口尺寸：DN150mm 在工作压力1.2MPa时，要求流量100L/s并且喷射距离大于90m(30°仰角时) 回转角度：360° 俯仰角度：-30°~+80° 上下、左右可控，直流—喷雾可调喷嘴 控制方式：手动、远程操作、无线遥控

二、消防栓及消防炮的操作

1. 消防栓的操作步骤

(1) 拧下消防栓出水口保护盖，将消防水枪、水带与消防栓出口连接好。

(2) 将开闭扳手套在消防栓阀门扳头上，逆时针用力推其手柄将阀门打开，阀门打开后即出水。

(3) 根据火势和灭火距离的需要，旋转手柄的圈数调节出水压力，一般出水压力为0.5MPa。

(4) 顺时针扳动开闭扳手，不要用力过大，使扳手回到原位，即可完全关闭出水阀，此时排水阀自动排水泄压。

2. 码头消防炮的操作步骤

1) 启动条件

(1) 消防泵启动并正常工作，消防水管网压力稳定。

(2) 相关的阀门、电气、仪表、仪控处于良好的状态。

(3) 周边发生火灾或需要进行测试、检查，需要启动消防炮。

2) 主控柜操作

水炮可以在主控室主控柜和码头主控柜进行操作。

(1) 按下“水炮”按钮，其带灯常亮，接着即可进行水炮的相关操作，包括炮的姿势控制、炮的出口阀控制、炮塔水幕阀控制等。

(2) 通过炮的摇杆即可控制炮的上下左右运动。

(3) 按下“直流”按钮，炮进入直流状态；按下“喷雾”状态，炮进入喷雾状态。

(4) 按下“炮出口阀开”按钮，其带灯闪烁，阀门电机动作，当该阀完全打开时，其带灯常亮；按下“炮出口阀停”按钮，其带灯亮，阀门电机停止动作；按下“炮出口阀关”按钮，其带灯闪烁，阀门电机动作，当该阀完全关闭时，其带灯常亮。

(5) 按下“炮塔水幕阀开”按钮，其带灯闪烁，阀门电机动作，当该阀完全打开时，其带灯常亮；按下“炮塔水幕阀停”按钮，其带灯亮，阀门电机停止动作；按下“炮塔水幕阀关”按钮，其带灯闪烁，阀门电机动作，当该阀完全关闭时，其带灯常亮。

三、系统常见工艺问题及处理措施

表 5-8 为消防炮及消防栓系统常见问题及处理措施表。

表 5-8 消防炮及消防栓系统常见问题及处理措施

序号	常见问题	可能原因及处理措施
1	压力过低	炮头内有堵塞物，取出堵塞物
2	射程过低或喷射压力过高	炮头内有堵塞物，取出堵塞物
3	电机运转不正常，有连续嗡嗡声	保险丝烧坏，更换保险丝；脱头断线，找出断头并接通
4	消防炮转向与操纵方向不匹配	主线路输入反向，调整主线相位
5	消防炮到位指示灯不亮	行程控制机构凸轮接触不良，检查控制结构行程；调整位置，调整控制机构行程

第六章　接收站计量与化验系统

第一节　天然气计量系统

一、装卸船的计量

1. 贸易交接计量系统

货物体积的测量依靠 LNG 船上的贸易交接计量系统（简称“CTMS”）进行，该系统包含液位、温度、压力及横倾纵倾等测量装置，可自动记录各货舱液位、货物温度、气相压力、自动校正船舶横倾和纵倾对液位测量的影响并计算货物体积。

1）液位计

每个船舱配备两套液位测量装置，一套作为主测量装置，另一套作为辅测量装置，且两套液位计基于不同的原理。常用的液位计包括雷达式液位计、浮子式液位计、电容式液位计等。一般情况下，LNG 船舶使用雷达式液位计作为主测量装置，使用浮子式液位计作为辅测量装置。

雷达式液位计基于发射–反射–接收的工作模式，在货舱顶部安装微波脉冲发射/接收装置，该装置发射微波脉冲，脉冲经 LNG 液面反射回来后被接收器接收，脉冲从发射到接收的时间与到液面的距离成正比，典型的雷达式液位计如图 6–1 所示。

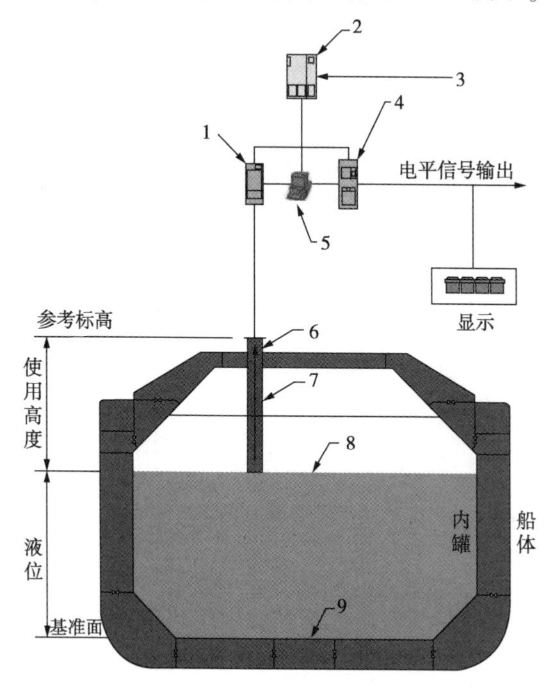

图 6–1　雷达式液位计

1—收发单元；2—供电单元；3—电源；4—数据发送单元；
5—计算机单元；6—发射接收装置；7—微波束；8—液面；9—罐底

浮子式液位计的测量基于阿基米德原理，浸入静止流体中的物体受到一个浮力，其大小等于该物体所排开的流体质量，典型的浮子式液位计如图 6-2 所示。

电容式液位计是依据电容的变化来实现液位高度测量的液位仪表，在测量时将一根金属棒插入被测液体，金属棒作为电容的一极，容器壁作为电容的另一极，两个电极处于不同的介质当中，当液货舱液位发生变化时，会引起两极间的电容变化，典型的电容式液位计如图 6-3所示。

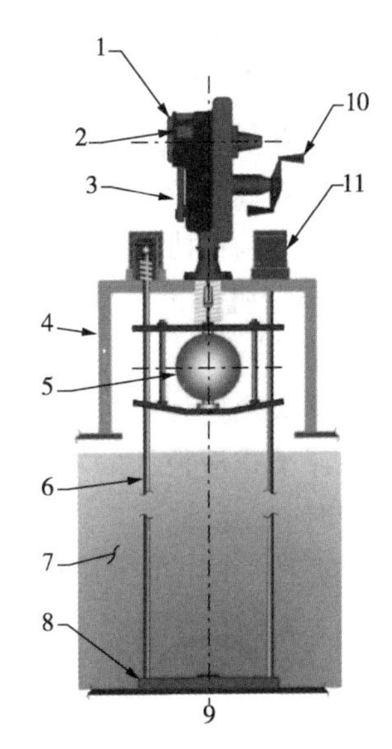

图 6-2 浮子式液位计

1—不带变送远传的显示表头；2—读出窗口；3—固定支架；4—箱体；5—浮子；6—准绳；7—LNG；8—锚筋；9—罐底；10—摇动手柄；11—准绳弹簧保护罩

2）温度传感器

为了测量 LNG 液相和气相的温度，每个船舱应配备 5 或 6 支温度传感器，在船舱的底部和顶部各安装一个温度传感器，其他的温度传感器在底部和顶部之间等距离安装。为了避免温度传感器故障，在每个温度传感器附近安装同等数量温度传感器作为备用。

LNG 船舶一般选用铂电阻温度计作为温度测量元件，热电偶温度计在低温下灵敏度较低且测量精度不及铂电阻温度计。

3）压力计或压力变送器

每个船舱应配备一个就地显示型压力计或压力变送器用来测量船舱蒸发气的压力，或者任何类型的压力测量装置安装在蒸发器汇管上，也可以用于贸易交接。压力测量装置应安装在蒸发气穹顶或者蒸发气汇管上适当位置。

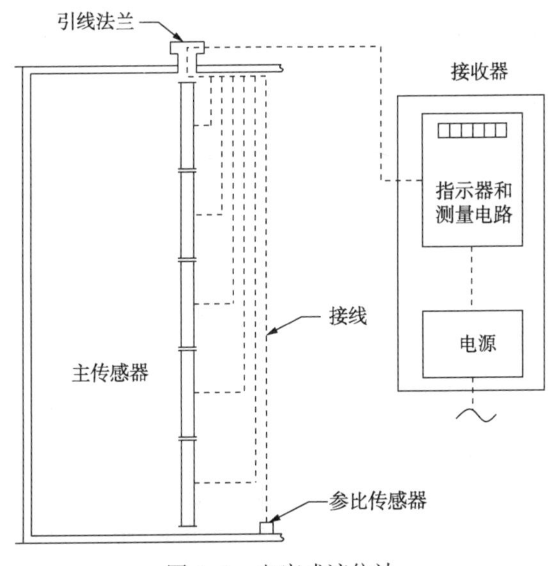

图 6-3 电容式液位计

4）横倾和纵倾测量装置

LNG 船舶均需配备横倾和纵倾测量装置用来测量船舶的漂浮状态，且该设备应具备远传功能，能将测量数据上传至船舶货物控制室。

2. 贸易交接计量过程

LNG 船舶在计量之前，应先确认 LNG 输送管线在开始贸易交接和结束贸易交接时的容积是否一致，检查液位、温度、压力及横、纵倾测量装置是否经过校准并在有效期内，且精度符合买卖双方购销协议的要求，确保船上各种设施处于关闭状态，比如气体燃烧单元、喷淋泵、BOG 压缩机、再冷凝装置等。

1）液位测量

对于浮子式液位计，应将浮标向上摇至其上升的最高位置和上一次观察到的最大指示位置，以确保浮子式液位计的功能正常，另外计量前应提前将浮标摇至液面位置，确保浮标有足够的稳定时间。

测量时，在一定的时间间隔内使用主液位计对液位进行 5 次测量，以 5 次测量的算术平均值作为每个船舱的平均液位。计量过程中一旦主液位计发生故障，则用辅液位计的计量数据作为买卖双方结算的依据。

2）温度测量

用浸没在 LNG 中的温度传感器测量液相温度，如有多个温度传感器浸没在 LNG 中，则它们的算术平均数作为液相温度。

用浸没在气相中的温度传感器测量气相温度，如有多个温度传感器浸没在气相中，则它们的算术平均数作为气相温度。

3）压力测量

在进行液位、温度测量的同时，测量每个船舱蒸发气的压力，所有船舱蒸发器的压力的算术平均数作为整船蒸发气的压力，测量结果以绝压表示。

4）横倾和纵倾测量

执行贸易交接时，应保持船舶的横倾和纵倾不变。

二、管道外输计量

外输计量通过计量撬系统进行，利用超声波流量计测量气体的工况体积流量，在线色谱连续测定外输天然气的组成，流量计算机实时采集温度、压力及组成数据计算标况体积流量，计量方式为体积计量。

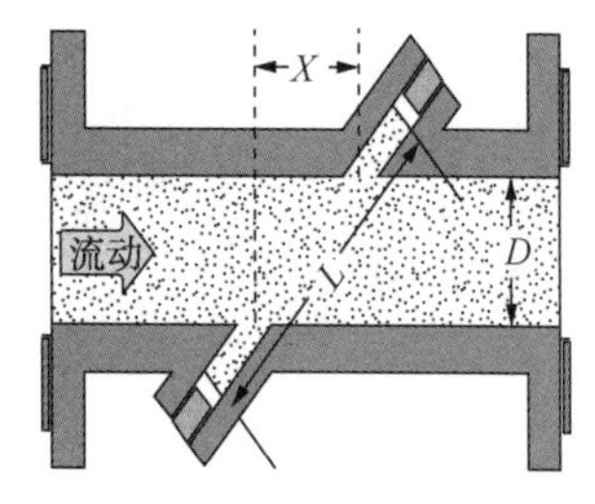

图 6-4　超声波流量计测量示意图

1. 气体超声波流量计

用于测量在管道中实际输送状态下的天然气流量，基本原理如图 6-4 所示。

声波由一个探头发射，另一个探头接收，由上游向下游传输的时间 t_2 小于声波由下游向上游传输的时间 t_1，这两个时间差与气体流速存在某种关系。

假设气体流速为 v，声速为 c，则能得出如下关系式：

$$t_1=\frac{L}{c-v(X/L)} \tag{6-1}$$

$$t_2=\frac{L}{c+v(X/L)} \tag{6-2}$$

由公式(6-1)和公式(6-2)能求出气体流速 v:

$$v=\frac{L^2}{2X}\frac{t_1-t_2}{t_1t_2} \tag{6-3}$$

2. 温度、压力测量仪表

温度变送器和压力变送器用来实时测量流体的温度和压力，并实时传输至流量计算机。

3. 天然气组成分析色谱仪

天然气组成色谱分析仪能连续监测天然气的组成数据，并将组成数据实时传输至流量计算机。

1）基本构成

(1) 取样系统：由取样探头、减压阀、微量液体过滤器、微量固体颗粒过滤器、取样管线以及电伴热带组成，从管道中提取具有代表性的气体样品，由于压降较大，需要对样气进行加热来消除节流效应的影响，进入色谱前经过微量液体过滤器和微量固体颗粒过滤器，确保样品干燥干净。

(2) 分析仪：由恒温炉(色谱分析仪内部，为色谱柱、柱切换阀以及检测器提供精确稳定的温度)、柱切换阀、检测器和主要电子元件组成。

(3) 载气：采用纯度为 99.999%的高纯氦气作为载气。

(4) 标准气：采用具有溯源性的已知各组分含量的混合天然气作为标准气，各组分含量与管道中气体样品含量相近。

2）分析原理

在线色谱分析仪的分析原理如图 6-5 所示。

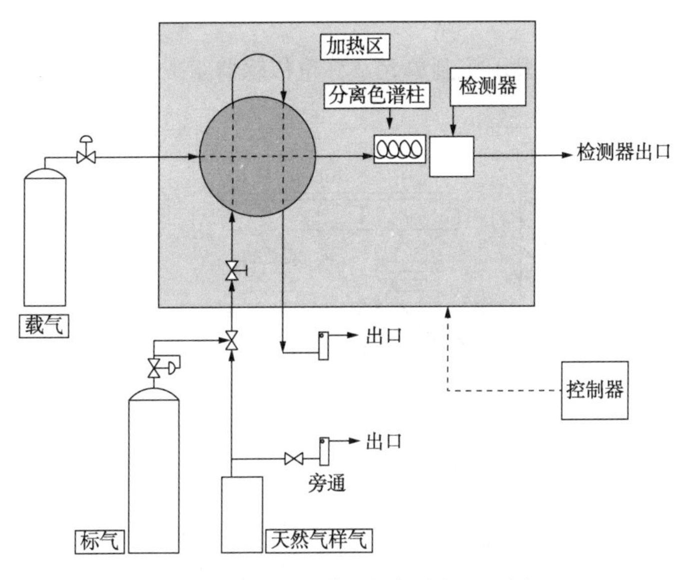

图 6-5 在线色谱分析仪分析原理图

如图 6-5 所示，载气以恒定的流速经进样阀、色谱柱、检测器，进样阀将一定体积样品注入，由载气带入色谱柱进行分离。色谱柱内的固定相为吸附剂或吸收剂，对不同的物质有不同的吸附能力和吸收能力。当样品的流动相流经固定相表面时，样品中各个组分在流动相和固定相中的比例不同，使得各组分离开色谱柱进入检测器的先后顺序不同，从而实现混合物中各组分的有效分离，检测器根据样品到达的先后顺序来测定各组分含量。

4. 流量计算机

流量计算机接收超声波流量计、温度变送器、压力变送器以及在线色谱仪的输出信号，计算天然气在规定的标准状态下的体积流量(标况流量)。流量计算机按式(6-4)计算天然气标况流量。

$$q_s = q\frac{T_S PZ}{TP_S Z_S} \tag{6-4}$$

式中 q_s——天然气标况体积流量，m^3/h；

q——天然气工况体积流量，m^3/h；

T_S——天然气标况温度，K；

P——天然气工况压力，MPa；

Z——工况下天然气压缩因子；

T——天然气工况温度，K；

P_S——天然气标况压力，MPa；

Z_S——标况下天然气压缩因子。

三、槽车装车计量

槽车装车计量通过电子汽车衡进行，计量方式为质量计量，并利用装车 LNG 的组成数据换算标况下气体体积。

1. 电子汽车衡

汽车衡主要由秤台、称重显示控制单元及称重传感器组成，其结构如图 6-6 所示。

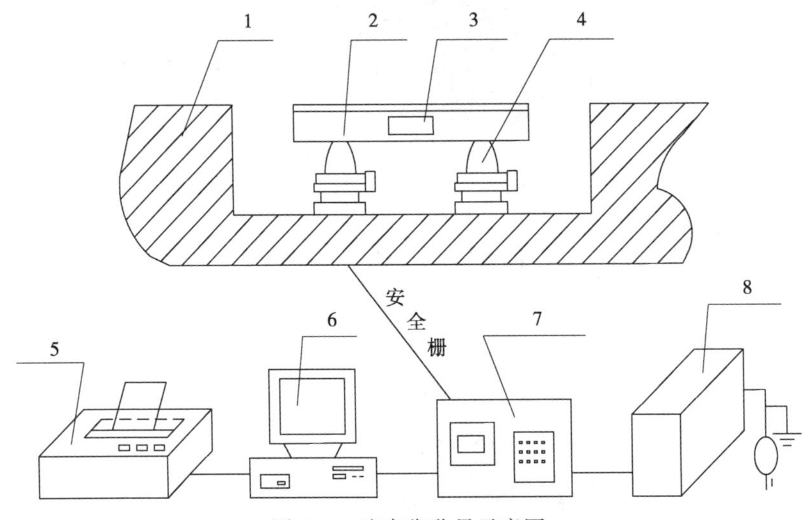

图 6-6 汽车衡称量示意图

1—基础；2—称台；3—接线盒；4—传感器；5—打印机；6—微机；7—称重显示控制器；8—稳压电源

如图 6-6 所示，汽车衡利用应变电测原理称重，在称重传感器的弹性体上贴着应变计，应变计组成应变电桥，传感器装在秤台各个称重点下方，并将各自电缆在接线盒中并联。当汽车开到秤台上时，秤台将其所受的力加到称重传感器上，使应变电桥输出电信号。此电信号经线性放大后传给 A/D 转换器，A/D 转换器把模拟信号转换成数字信号，并送入微机处理器进行处理，然后将称量值在显示窗口上显示出来。

2. 装车 LNG 组成的确定

1）装车管线上未安装采样系统

根据外输工况的不同采用不同的方法。接收站正常外输期间，LNG 经储罐低压泵流经低压总管，一部分 LNG 去槽车站进行装车，一部分 LNG 经气化后进行外输，装车 LNG 的组成和气化外输 LNG 的组成一致，可用分输站在线色谱的组成数据代替装车 LNG 的组成数据。接收站零外输期间，外输天然气的组成主要为甲烷，不能代表装车 LNG 的组成，此时可以通过工艺调整确保装车 LNG 和保冷循环的 LNG 来自同一储罐，从卸船总管采集样品分析其组成作为装车 LNG 的组成数据。

2）装车管线上安装采样系统

如装车管线上安装采样系统，则直接采集样品分析其组成即可，装车管线上采样系统的采样流程如图 6-7 所示。

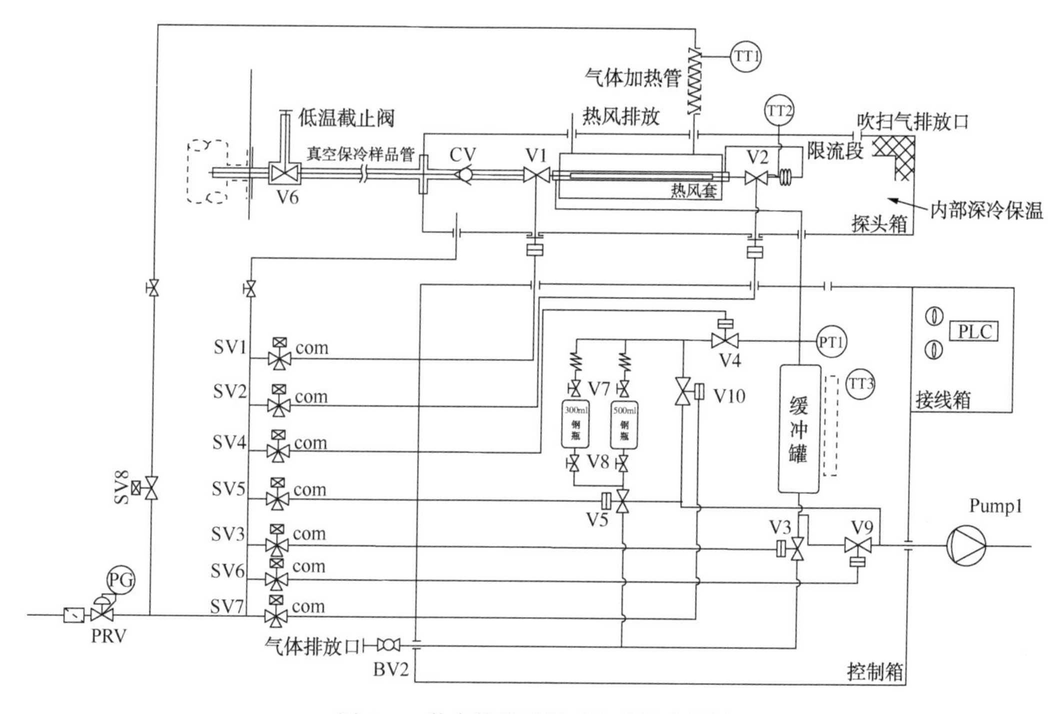

图 6-7 装车管线采样系统采样流程图

采样系统采用全自动设计，按下开始取样按钮后，采样系统通过液体样品的排放，使系统管道降温，直至定量取样管出口截止阀温度达到该压力下的液态介质临界温度，关闭定量取样管两端的截止阀，进行液体取样。取出定量液体后，对定量取样管中液体进行气化，灌充于缓冲罐内。判断完全气化后，缓冲罐对取样钢瓶进行置换和充灌，充灌结束后取样完成。

第二节　天然气采样

一、液化天然气采样

在卸船过程中采集到具有代表性的样品是LNG计量过程中非常关键的一步，也是难度最大的一步。LNG是超低温液体混合物且极易气化，任何温度压力的变化都会导致LNG快速分馏气化，这对采样系统提出了极高的要求。根据采样流程的不同，LNG的采样分为连续型和间歇型。不管是连续型还是间歇型，其样品都是通过安装在LNG输送总管上的采样探头采集并使样品在气化器中进行气化得到。

1. 连续型采样系统

通过安装在LNG输送总管上的采样探头采集到的样品在气化器中进行气化，气化后的天然气依靠自身压力进入样品储气罐，压力不够时利用增压机增压。采样管线中的压力由压力调节器控制，储气罐入口阀控制进入储气罐的样品流量，多余的样品从系统中排出。采样结束后样品充满储气罐，样品经压缩机压缩后转移至采样钢瓶。典型的连续型采样流程如图6-8和图6-9所示。

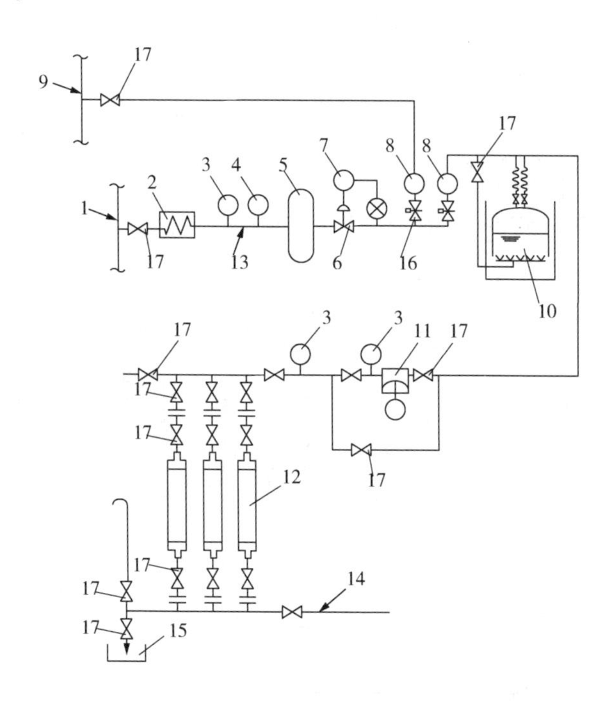

图6-8　带压缩机的水密封型储气罐连续采样系统

1—液化天然气输送管线；2—液化天然气气化器；3—压力表；4—温度计；5—缓冲罐；6—压力调节阀；7—压力指示控制器；8—流量计；9—BOG总管；10—水密封型储气罐；11—压缩机；12—采样钢瓶；13—采样管线；14—水管线；15—排水池；16—针阀；17—阀

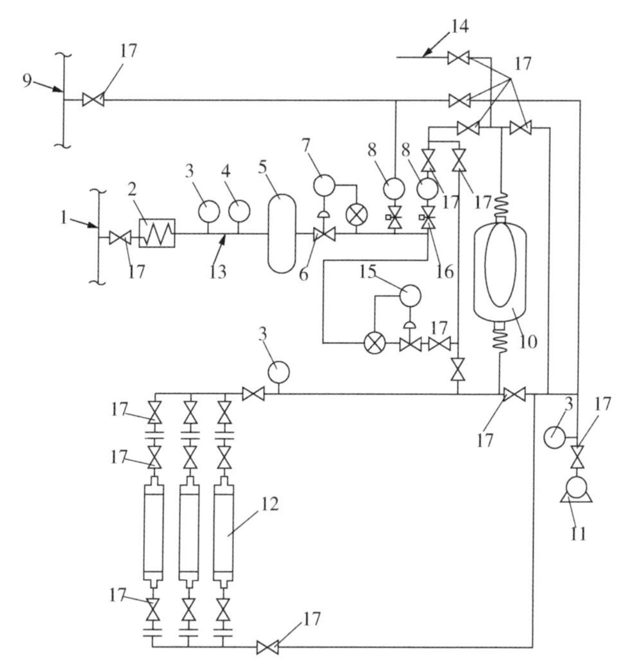

图 6-9 无水密封型储气罐连续采样系统

1—液化天然气输送管线；2—液化天然气气化器；3—压力表；4—温度计；5—缓冲罐；6—压力调节阀；7—压力指示控制器；8—流量计；9—BOG 总管；10—无水密封型储气罐；11—真空泵；12—采样钢瓶；13—采样管线；14—惰性气体管线；15—流量指示控制器；16—针阀；17—阀

2. 间歇型采样系统

气化后的天然气样品依靠自身的压力持续进入采样钢瓶和在线分析色谱仪，压力不够时利用增压机增压。采样管线中的压力由压力调节器控制，采样钢瓶入口阀控制进入采样钢瓶的样品流量，采样钢瓶中的样品通过离线色谱仪分析其组成。典型的间歇型采样流程如图 6-10 所示。

3. 采样注意事项

1）过冷度计算

为了能采集到具有代表性的样品，样品进入气化器前不得发生任何分馏气化，须确保从采样探头到气化器入口的管线内的 LNG 的焓增量小于过冷度。

取样管线的热吸收按式(6-5)计算：

$$Q=\frac{\pi(T_a-T_s)}{\frac{1}{h_a\cdot D_0}+\frac{1}{2k}\ln\frac{D_0}{D_i}}\times L \tag{6-5}$$

式中 Q——热吸收，W；

T_a——大气温度，K；

T_s——LNG 温度，K；

h_a——热传递表面系数，W/(m²·K)；

k——隔热层材料单位长度的热导率，W/(m²·K)；

D_0——隔热层的外径，m；

D_i——隔热层的内径，m；

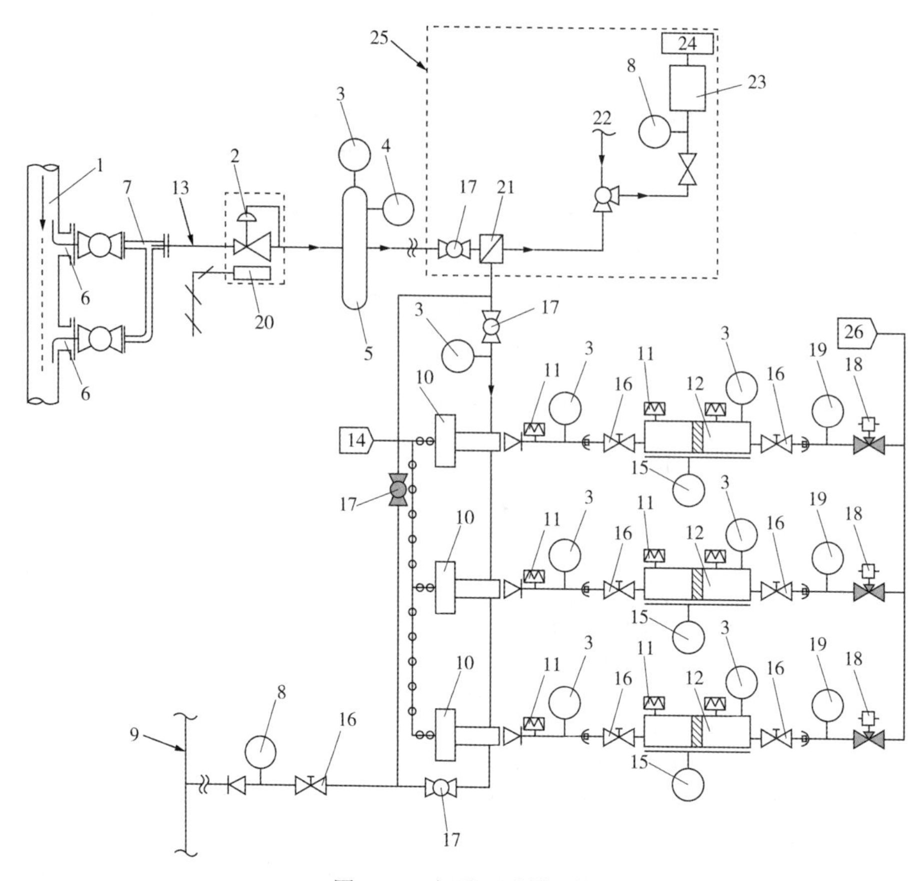

图 6-10　间歇型采样系统

1—液化天然气输送总管；2—液化天然气气化器；3—压力表；4—温度计；5—缓冲罐；6—耐压探头；7—细样品管线；8—流量计；9—低压气体管线；10—气体压缩机；11—安全膜；12—采样钢瓶；13—采样管线；14—仪表风；15—液位装置；16—安全阀；17—阀；18—电磁阀；19—压力传感器；20—加热器；21—样品过滤器；22—校准气；23—气相色谱仪；24—放空；25—在线气相色谱仪；26—自动填充系统；27—旁路阀

L——管线长度，m。

取样管线热吸收导致的 LNG 焓增量按式(6-6)计算：

$$\Delta H_1=\frac{Q\times3600}{F} \tag{6-6}$$

式中　ΔH_1——焓增量，J/kg；

F——流量，kg/h。

2）采样时间的确定

LNG 取样期间是流量充分稳定的一段时间，不包括最初开始时流量急剧增大和停止前流量降低的时间。

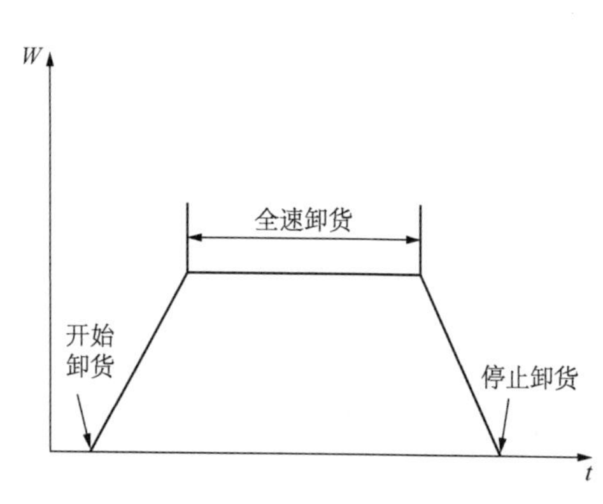

图 6-11　LNG 采样时间区间图

如图 6-11 所示：

（1）开始卸货，流量开始上升；

（2）全速卸货期间，此时流量稳定；

（3）停止卸货，流量降至最低。

如果在取样期间由于货船泵跳闸或者紧急关断阀的起动，造成LNG输送管线的流量和压力发生突然变化时，则收集气化后的LNG进入样品储气罐的操作应暂时停止，直到LNG的流量恢复正常。

3）采样探头

（1）采样探头应安装在LNG处于过冷状态下的管线之中，如有多根LNG输送管线，则采样探头应安装在汇管的下游，否则每根管线应有一个采样探头。采样探头应安装在离货物交接点尽可能近的地方，这样可以有效避免由于外界热传递对LNG组成造成影响。

（2）采样探头的安装应与输送管线的轴心线垂直。

（3）采样探头末端的形状并不重要，可以是一根直管。

4）气化器

（1）LNG样品气化器的热交换能力应能使取出的全部LNG瞬间气化。

（2）气化器的内部结构应能确保LNG里的重组分不会残留在气化器内。

（3）气化器的加热功率应不低于500W。

（4）应保证气化器出口温度高于50℃。

5）采样过程监控

采样期间除了保证流量充分稳定外，还应保持气化器入口温度、加热器温度、气化器出口温度、样品压力等参数稳定，任何参数的突然变化都会导致样品气化不均匀，所采集的样品不具代表性。

二、天然气采样

天然气的采样依据ISO 10715或者GB/T 13609标准的要求进行。

1. 采样前准备

采样人员应熟悉所采样品的理化性质，了解样品在空气中存在的状态以及可能带来的危害。

采样人员应佩戴安全帽、穿防静电工作服、安全鞋等个人防护装备，不得携带火种或其他电子通信设备进入采样现场。

2. 采样过程

采样时缓慢开启阀门，站在阀门侧面和上风侧，采样过程中用所采样品充分置换采样容器。

3. 采样结束

采样结束后关紧阀门，进行“30s”确认，确认阀门关紧无泄漏后方可离开现场。

采样完成后现场做好采样记录，贴好样品标签，标签内容包括：样品名称、采样时间、采样人等。

第三节 天然气组成分析

一、烃类组成分析

烃类组成分析依据ISO 6974、GPA 2261、ASTMD 1945、GB/T 13610进行，或者买卖双

方约定的其他方法。

气相色谱法利用物质的吸附能力、溶解度、亲和力等物理性质的不同，对混合物中各组分进行分离、分析的过程。气相色谱仪包含五个部分：载气系统、进样系统、分离系统、检测系统、记录系统，典型的色谱构成如图 6-12 所示。

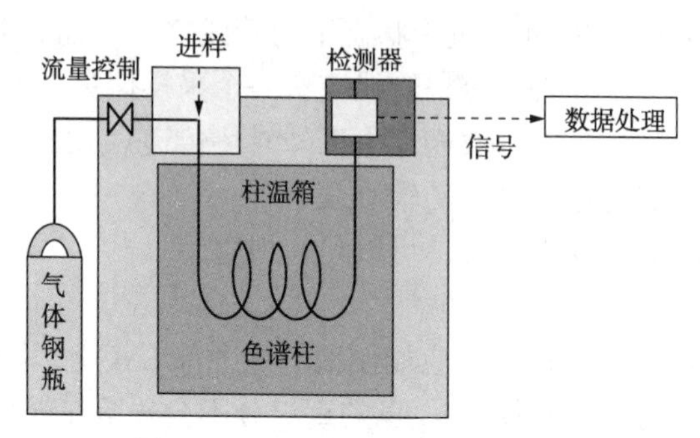

图 6-12　天然气分析色谱组成图

二、杂质含量分析

1. 总硫含量分析

总硫分析采用紫外荧光法进行，样品在 1000℃以上的高温下完全氧化，样品中的硫全部转化为 SO_2，氧化燃烧后的气体经薄膜干燥器进入检测器。SO_2受到特定波长的紫外线照射，硫元素一些电子吸收射线后跃迁到激发态。当电子返回到基态时便释放出光量子，由光电倍增管按特定的波长进行检测，发射的荧光对于硫来说完全是特征的且与样品中硫的含量成正比。

2. 汞含量分析

依据 ISO 6978 进行，或者买卖双方约定的其他方法。

3. 硫化氢含量分析

依据 ISO 19739、GPA 2199、ASTMD 5504 进行，或者买卖双方约定的其他方法。

第七章　接收站主要控制系统

为保证 LNG 接收站生产装置能够长周期安全生产、平稳运行，要求站内使用的控制系统技术先进、成熟、可靠，具有较高的安全等级，而分散控制系统、安全仪表系统、储罐管理系统、火灾和气体检测系统均为成熟可靠的产品，能够实现全装置生产过程的连续监视控制及安全保护。

第一节　分散控制系统

分散控制系统，即 DCS(Distributed Control System)，是监测和控制的核心，主要安装在接收站的中央控制室、码头控制室、海水区机柜间和装车控制室四个区域，为站场提供主要的数据采集、监视、连续控制、顺序控制、与非安全相关的联锁和逻辑功能。

一、系统概述

LNG 接收站的 DCS 系统一般分为以下几个部分：

(1) 接收站部分：该部分 DCS 安装在中央控制室，DCS 的操作员界面将对接收站、码头、海水泵房、装车的连续生产过程进行实时监视或控制。

(2) 码头部分：该部分 DCS 的操作员界面将对码头装卸船的连续生产过程进行实时监视和控制。相关信息将送至接收站 DCS，使在中央控制室的操作人员能够实时监视码头操作情况。

(3) 海水区部分：该部分在现场机柜间设置控制柜，操作站设置在接收站中央控制室，由接收站对海水区设备进行实时监视和控制。

(4) 装车部分：该部分 DCS 的操作员界面将对装车的连续生产过程进行实时监视和控制。相关信息将送至接收站 DCS，使在中央控制室的操作人员能够实时监视装车操作情况。

接收站使用的 DCS 系统的主要设备应包含机柜、工程师站、历史站、操作员站、OPC 服务器等。其中，历史站和 OPC 服务器应位于中央控制室区域；工程师站和操作员站应在中央控制室、码头控制室和装车控制室区域各分别设置，操作员站可监视控制本区域的所有生产运行状态。整个系统网络由在中央控制室区域的根交换机和在其他区域中的边际交换机通过光纤连接组成。

二、系统结构

整个系统的结构可以分为两层：数据采集和控制系统、监视系统。

1. 数据采集和控制系统

该系统应采用基于微处理器模块的设备，用以完成工艺变量的采集和控制。系统应配有固定的软件，完成常规的控制运算法则、联锁和顺序控制功能。第一层的设备应适用于下列功能：

（1）与现场仪表的信号接口，如 FBM 卡件等。

（2）从传感器采集工艺过程数据，以便可以监视过程变量。

（3）实现调整控制运算法则、联锁和顺序控制功能以及基本的工艺过程控制功能。

（4）按照时间记录顺序处理事件，为在第二层实施报警监视和数据记录做准备。

（5）将第一层计算出或自身产生的所有数据、测量结果以及获得的事件传送至第二层。

（6）接收来自第二层的命令和设定点信号。

2. 监视系统

监视系统主要为操作人员提供对整个接收站的可视接口。操作员界面采用计算机工作站，该工作站应配有数据显示控制台、键盘，并具有管理监控、图形描述、报警、通信和诊断等功能。监视系统处理并完成以下功能：

（1）显示所有工艺过程的实时模拟量和数字量，以及所有相关参数。控制回路操作，包括：设定值的改变、运行模式 、输出量、调整和计算常数。

（2）报警通告。

（3）记录并显示历史数据和趋势数据。

（4）顺序事件显示。

（5）显示自诊断信息。

（6）按照规定格式显示并打印生产报告。

三、系统功能

DCS 是接收站控制系统的核心，用于监视控制接收站内生产运行状态，其主要功能如下：

（1）对接收站、码头、槽车站和分输站的生产过程进行监视与控制。

（2）与音响报警系统连接，用于接点输出信号来启动音响报警系统。

（3）与 SIS 系统进行通信，采集并传输各联锁报警和紧急切断阀阀位等信息。

（4）与 LNG 储罐管理系统通信，对 LNG 储罐工作状态进行实时监控。

（5）与转动设备状态监视及诊断系统进行通信，对其运行情况进行监视和分析。

（6）与成套设备的控制系统通信，如 BOG 压缩机控制系统。

（7）与 MCC 进行通信，监视电机运行状态。

（8）自动生成报告、报警记录和趋势图。

（9）DCS 内部网络通信，与其他系统通信管理和相关的协议转换。

（10）与外输管道 SCADA 系统通信，对外输管道生产管理系统进行监控。

四、DCS 与各系统的通信

DCS 作为生产过程控制系统，同时也作为成套供货设备的监视系统。成套供货设备所配的 PLC 和就地控制盘与 DCS 之间进行通信。它可以采集工艺过程变量和工艺/公用工程设备运行状态信息，完成计算、连续的过程控制、自动顺序功能、逻辑控制、工艺过程停车（非 ESD）、跳闸以及联锁功能，同时对各子控制系统的重要运行参数进行集中监视并发布控制命令。

1. 内部 DCS 通信总线

DCS 通信系统基于开放的结构，运行在客户机/服务器环境下，采用 TCP/IP 协议，通信媒介为以太网。

通信系统应是双重/冗余型，为每个连接的设备提供双总线和双系统接口。通信总线的通信速度应能确保数据库的更新。

当主总线或任何其他设备发生故障，系统将自动转换到备用总线或设备，此过程不应中断正常运行且不需要操作员的干预。

数据采集和控制系统中，各种控制器间可以采用点对点的通信连接方式，而且应采用通信总线。

2. 与第三方系统的通信

此外，DCS 还可以与其他系统通信，如 SIS、F&GS 系统和其他成套供货设备的系统，操作员可以通过 DCS 来监视这些系统。DCS 同时为管道 SCADA 系统以及生产管理系统预留通信接口，需要时完成系统间的通信连接。

1）与 SIS 系统的通信

DCS 和 SIS 系统的通信接口，是利用 SIS 和 DCS 之间已建立和已验证的数据连接。优先选用的是标准软件和功能性最大的安全连接。

2）与其他控制系统的通信

DCS 与其他系统间的最主要的通信方式是开放的网络体系结构，IEEE 802-3 以太网 LAN，TCP/IP 协议。若此通信方式不可行，则可以采用 MODBUS RTU；若可行，需要提供 RS232C/RS485 接口。系统间的安全重要信号及控制信号(一旦失效能直接损害装置控制或安全的信号)，不应采用上述信号连接方式，宜通过硬线 I/O 连接进行信息交换。DCS 系统应连续检查通信连接以确定通信系统的运行性能，一旦检测到错误和故障应启动报警并停止数据通信。

对一些子系统的监控，要求与数据采集系统采用网络或串行连接的方式。如以下外部控制系统将与 DCS 进行通信：

（1）SIS：MODBUS RTU。

（2）BMS（Berth Monitoring System，靠泊监视系统）：以太网，TCP/IP 协议。

（3）PSS（Position Supervising System，位置管理系统）：以太网，TCP/IP 协议。

（4）计量系统：以太网，TCP/IP 协议。

（5）BOG 压缩机的控制盘：MODBUS RTU。

（6）SCV 的控制盘：MODBUS RTU。

（7）回流鼓风机：MODBUS RTU。

（8）高低压泵振动监测系统：MODBUS RTU。

（9）储罐管理系统：MODBUS RTU。

（10）空气压缩机：MODBUS RTU。

（11）空气干燥系统：MODBUS RTU。

（12）PSA 制氮系统：MODBUS RTU。

（13）液氮储存及气化系统：MODBUS RTU。

（14）污水处理设施：MODBUS RTU。

（15）公用工程 PLC 系统或就地控制盘(消防、海水，燃料气等)：MODBUS RTU。

3）与管理及其相关系统的通信

对于管理系统及其相关系统，如：现场仪表管理系统、工厂信息管理系统，DCS 应能通过合适的接口模块（防火墙）和通信标准网络（以太网或其他类似网络）与其进行通信。

五、DCS 操作说明

DCS 包括流程图、趋势图、报表、历史库等，操作员既可以在流程图上监视到站场各区域监测点的实时运行参数、报警状态等，同时也可以点击画面上的设备直接调出相应的操作画面（OVERLAY），对其进行设定值调整、手自动切换、启/停设备、开/关阀门等操作。

系统的操作界面共分为初始环境（Initial_ Env）、工程师环境（Engineer_ Env）和操作员环境（Operator）。进入不同环境的方法有两种：

（1）点击顶部菜单 FILE，从下拉式菜单中选择 Change Environment，弹出改变环境窗口。

（2）点击左侧图标 Change Env，弹出改变环境窗口。

通过在主菜单或者顶部菜单栏里可以选择出所需要的 DCS 操作画面（也可以用画面上的左右选择键进行画面切换）。

1. 设备操作

在流程画面中，单击代表现场设备的图形或者阀门，将弹出与其相关的操作窗口，便于运行人员进行操作。有关现场操作，主要有以下两种类型：

1）开关阀（图 7-1）

2）启停设备（图 7-2）

图 7-1　开关阀

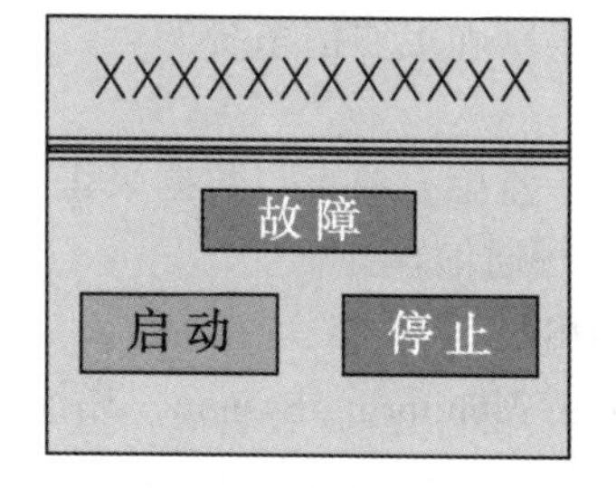

图 7-2　启停设备

不同颜色所代表的开关状态也不同（表 7-1）：

表 7-1　阀门和设备状态

序号	设备	图标	红色	绿色
1	阀门		关	开
2	设备		停止	运行

2. 实时参数

实时参数不同部分及颜色变化能表示该参数不同的状态，下图为各实时参数(图 7-3~图 7-5)：

图 7-3 温度计

PIC1210102 HH
40.00 KPa

图 7-4 压力控制器

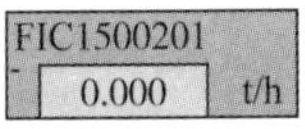

FIC1500201
0.000 t/h

图 7-5 流量控制器

对于这些参数的说明见表 7-2：

表 7-2 参数状态与颜色对应表

序 号	颜色特点	状 态
1	无色	正常
2	粉红	高/低报警
3	红色	高高/低低报警
4	闪烁	报警未确认
5	蓝色背景	I/O 卡件离线
6	红色背景	I/O BD

(1) 点击画面中的实时参数框就会弹出相应的 OVERLAY，显示具体参数信息，如图 7-6 所示为 TI200203 的 OVERLAY：

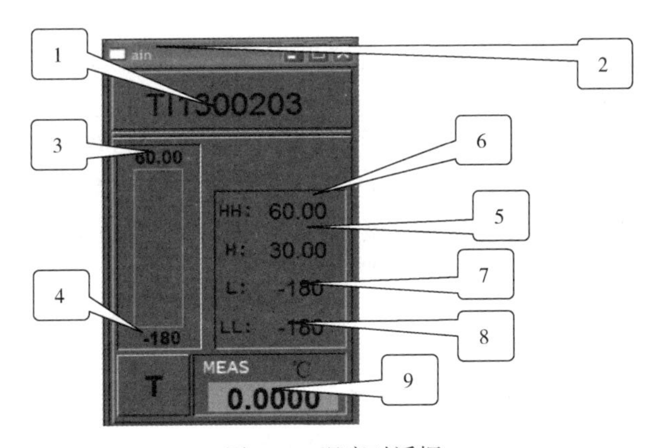

图 7-6 温度对话框

图中所示各部分所表示的含义见表 7-3：

表 7-3 参数对话框定义表

序号	含 义	序号	含 义	序 号	含义
1	工艺位号	4	量程下限	7	低报警值
2	弹出画面板类型	5	高报警值	8	低低报警值
3	量程上限	6	高高报警值	9	输出值及单位

(2) 操作员也可以在弹出的 OVERLAY 上对现场设备进行监视和操作。如图 7-7 所示为

PIC1300603 的 OVERLAY：

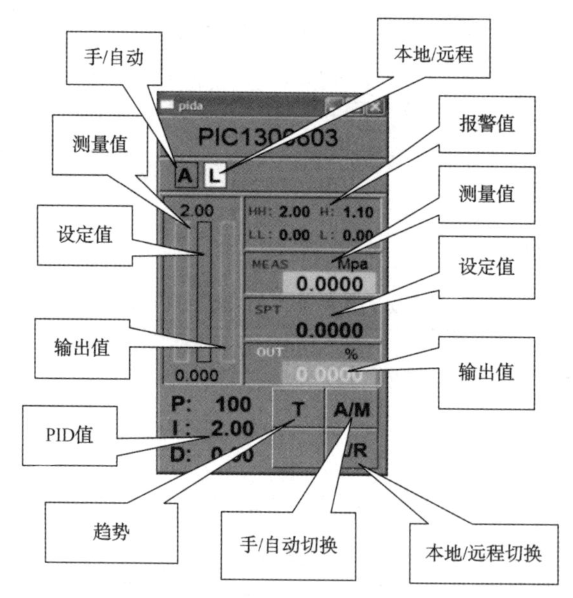

图 7-7 压力控制器对话框

当“手/自动”框显示为 M 时，表示当前控制方式为手动；当显示为 A 时，则表示当前控制方式为自动。点击“A/M”可以改变当前控制方式。当为白色底色，则表示强制设定，无法改变其状态。

点击“L/R”可以改变设定状态，L 为就地设定状态，R 为远程设定状态。当为白色底色，则表示强制设定，无法改变其状态。

点击“T”可以调出趋势图，有关该参数的历史趋势和实时趋势都可以进行查看。

当系统处于“自动控制”方式时，操作员可以点击设定值，而后点击输入框输入新的设定值，并按回车确认，系统将发出指令对该参数进行自动控制。需要指出的是，当系统处于“自动控制”方式时，操作员不能强制控制器的输出值。当系统处于“手动控制”方式时，操作员可以点击输出值，而后点击输入框输入操作员强制数值，并按回车进行确认。

操作员也可以在画面的实时参数框中按对应的手/自动状态改变相应的设定值或者输出值。操作员可以直接在输入框中输入想要的数值，或者通过增减按钮改变输入框中数值的大小。在操作器左侧的填充棒分别显示测量值、设定值、输出值。

3. 过程报警

过程报警是过程参数发生的报警情况，这种报警由参数本身要求决定，主要有高报、高高报、Process 低报、低低报以及通道故障报警。报警发生时，顶端第二行菜单的第二个状态指示灯就会发生变化，该状态指示灯表示过程报警的状态。其颜色变化所表示的含义见表 7-4：

表 7-4 过程报警定义

序号	颜色	含义
1	绿色	过程运行正常，无报警
2	绿闪	当前过程运行正常，但曾有过的报警未被确认

续表

序号	颜色	含义
3	红闪	当前过程有报警，且未被确认
4	红色	当前过程有报警，已经被确认，但报警未消除

4. 趋势图

操作员可以通过点击弹出的 OVERLAY 画面上的“T”按钮调出趋势画面，如图 7-8 所示：

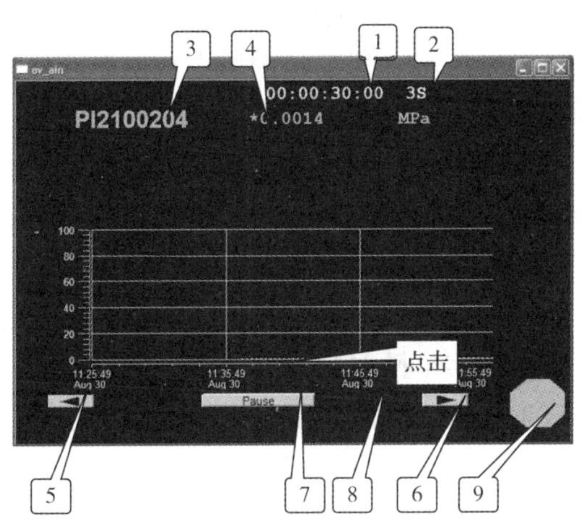

图 7-8　趋势图对话框

如图所示每部分表示含义见表 7-5：

表 7-5　趋势图对话框各部分定义

序号	含义	序号	含义	序号	含义
1	趋势的显示时间跨越度	4	数值	7	Pause/Update 按钮
2	趋势刷新时间间隔	5	向前翻按钮	8	时间
3	模块参数选项	6	向后翻按钮	9	关闭趋势画面按钮

六、系统常见问题及处理

1. 常见故障

（1）工作站及其配件故障：工作站死机、花屏、重启过程中蓝屏，报警键盘无响应，主机电源模块故障等。

（2）系统 CP、I/O 卡件等硬件故障：AI 冗余卡件故障，AO 通道损坏，通信卡故障，AI 卡通道故障，浪涌保护器损坏等。

（3）历史库故障：历史报警无法调用，历史趋势无法查询，部分点历史趋势不变化等。

（4）控制逻辑需要优化或组态需要修改：配合工艺隔离设备、切换流程等修改组态参数，发现通信参数错误并修改。

（5）工艺流程图画面需要调整、优化：根据工艺人员要求调整工艺流程图布置、检查修改错误的链接点多次。

（6）通信中断故障：分输站与 LNG 接收站通信中断。

2. 系统故障的处理方法

熟悉 DCS 系统的软硬件组成及组态方法，对 DCS 系统的维护意义重大。利用系统监测软件可以帮助我们查找、分析故障原因，定位故障设备、卡件；利用报警记录及历史报警记录可以帮助我们理清事件发生顺序，找到引起事件发生的源头；通过调用历史趋势画面，可以知道相关工艺参数的控制过程，帮助操作员更好地进行调节控制，同时维护人员也可以通过历史趋势判断故障发生的时间及初步原因；通过组态软件查看模块的详细信息和组态参数，可以很快地知道现场仪表的量程和当前输入的电流值，帮助维护人员更便捷地判断、排除部分故障原因；维护人员可以利用 DCS 系统的历史数据记录功能，对不同的设置参数引起的变化进行对比，帮助查找到合适的设置参数。

1）工作站死机

尝试通过 IA 软件自带的重启菜单重启，无法操作时再尝试通过任务管理器重启，仍然无法操作时只能通过长按电脑开机键关机，等 1min 后再通过开机键开机，启机后等软件全部启动后检查有无异常，如有部分进程未启动可通过软件自带的重启菜单再次重启(注意：通过 Windows 自带的关机、重启菜单操作对 IA 系统来说是非正常操作)，多次正常重启仍无法正常工作时需要重装该工作站，重装前做好相关备份，尤其是工程师站。

2）工作站花屏、蓝屏

通过长按电脑开机键关机，等 1min 后再通过开机键开机，若仍不正常，关机断电后检查电脑显卡等连接，重新插拔后再次重启，若硬件故障需要更换硬件，多次正常重启仍无法正常工作时需要重装该工作站，重装前做好相关备份，尤其是工程师站。

3）系统 CP、I/O 卡件等硬件故障处理

系统中任何设备发生异常时，例如：工作站、I/O 卡件、CP 出现故障，现场智能变送器与 I/A 系统连接中断等，都将引起系统管理软件的报警响应。I/A 菜单栏上的 SYS 键区域将会翻红并闪烁。同时，事先指定的打印机上也会输出报警信息。SYS 区域在每个环境中都会存在。它有以下四种颜色状态，指示不同的系统硬件的当前情况：

(1) 固定的绿色：正常。

(2) 闪烁的绿色：曾经出现过故障又恢复了正常，但未确认过。

(3) 闪烁的红色：有故障，尚未确认。

(4) 固定的红色：故障尚未解决，但已经确认。

系统管理软件在各个管理画面中利用组件的 Letterbug 名的颜色变化和边框的颜色变化来指示各组件设备的当前状态和系统通讯情况：

(1) 白色边框：正常状态，系统通信正常。

(2) 红色边框：系统中存在通信故障。

(3) 灰色 Letterbug：该组件不应出现在系统中。

(4) 白色 Letterbug：组件工作正常。

(5) 黄色 Letterbug：该组件下属设备中有工作不正常者，或冗余组件里有一方工作不正常。

(6) 红色 Letterbug：该组件出现故障。

闪烁的文字和星号代表系统中有未经确认的故障存在。如果在设备名后有“<”符号，说明此设备的报警被人为禁止。在 EQUIP CHG 里，可以选择恢复该设备的报警。

当系统报警后，进入系统管理软件的人机接口界面，交替使用 NEXT LEVEL 和双向上箭头，根据上述的颜色定义就能查找到发生故障的设备，采取诊断措施，查找故障原因。

对照查找出来的地址，去机柜间的系统柜找到对应的卡件，查看卡件工作状态是否有红灯闪烁。当冗余卡件发生故障时，直接更换备卡即可，但为防止意外发生，可将此模块所有的点打为手动，如果有 PID 模块，最好将 PID 改为手动而非输入的 RIN 改为手动，更换完成等卡件上线后改为自动；当非冗余卡件发生故障时，必须将此模块所有的点打为手动，然后更换备卡，更换完成等卡件上线后改为自动；当 CP 发生故障时，直接更换新的，然后更换上的 CP 需要手动 reset，在 CP 正面上方有个孔，点击即可。

4）历史库故障处理

（1）历史报警无法获取：结束当前进程，待自启后观察是否恢复。

（2）部分点历史趋势不变化：查看该部分点的历史库组态，调小分辨率后再测试。

（3）历史趋势无法查询：查看历史库的运行状态是否正常。如果历史库运行状态不正常，应重启历史库；如果重启完后 his 的进程还是 100%，则将工作站后的连接 OPC 的网线拔出，重启工作站。

5）控制逻辑优化或变更组态修改

根据工艺变更查看原先的逻辑组态，然后根据具体的优化算法重新组态逻辑。

根据工艺隔离要求，将相应的控制模块打到手动控制模块，强制逻辑中预留的联锁判断点（有连接点的需要找到最源头强制），若要强制开关调节阀，则要绕开对阀门的限位控制，直接找到该阀门最后的输出模块强制手动，然后手动调节输出值，恢复时直接将该模块强制手动取消即可。

6）工艺流程图画面调整、优化

根据工艺要求，检查 Foxdraw 软件中画面参数点链接是否正确，修改错误的链接；重新调整工艺流程图画面布局，让其更合理更直观。

7）与分输站 OPC 通信中断

首先检查历史站历史数据是否正常。若不正常，此时则需要先停 OPC 客户端，后停 OPC 服务器，之后重启历史站，观测历史数据是否正常。历史站启动完成后检查历史数据正常后，启动 OPC 服务器，OPC 服务器重启完成后再启动 OPC 客户端。

若历史站数据正常，则进 OPC 服务器打开 Matrikon OPC Explorer 软件测试 OPC 服务器与历史站通信状态。若通信显示值为 GOOD，则表示历史站与 OPC 服务器通信正常，此时仅需将 OPC 客户端重启即可。

若 OPC 服务器无法访问历史站数据，则故障点可能是 OPC 服务器引起的，此时则需要停 OPC 客户端，OPC 客户端关机后再将 OPC 服务器重启，OPC 服务器重启完成后再启动 OPC 客户端即可。

注意：处理历史库相关问题时（重启、整理等），也要严格按照上述步骤处理，并且在处理前先通知操作员将现场阀门打到就地位置，确认通信一切恢复正常后再通知操作员逐一将现场阀门恢复到远控位置。

第二节 安全仪表系统

安全仪表系统，即SIS(Safety Instrumentation System)，是LNG接收站生产过程中的一种自动安全保护系统，主要用于人员、环境和设备的保护。IEC 61511将其定义为：用于实施一个或多个安全仪表功能的仪表系统，主要包括传感器、逻辑解算器和最终执行元件。当违反特定条件时，自动将生产工艺设置到安全状态，减轻工业危险的后果。

一、系统组成

SIS系统主要包括传感器、逻辑运算器和最终执行元件，即检测单元、控制单元和执行单元。它可以监测站内生产过程中出现的或者潜在的危险，发出报警信息或直接执行预定程序，立即执行相关操作，防止事故的发生或降低事故带来的危害和影响。

SIS硬件包括所有的机柜、仪表盘、控制设备、工作站、服务器、工程师站、打印机、操作站、操作台、输入/输出模块、处理器、网关、网桥、适配器、转换器、网络集线器、系统电源、电源分配、接线端子、连接电缆、接线柜、远程I/O接线箱、手动报警按钮、厂家建议的备件、耗材和任何其他要求用来操作和维护SIS的组件。

SIS软件包括所有操作系统、研发工具、诊断程序、应用软件、组态工具以及与过程控制系统(DCS)的接口配置或与机械保护系统或成套设备的PLC等其他系统的接口配置。

LNG接收站的SIS系统可以分为个四区域，即储罐及工艺区、码头区、海水取水区和槽车装车区。

储罐及工艺区的SIS控制柜设在中央控制室的机柜间，辅助操作台和DCS系统操作站统一布置在中央控制室，工程师站/SOE站设在中央控制室的工程师室。

码头部分的SIS控制柜设在码头仪表间的机柜间，辅助操作台和DCS系统操作站统一布置在码头仪表间、工程师站/SOE站设在码头仪表间。码头部分的SIS系统通过冗余以太网接口光纤连接至中央控制室机柜间，与储罐及工艺区的SIS系统连接。

海水取水部分的SIS控制柜设在海水取水机柜间，工程师站/SOE站与储罐及工艺区SIS系统共用。海水取水机柜间通过冗余以太网接口光纤连接至中央控制室机柜间，与储罐及工艺区的SIS系统连接。

二、系统功能

SIS系统独立于DCS系统，是接收站人员及设备保护的重要系统，其安全级别较高，在设备或接收站发生危险时，通过迅速关停相关操作设备及关闭相关阀门，隔离相关设备，避免发生危险或降低事故损失，其主要功能如下：

(1) 安全仪表联锁的预报警。

(2) 事故原因的区别。

(3) 站内系统出现异常时的安全联锁。

(4) 联锁报警和联锁动作显示。

(5) 联锁的分级管理。

(6) 手动紧急停车。

(7) 联锁复位。

1. 工程师站兼SOE站

系统需设置两个工程师站，用于安全仪表系统的组态、编程、故障诊断、状态监测及系统维护。在控制室设置两个SER/SOE工作站，与工程师站共用同一台电脑，用于在线记录系统的各类报警及动作事件，并进行存储，可供查询、追溯、打印。

2. 定义历史报警

报警可以理解为一种"在线"行为，表明窗口的报警要么正在激活中，要么尚未被复位。事件一般不显示在报警窗口中(事件可以理解为一种低级别的报警)。

选择过滤的几种情况：

(1) 在时间窗口中可以定义事件触发时间、结束时间及确认时间，能以真实时间或相对时间来表示。

(2) 在窗口中你可以经常指定事件起始时间，结束时间和确认时间则不会随之变化。

历史报警记录还可以以不同的级别、区域和报警类别来加以过滤。这些历史报警不但可以显示在屏幕中，同时可以保存成单独的文件。

三、系统常见问题及处理

1. 中央设备中的故障

当冗余中央模件的PES发生故障时，未发生故障地设备无干扰地接管操作，并在正常运行的中央模件的诊断显示器上显示"MONO"。当不冗余中央模件的PES发生故障时，则会导致PES停车，并在故障中央模件的诊断显示器上显示"STOP"。如果按下故障中央模件前面的按钮，则会显示故障代码。

注意：在按"Ack"按钮前，可以将故障历史信息(Control Panel, Display of the error status of the CPU)存储在文件中。按下"Ack"按钮后，处理器RAM中，所有存储的错误信息会被删除。

当连上编程设备后，可以显示已发生的错误，这些信息存储在PES的RAM中，这些信息对分析错误非常重要，应该通过"打印"或"输出"来保存它们。

如果要替换中央模件，要注意正确的拨码开关位置和正确的操作系统版本。在冗余系统中，如果在更换中央模件后要加载用户程序，注意以下的操作：

(1) 在冗余系统中，可以通过"自学习"加载用户程序。

(2) 确保安装在正确的中央模件上。

(3) 在运行中央模件中现有的用户程序与替换中央模件中要加载的用户程序的版本代码必须一致。

2. 输入/输出模件的故障

在运行期间，PES自动识别安全相关输入/输出模件中的故障，I/O故障显示在诊断显示屏中，并指示其故障位置。如果输入/输出模件有线路监测功能，则对连接传感器和执行机构的连线也进行检查，故障显示在诊断显示屏中，并指出故障通道的编号。这种情况下，外部线路也需要检查，并不一定要更换模件。

非安全相关输入/输出模件的通道故障会引起逻辑信号状态和电缆连接器上LED灯状态的差别，如果逻辑信号与LED状态显示不一致，则需要更换相应的输入/输出模件。对于输出模件，首先需要检查是控制单元工作出了问题还是有线路干扰。

输入/输出模件可以在线插拔。

3. 通信模件的故障

模件故障通过前端LED指示，通过系统变量，相应的功能块会告知用户程序。为了保持SIS系统的冗余性，故障通信模件必须立即更换。在运行的冗余系统(两个中央模件)中更换故障模件，必须遵循下列步骤：

(1) 拧开中央模件的固定螺丝。

(2) 拔出相关的中央模件。

(3) 拧开需要更换模件的固定螺丝。

(4) 拔出故障协处理器模件或通信模件。

(5) 拔掉所有接口电缆包括用于冗余的电缆。

(6) 用来替换的模件上的所有拨码开关的位置应与故障模件上的一致。

(7) 插上所有接口电缆包括用于冗余的电缆。

(8) 插入替换的协处理器模件或通信模件。

(9) 拧紧替换模件的安装螺钉。

(10) 插入相关的中央模件。

(11) 拧紧中央模件的安装螺钉。

4. 模件的维修

维修过程中必须做特殊的测试。因此，不允许用户自己维修故障模件，应该送往HIMA修理，并附有客户确认的简短的故障描述：

(1) 模件的ID号，例如F 8650E模件：01. 064894. 022。

(2) 到目前为止的用于维修的测量。

(3) 详细的故障诊断，对于冗余的PES需要两个中央模件的诊断信息。

第三节　储罐管理系统

储罐管理系统，即TMS(Tank Management System)，是专门用于监测LNG储罐中物料状态并进行分析、预警的管理系统。

一、TMS组成

TMS主要由系统硬件、软件以及储罐测量仪表组成。

系统硬件主要包括工作站计算机、网络通信设备、处理器、电源设备以及各种功能卡件等。硬件设备一般冗余配置，冗余设备能够在线自诊断，出错报警，无差错切换，系统的各种插卡能够在线插拔、更换。

TMS系统采用专用软件实现对储罐参数的实时监控以及对储罐生产及安全管理。

储罐仪表主要包括液位测量仪表和温度测量仪表。液位测量仪表包括LTD测量仪表、雷达液位计、伺服液位计。温度测量仪表包括多点温度计、吊顶板及环隙空间温度检测仪表以及储罐冷却温度检测仪表(图 7-9)。

1. LTD 测量仪表

LTD 测量仪表是一种先进的机电系统，利用一个多传感器探测器组件测量低温液体的液位、温度和密度，可以定期采集储罐剖面曲线，从而检测分层情况以及可能的翻滚状态，并产生警报提醒操作人员采取预防措施(比如混合液体)进行干预(图 7-10)。

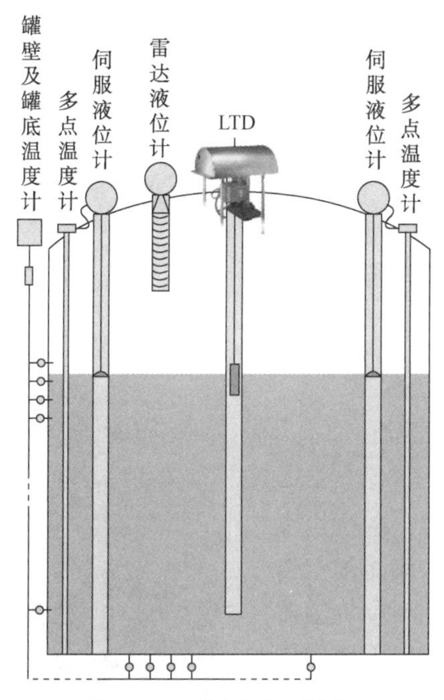

图 7-9　储罐仪表布置图

图 7-10　LTD 结构图

1) 结构组成

LTD 测量仪表由带微处理器的现场控制装置、机械驱动装置和一个多传感器探测器组件组成。在 LTD 测量仪表工作时，探头在控制装置的指令下由机械装置驱动在 LNG 中做垂直运动，探头内的传感器可分别测量出储罐内 LNG 的液位、温度和密度(图 7-11、图 7-12)。

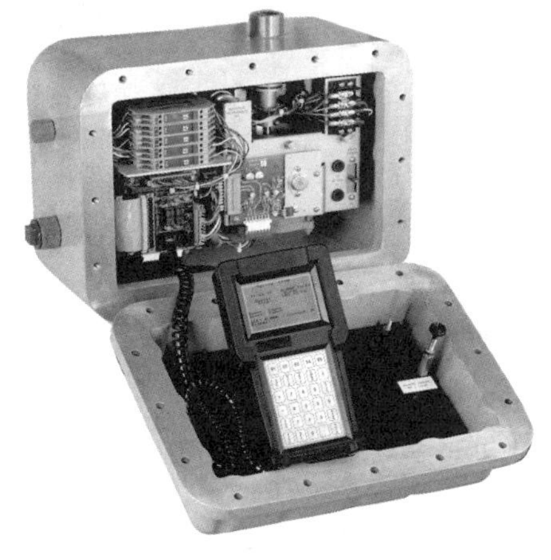

图 7-11　LTD 测量仪表控制装置

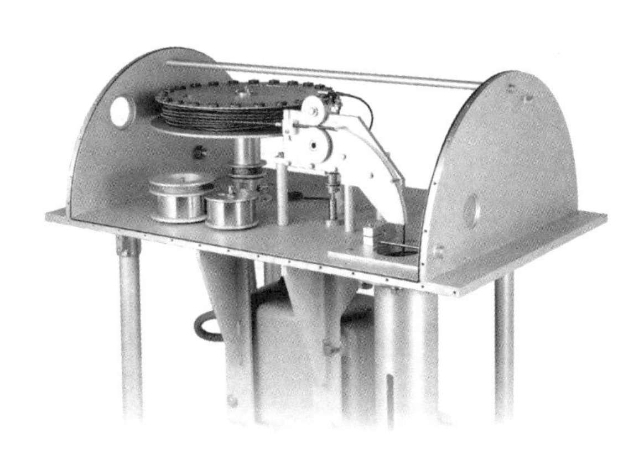

图 7-12　LTD 测量仪表机械装置

探测器组件包括两个液位传感器、一个温度传感器、一个密度传感器以及一个底部基准开关(图 7-13、图 7-14)。

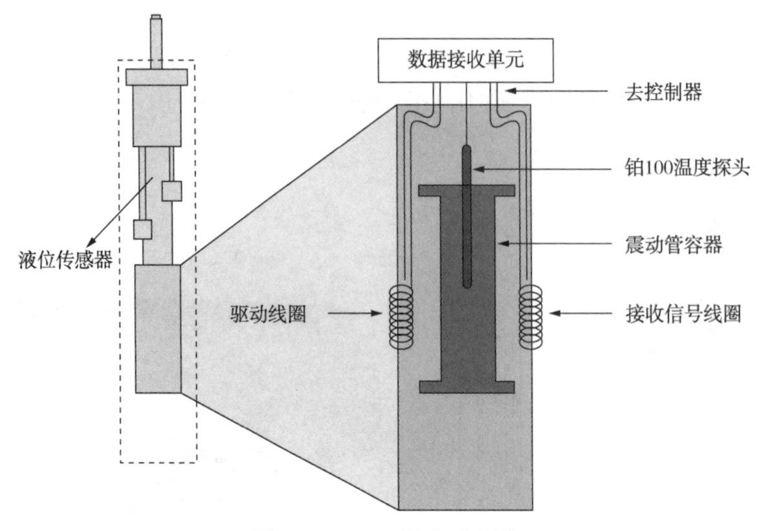

图 7-13　LTD 探头示意图

2）测量原理

(1) 液位测量。液位传感器处于液体和蒸气中时，会产生不同的电压值。控制装置借助传感器电压值的这种差异就能确定传感器是处在液体中还是蒸气中。控制装置可以将两个液位传感器在垂直反向分开一小段距离，然后“找到”液面点，此时下面的传感器在液体中，上面的传感器在蒸气中。

(2) 温度测量。温度传感器是一个铂电阻元件，利用激励电流在传感器上产生与其电阻成正比的传感器电压，然后经过模拟/数字转换器对此电压进行数字化处理转化为电阻值，并通过计算机将其与数据表进行比较，从而测得温度值。

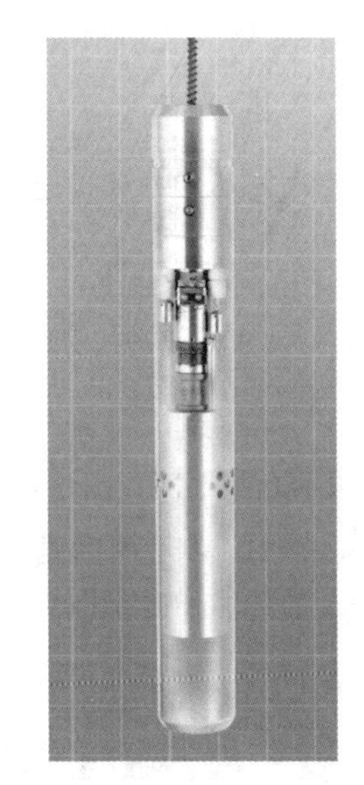

图 7-14　LTD 探头实物图

(3) 密度测量。密度计中有一个薄壁缸体，通过远程保持放大器设置并保持在轴向振动状态。振荡缸体的内外表面都完全被液体所包围，因此液体也保持在振荡状态，其共振频率依赖于振荡系统的总质量。通过位于密度计包内的一个感应线圈来检测缸体振荡的频率。密度计及其相连的保持放大器向控制装置输出一个方波信号，其频率与密度成正比。控制装置确定此信号的频率，并针对此密度计采用一个密度转换公式以及校准参数，计算浸没密度计的液体的密度。

(4) 底部基准开关。当探测器接触到储罐底部时，通过一个机械开关组件向控制装置发出信号。在控制装置检测到“探测器位于基准位置”的情况以后，会让探测器停止向下运动，并将探测器位置设定到预先编程的底部基准值。底部基准值表示从液位传感器距离探测器底部的距离。

3）操作模式

LTD 系统自动、校准、剖面、顶部扫描以及人工模式五种操作模式，可以满足维护活动和日常操作需要。在日常操作中，最常用的模式是自动、剖面和顶部扫描。人工模式一般只用于维护活动。校准模式可以在必要的情况下使用，比如在维护以后已经断电的情况下或者需要确定最精确的液位的情况下。

(1) 自动模式(AUTO)。在系统处于自动驱动模式的情况下，控制装置会让探测器确定并跟踪液体/蒸气界面的位置。自动模式是正常操作模式，系统会报告所有警报，可以自动运行设定的剖面程序。在剖面程序或校准程序结束时，系统会返回到自动模式。

(2) 校准模式(CAL)。在断电或进行维护活动之后，需要进行校准。如果选择了校准模式，控制装置会让探测器前进到储罐底部，以确定底部基准，然后返回到液面处，此时系统会返回到自动模式。

(3) 剖面模式(PROFILE)。在剖面模式下，从储罐底部一直到液面读取温度和密度值，为操作人员提供储罐内当前准确的状态信息。在底部，探测器会按照设定的延时停留一段时间，以便让探测器周围的储罐环境稳定下来，在经过这段时间以后，会采集位置、温度和密度读数，然后探测器向上运动，按照设定的步长停顿，以采集温度和密度数据。在每个点都停留同样长的设定延时，以便让读数稳定。在采集了最大点数或者找到液面之后，就会停止剖面信息采集。在采集了所有读数之后，会分析数据并产生相关的警报。在完成剖面操作之后，系统会返回到自动模式。这样就采集和存储了储罐完整的剖面信息，可以输出到一个主计算机。

(4) 顶部扫描模式(TOP SCAN)。在顶部扫描模式下，探测器从当前位置开始，向上或向下运动，并在达到最大点数或者扫描了预定的距离后停止。顶部扫描模式非常灵活，可以用来检查储罐的任何一部分，甚至是蒸气。在剖面模式下，找到液面后就会停止；而在顶部扫描模式下，会忽略液位传感器。在采集了所有读数之后，会分析数据并产生相关的警报。在完成顶部扫描操作之后，系统会返回到自动模式。

(5) 手动模式(MANUAL)。在维护活动中常使用人工模式，在这种模式下可以手动控制探测器的运动，在操作中可以停止探测器，使其不跟踪液位，也可以使其快速、中速或慢速上下运动。在人工模式下不会报告警报，也不会更新液位读数。

2. 雷达液位计

雷达液位计(图 7-15)采用发射—反射—接收的工作模式，运用回波测距原理，实现完全非接触式测量。雷达液位计的天线发射出电磁波，这些波经 LNG 表面反射后，再被天线接收。通过测量电磁波运行时间即可算出雷达液位计到液面的距离。

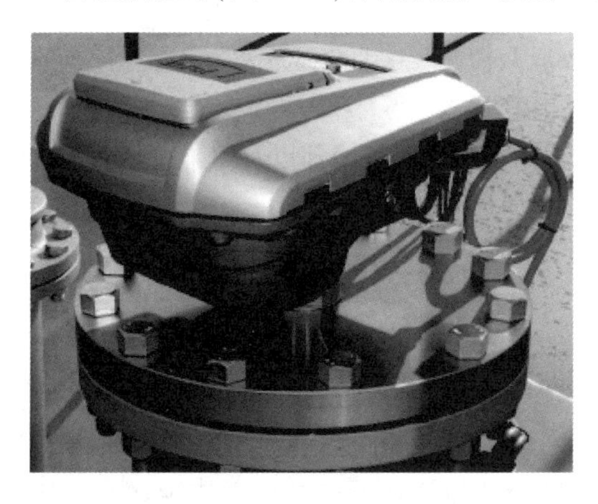

图 7-15 雷达液位计

雷达液位计采用一体化结构、模块化及集成化设计，通过法兰连接安装在储罐顶部的导向管上。

雷达液位计的现场处理单元是基于微处理器的电子控制设备，并且带自诊断功能，将采集的数据进行处理并通过内部总线或通信接口传送到设置在中央控制室的储罐管理系统。

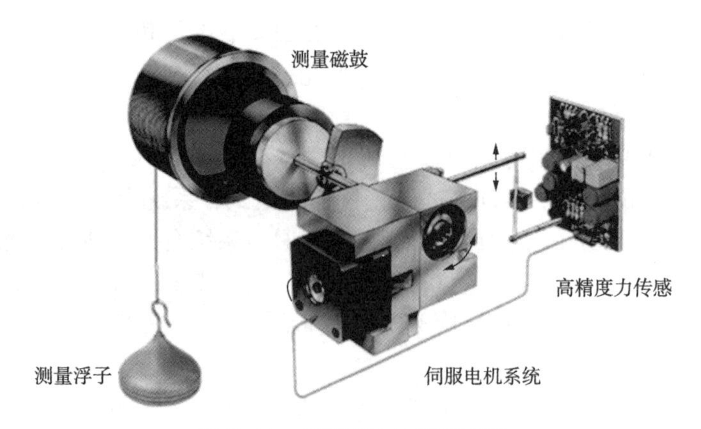

图 7-16　伺服液位计测量原理

3. 伺服液位计及多点温度计

伺服液位计(图 7-16)主要由浮子、测量钢丝、磁鼓、伺服马达组成，测量的基本原理是通过检测浮子上浮力的变化来测量液位。

浮子由缠绕在带槽的测量磁鼓上的测量钢丝吊着。磁鼓通过磁耦合与步进马达相连接。测量钢丝上的张力表现为测量浮子所受的重力与浮力的合力。当液位下降时，测量浮子所受浮力减小，则测量钢丝上的张力增加，张力的改变立即传达至力传感器的张力丝上，使其拉紧，检震器检测到张力丝上的频率增加，伺服控制器随即发出命令，令伺服电机带动测量鼓逆时针转动，伺服电机以 0.05mm 的步幅放下测量钢丝，测量浮子不断地跟踪液位下降的同时，计数器记录了伺服电机的转动步数，并自动地计算出测量浮子的位移量，即液位的变化量。当液位上升时，测量过程相反。

多点温度计，用于测量不同高度液位处的 LNG 温度，采用一体化、集成化结构设计。$16\times10^4m^3$储罐通常均匀布置 16 点温度检测点，每点采用独立的温度测量传感器，温度传感器安装在封闭的温度计套管中。温度测量信号接入到伺服液位计的现场处理单元，通过伺服液位计的通信总线传送到储罐管理系统中。

4. RTD 系统

布置在储罐顶部吊顶板上的 RTD，用于测量罐内产生的 BOG 的气相温度。

在内外罐环形空间均匀布置 RTD，用于 LNG 泄漏检测，一旦发生 LNG 泄漏，各点的温度会降低，通过检测温度即可以测出 LNG 是否发生泄漏。

在内罐的底部及罐壁上布置表面温度探测器，用于储罐初始冷却以及储罐正常使用时的温度测量。

二、TMS 功能

储罐管理系统(TMS)将利用 LNG 储罐现场仪表的测量数据，并采用专用软件对储罐内 LNG 的液位、温度、密度等参数进行实时监测，并对 LNG 翻滚可能性进行预估，并提供操作指导，避免储罐内发生液体分层、翻滚等危险情况。此外，还可根据测量参数计算出储罐内 LNG 的体积、质量以及库存管理所需的其他信息，便于生产管理和实际运行操作。

TMS 主要实现以下功能：

（1）储罐液位、温度、密度等参数的采集与显示。

（2）基于 API、ASTM 进行 LNG 体积、质量和 LNG 蒸发量计算的储罐库存管理。

（3）通过 LTD 测量的温度与密度数据进行分层检测。

（4）通过集成在 TMS 中的翻滚预测软件进行翻滚预测。

（5）提供参数超限及分层报警管理。

（6）能够与 DCS 通信。

三、储罐管理系统常见问题及处理

1. 仪表问题

常见故障：仪表测量数据偏差大；LTD、伺服液位计机械驱动装置故障等。

排除方法：如果仪表测量数据偏差大，应该重新校准仪表或重新标定基准点。LTD、伺服液位计机械驱动装置发生故障，应检查驱动电机是否正常、钢丝绳是否卡涩等。

2. 系统硬件故障

常见故障：系统通信故障、控制模块故障以及电源系统故障等。

排除方法：如果通信故障，检查接线、I/O 模块、通信接口等是否正常；如果控制模块故障，检查控制模块电源、接线、CPU 卡等是否正常；如果电源系统故障，检查电源设备、断路器、继电器等是否正常。

第四节 火灾和气体检测系统

火灾、可燃气体及低温 LNG 泄漏是接收站面临的主要危险因素，这些都直接威胁到职工及企业的人身财产安全。为了对现场危险因素进行及时、准确、可靠地检测和报警，将可能的事故及早消除以及对已发生的事故使损失降到最低，接收站都设置火灾和气体检测报警系统。

一、系统简介

火气系统是用于监控火灾和可燃、有毒气体泄漏事故并具备报警和一定灭火功能的安全控制系统。火气系统能够准确探测火灾和气体泄漏的程度和事故地点，触发相关的广播和声光报警设备，并且根据事故发生的严重性等级而确定报警和消防设备控制器输出等级，从而控制和避免灾难的发生，以防止对生产设备和人员的伤害以及对环境的影响。

火气系统是基于计算机技术、控制技术和通信技术(3C 技术)，将现场所有用于检测火灾和气体泄漏的探测器和报警器以及联动消防设备组成的一个安全控制系统，其具有以下特点：

（1）可靠性：根据系统安全等级的要求选用安全 PLC 作为火气系统的控制器，各关键部分通过冗余设计，其性能可以达到 SIL2 或 SIL3 等级。

（2）实时性：具有 SIL2 和 SIL3 等级认证的安全 PLC 可以做到毫秒级响应，能够及时地在操作站或监控站等设备上显示现场报警信息。

（3）兼容性：可以根据生产装置的实际情况把检测火焰、烟感、温感、可燃气、毒气及手动报警信号进行灵活组合，还可同 DCS 和 ESD 等系统通信，形成全厂的安全管理系统。

(4) 实用性：可以根据生产装置的实际情况设计适合当前情况的逻辑程序，以后的工艺流程如果有所变化，可以很方便地进行修改组态，而不用增加不必要的硬件成本。大量的信息可以通过简单的画面进行现场显示，同时各种历史记录和数据能够进行存储和上传。

(5) 扩容性：基于 PLC 技术，具有大容量、模块化构架，便于扩容；灵活的组态软件可根据现场工艺要求进行扩容。

(6) 方便性：界面友好，图形化显示，报警点位置明确。

二、系统组成

火气系统通常由安全控制系统、检测单元、联动输出单元以及辅助单元等组成。如图 7-17所示为完整的火气系统结构图，LNG 接收站配置的火气系统不一定具备图中所有功能。

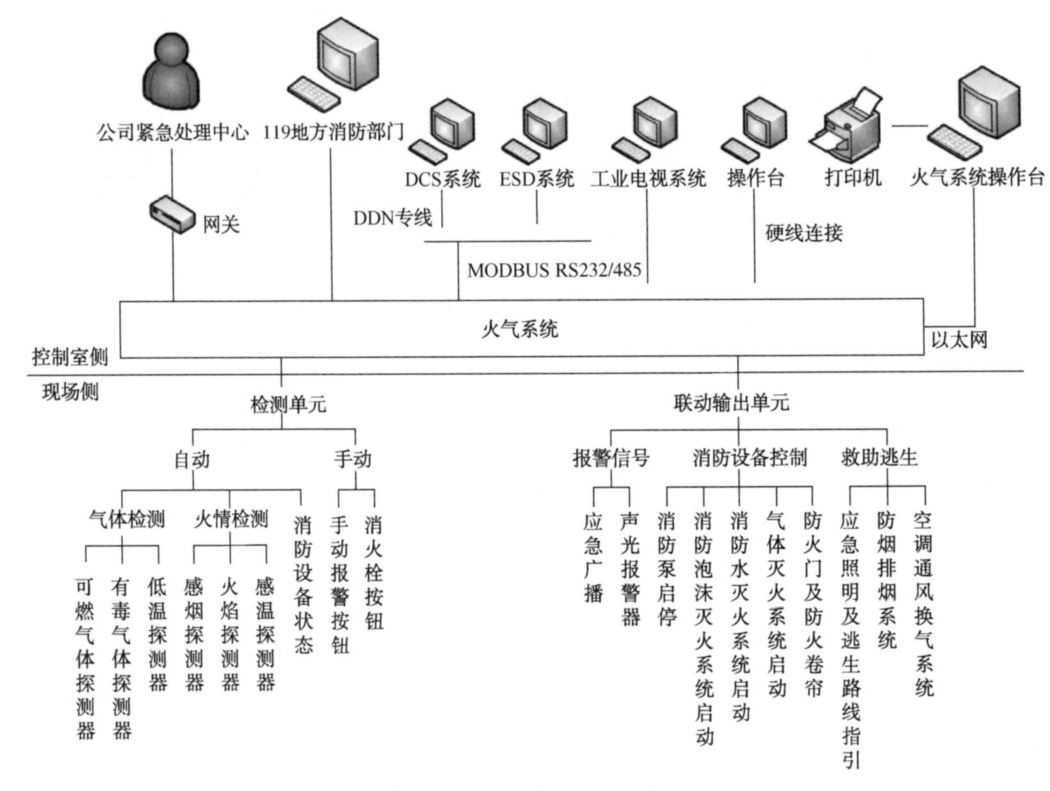

图 7-17　火气系统结构图

1. 安全控制系统

控制器、电源、通信采用冗余容错结构，具有完善的自诊断测试功能，支持卡件热插拔和在线程序修改下装。系统为故障安全型。

2. 检测单元

检测单元包括火情检测和气体检测两部分，用于火情检测的探测器有火焰探测器、感温探测器和感烟探测器，用于气体检测的探测器有可燃气体探测器、有毒气体探测器(LNG 接收站一般无有毒气体，故不配置有毒气体探测器）以及检测 LNG 泄漏的低温探测器。

火焰探测器通常选用室外隔爆型三频红外火焰探测器，主要布置在火灾危险性大的区域如码头、储罐罐顶的低压 LNG 输送泵、再冷凝器、高压输出泵区、开架式气化器、浸没燃烧式气化器、计量站、BOG 压缩机等区域。

感烟探测器用于探测电气和纤维类火灾，布置感烟探测器的建筑有中央控制室、行政类房间（办公室）、各建筑物内房间、各建筑物内空调室、食堂、维修车间和仓库、门卫、建筑物走廊等。

差定温缆式线型感温火灾探测器用于主变电站、工艺变电站、码头变电站、控制室等场所内的电缆夹层、电缆沟、电缆桥架、活动地板下及吊顶等处的电缆类火灾早期探测报警。

红外可燃气体探测器用于探测可燃烃类气体，探测器分为点式和线型可燃气体探测器两种。室内使用点式红外可燃气体探测器；室外采用点式红外可燃气体探测器和线型可燃气体探测器进行全方位无盲区气体泄漏探测，室外可燃气体探测器成网格状布设在工艺设备周围，以保证可以探测任何风向下的气体泄漏。

低温探测器一般采用 RTD 加变送器的方式，用于检测 LNG 泄漏。

3. 联动输出单元

联动输出单元由声光报警器和联动消防设备组成。当检测到气体泄漏或火灾发生时，联动输出单元可发出声光报警并控制事故区域消防设备启动，阻止事故扩大。

4. 辅助单元

辅助单元主要包括工业电视系统和广播对接系统。

三、系统功能

火气系统能够快速地检测到火灾、可燃气体或低温 LNG 的泄漏，一旦检测到危险情况，系统能够及时报警并自动执行相应的消防保护措施。

接收站火气系统主要执行以下功能：

（1）监测、收集和显示来自火灾、可燃气体及低温探测器的数据。

（2）发生火灾、可燃气体及低温 LNG 泄漏时发出报警。

（3）通过图形化显示，对事故区域精确定位。

（4）自动激活相应的联动保护程序，阻止事故扩大。

四、火气系统常见问题及处理

1. 误报警

故障原因：探测器故障、探测器零点漂移、探测器积灰等。

排除方法：检查探测器，如果存在故障，维修或更换探测器；如果是零点漂移，重新标定校零；如果探测器积灰严重，应定期清洗维护。

2. 联动失败

故障原因：联动设备处于手动模式；联动设备故障；通信故障；控制器故障等。

排除方法：检查联动设备工作模式，如果处在手动模式，应切换到自动模式；检查联动设备状况，如果存在故障，应进行维修；如果是因为通信故障或控制器故障导致联动失败，应维修或更换相应设备。

3. 通信故障

故障原因：通信设备故障；通信线路开路、短路或接地不良；通信接口板故障；探测器或模块故障等。

排除方法：检查通信设备，如果存在故障，维修或更换通信设备；检查通信线路，若存在开路、短路、接地不良等故障，修复线路；检查通信接口板，若存在故障，维修或更换通信接口板；若因为探测器或模块等设备造成通信故障，更换或维修相应设备。

第八章　接收站的运行操作难点

第一节　接收站运行控制要点

接收站生产运行的主要任务是接收储存 LNG 并对其加工气化，输送至外输管网，供给下游用户。因此，生产过程中应将卸船和气化外输作为控制要点。

一、最小外输的控制

外输量减小时主要影响再冷凝器和高压泵的运行和储罐的压力控制。

再冷凝器工艺简图如图 8-1 所示。

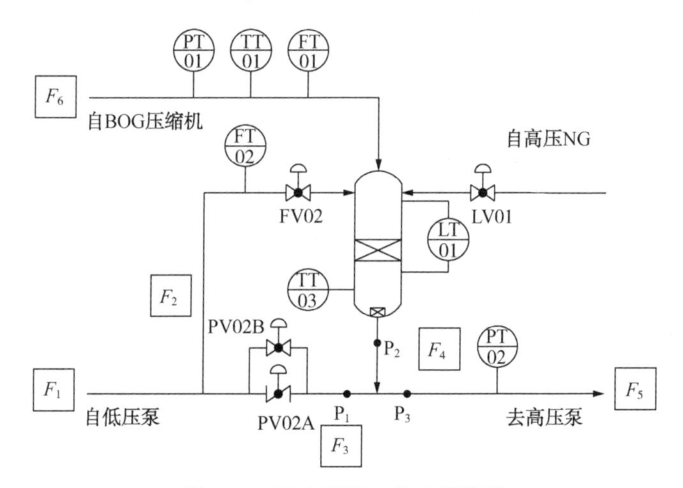

图 8-1　再冷凝器工艺流程简图

再冷凝器运行时，相关流量关系如下：

$$F_1=F_2+F_3 \tag{8-1}$$

$$F_5=F_3+F_4 \tag{8-2}$$

$$F_4=F_2+F_6 \tag{8-3}$$

式中　F_1——低压输出泵至外输的 LNG 总流量，t/h；

F_2——进入再冷凝器的 LNG 流量，t/h；

F_3——P_1 点的 LNG 流量，t/h；

F_4——P_2 点的 LNG 流量，t/h；

F_5——P_3 点的 LNG 流量，亦为进入高压泵的 LNG 流量，t/h；

F_6——进入再冷凝器的 BOG 流量，t/h。

假设 BOG 流量 F_6 不变，当控制再冷凝器出口温度不变时，F_2 和 F_4 也不变。当接收站输出量逐渐减小，P_1 点和 P_3 点的 LNG 流量，即 F_3 和 F_5 也相应减小。随着 F_3 和 F_5 的减小，P_3 点的 LNG 温度将逐渐升高。

P_3 点 LNG 温度升高将对高压泵运行带来潜在影响。为防止高压泵运行过程中发生气蚀，P_3 点 LNG 的泡点压力应该小于 P_3 点的工艺运行压力。随着 F_4 减小，P_3 点的温度会越来越高，当 P_3 点 LNG 的泡点压力应该等于 P_3 点的工艺运行压力时，即达到 F_4 最小值，此时的外输量即为接收站的最小流量。

为了减小外输量降低过程中 P_3 点 LNG 温度上升幅度，可以降低 F_6，即减小 BOG 压缩机的负荷，但此方法会牺牲储罐压力的可控程度。当外输量减小，因换热累积在工艺系统和 LNG 储罐内的热量会逐渐增加，造成 LNG 气化增加，BOG 产生量增加。BOG 产生量增加和 F_6 减小均会造成储罐压力上升。当储罐压力升高至最高可控压力时，外输量和 BOG 压缩机负荷即均达到极限最小量。

由上述分析，外输量降低时需要关注两方面问题：一是高压泵入口 LNG 的泡点压力应该小于运行条件下的工艺压力；二是储罐压力应该在可控范围内。当任一条件达到控制范围极限时，外输量即为当时工况条件下的最小外输量。

二、最大外输的控制

接收站最大外输应控制在接收站生产能力之内，影响接收站生产能力的因素主要是工艺设备的生产能力。

短时间内生产能力的主要限制因素是气化器的气化能力。

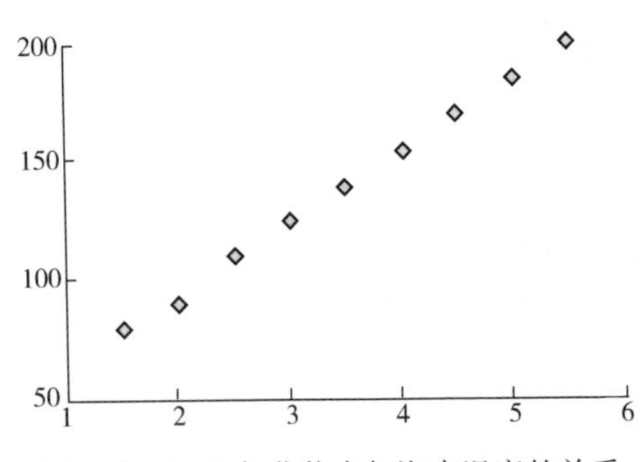

图 8-2　ORV 气化能力与海水温度的关系

以江苏 LNG 接收站为例，如图 8-2 所示，在保障 ORV 运行安全的前提下，当海水温度降低至 6℃以下时，气化能力变化和海水温度变化近似呈线性关系。海水温度越低，ORV 气化能力越小。当海水温度下降到一定程度，ORV 运行时换热管板结冰逐渐增多，此时需要根据结冰情况及时调整 ORV 负荷，控制结冰高度。如果发现不均匀结冰，须及时停止 ORV。同时，需要加强现场巡查，清除附着在换热管板上的海生物及其他杂质。

长时间生产能力的主要限制因素主要是设备和工艺系统稳定运行的能力。

为了保证长时间、大负荷稳定生产：一是需要保证设备有一定的备用率，以便在某一设备出现故障时能够及时切换至备用设备，保障生产负荷稳定；二是需要盘点设备运行的物资是否充足，比如 SCV 运行时需要消耗大量氢氧化钠溶液；三是需要协调接卸船和外输量，保证有足够的 LNG 资源用于外输。

另外，在外输量较大时，还应关注以下几方面情况：一是外输压力变化。当外输量较大时，应保持与输气管网的调度联系，及时调整外输压力或外输量，防止管线超压运行。二是检查现场设备运行状态，包括高压输出泵的振动、管线的振动等。三是核算供电系统的运行负荷。设备运行不能超过供电系统的最大能力。

三、增压外输工艺的控制要点

中国石油三个 LNG 接收站均对 BOG 处理系统作了工艺改造，可以实现 BOG 的直接增压外输。

BOG 增压外输工艺是经过两级压缩机串联增压实现的，第一次增压是将 BOG 从 0.02MPa 增压至 0.7MPa，第二次增压是将 BOG 从 0.7MPa 增压至 9MPa。

BOG 增压外输工艺的控制要点是匹配两级压缩机的负荷。目前，接收站内使用的 BOG 压缩机均为活塞式压缩机，活塞式压缩机的特点是每个冲程的排气量比较固定。当一级压缩机负荷较大，二级压缩机负荷较小时，容易造成一级压缩机出口压力高或二级压缩机进口压力高，触发联锁保护停机；当一级压缩机负荷较小，二级压缩机负荷较大时，容易造成一级压缩机出口压力低或二级压缩机进口压力低，触发联锁保护停机。

四、储罐分储分输工艺的控制要点

国内部分接收站设计建造了可用于储罐向槽车充装的独立管线，实现了分储分输的工艺流程。

分储分输的优势是可以将密度大的 LNG 存储在专门的储罐中，装车时单独充装，增加 LNG 销售商的经济效益，进而增加槽车站装车量。

分储分输的工艺控制难点主要有两点：一是流程切换时，因阀门开度匹配不合理，低压输出管线出现压力波动，影响气化外输工艺流程；二是因装车管线管道容量较小，对压力和流量变化缓冲能力弱，低压泵启停和装车启停过程中压力波动较大，容易出现管线压力高，导致低压泵出口流量低联锁停机的情况。

因此，在分储分输工艺操作时：一是要设计好阀门切换的流程，在操作时关注低压输出管线压力变化，尽可能减少压力波动；二是要调整低压泵回流阀的开闭速率，使其能够匹配低压泵流量变化，避免出现低压泵流量低停机的情况。

第二节　再冷凝器的控制要点

再冷凝器既是接收站回收处理 BOG 的核心设备，更是高压泵的入口缓冲罐，保证了高压泵的安全运行。因此，再冷凝器运行的平稳性直接影响到整个 BOG 处理和气化外输生产过程，必须予以重点关注。

一、再冷凝器运行涉及的三个基本平衡关系

影响再冷凝器运行的因素很多，其都是通过影响物料平衡和能量平衡的形式来影响再冷凝器的操作的，且再冷凝器的物料平衡和能量平衡之间通过相平衡联系在一起。

1. 物料平衡关系

对于再冷凝器，进料与出料应保持平衡，即总物料量及任一组分的量应符合物料平衡关系。对图 8-3 所示的再冷凝器，其物料平衡关系如下所述。

对总物料平衡关系而言，顶部 BOG 进料量与 LNG 进料量之和应等于底部 LNG 输出量与再冷凝器内持气量与持液量变化之和，即

$$\frac{\mathrm{d}q_{V1}}{\mathrm{d}t}+\frac{\mathrm{d}q_{L1}}{\mathrm{d}t}=\frac{\mathrm{d}q_{L2}}{\mathrm{d}t}+\frac{\mathrm{d}r_1}{\mathrm{d}t}+\frac{\mathrm{d}r_2}{\mathrm{d}t} \tag{8-4}$$

对某一组分 i 而言，顶部进入再冷凝器的 BOG 中 i 组分含量与 LNG 中 i 组分含量之和应等于再冷凝器底部输出 LNG 中 i 组分含量与再冷凝器内液相 i 组分和气相 i 组分含量变化之和，即

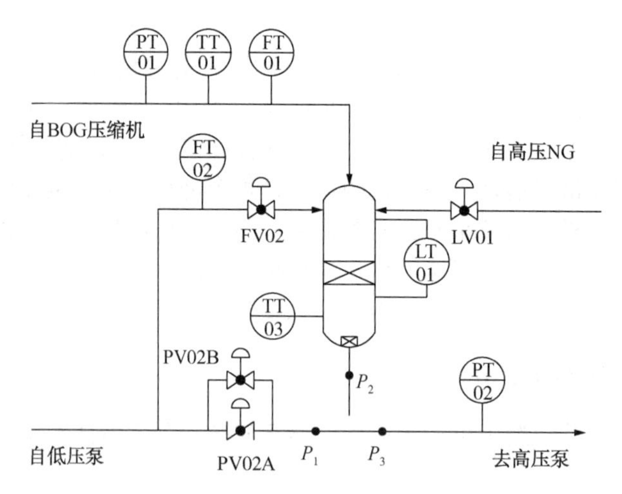

图 8-3　再冷凝器工艺流程图

$$\frac{\mathrm{d}x_i\mathrm{d}q_{V1}}{\mathrm{d}t^2}+\frac{\mathrm{d}y_i\mathrm{d}q_{L1}}{\mathrm{d}t^2}=\frac{\mathrm{d}z_i\mathrm{d}q_{L2}}{\mathrm{d}t^2}+\frac{\mathrm{d}z_i\mathrm{d}r_1}{\mathrm{d}t^2}+\frac{\mathrm{d}u_i\mathrm{d}r_2}{\mathrm{d}t^2} \tag{8-5}$$

式中　q_{V1}——BOG 进料量；

q_{L1}——再冷凝器顶部 LNG 进料量；

q_{L2}——再冷凝器底部 LNG 输出量；

r_1——再冷凝器持液量；

r_2——再冷凝器持气量；

x_i——BOG 进料 i 组分含量；

y_i——再冷凝器顶部 LNG 进料 i 组分含量；

z_i——再冷凝器底部 LNG 输出 i 组分含量；

u_i——再冷凝器内气相 i 组分含量。

注意：以上各量均以摩尔量计。

2. 热量平衡关系

再冷凝器运行涉及的能量包括压力能和热能，在此能量平衡关系从热量平衡的角度建立。

$$\frac{\mathrm{d}q_{V1}}{\mathrm{d}t}C_{pV1}T_{V1}+\frac{\mathrm{d}q_{L1}}{\mathrm{d}t}C_{pL1}T_{L1}=\frac{\mathrm{d}q_{L2}}{\mathrm{d}t}C_{pL2}T_{L2}+\frac{\mathrm{d}r_1}{\mathrm{d}t}C_{pr1}T_{r1}+r_1C_{pr1}\frac{\mathrm{d}T_{r1}}{\mathrm{d}t}+\frac{\mathrm{d}r_2}{\mathrm{d}t}C_{pr2}T_{r2}+r_2C_{pr2}\frac{\mathrm{d}T_{r2}}{\mathrm{d}t}+\Delta H_{V2} \tag{8-6}$$

式中　C_{pV1}——BOG 的摩尔定压热容；

T_{V1}——BOG 的温度；

C_{pL1}——入口 LNG 的摩尔定压热容；

T_{L1}——入口 LNG 的温度；

C_{pL2}——出口 LNG 的摩尔定压热容；

T_{L2}——出口 LNG 的温度；

C_{pr1}——再冷凝器内 LNG 的摩尔定压热容；

T_{r1}——再冷凝器内 LNG 的温度；

C_{pr2}——再冷凝器内 BOG 的摩尔定压热容；

T_{r2}——再冷凝器内 BOG 的温度；

ΔH_{V2}——进入再冷凝器内 BOG 的相变焓。

3. 相平衡关系

物料平衡和热量平衡之间的联系由相平衡建立。

对于某一组分而言，其在气相中的相对含量与在液相中的相对含量遵循相平衡关系，即

$$u_i = K_i z_i$$

式中 K_i——相平衡常数。相平衡常数受到温度和压力的影响。

进出再冷凝器的气液两相组分种类已知(即 S 已知)，且其中无化学平衡条件(即 $R=0$)及其他限制条件(即 $R'=0$)，因此组分数

$$C = S - R - R' = S$$

再冷凝器内为气液两相平衡，则相数

$$P = 2$$

根据相律，得到再冷凝器内两相平衡系统的自由度

$$F = C - P + 2 = S$$

进入再冷凝器的物料各组分均为确定值，由相平衡原理可知，当再冷凝器内温度与压力一定时，气液两相达到平衡时的组成将是一定的，且在填料层内达到相平衡的位置也是一定的。当压力或温度改变时，再冷凝器内相平衡状态也随之改变。

二、再冷凝器的控制要求

作为连接气相与液相流程的核心设备，再冷凝器的稳定对接收站的平稳有至关重要的作用，因此需要对再冷凝器进行以下几方面的控制。

1. 物料平衡控制

再冷凝器的平均进料量应等于平均出料量，而且进料量与出料量的变化应该比较缓和，以维持再冷凝器的平稳操作。用以表征再冷凝器内物料平衡的最直接的变量为再冷凝器持液量 r_1 的变化。为此，需要对再冷凝器的液位进行控制，使其介于规定的上限、下限之间。

2. 热量平衡控制

再冷凝器底部温度直接影响高压泵入口 LNG 温度。在接收站低负荷外输的情况下，进入高压泵的 LNG 温度升高对高压泵的稳定运行影响尤为明显。因此，应使再冷凝器输入、输出的能量维持平衡，维持再冷凝器的底部温度稳定。

而且该温度反映了再冷凝器内相平衡状态，即 BOG 的冷凝效果。因此，在再冷凝器运行稳定的前提下，应使其底部温度尽量低。

3. 相平衡控制

再冷凝器内气、液两相并流流动换热，则气相温度向下逐渐降低，液相温度向下逐渐升高。在一定的压力下，当气相达到露点温度时即开始液化并最终在填料层内某一点与液相达到相平衡状态。

当再冷凝器压力维持稳定，气相温度升高时，填料层内达到相平衡温度的位置向下移动；当气相温度不变，再冷凝器内压力升高时，填料层内达到相平衡压力的位置向上移动。当相平衡的位置发生改变时，再冷凝器的液位也将随之改变。

三、再冷凝器的控制难点

再冷凝器本质上是一个气液并流向下操作的吸收式填料塔，其操作弹性符合并流操作填料塔的一般规律。

填料塔的操作限制可以划分为传质操作限制和流体力学极限两类。传质操作限制是填料塔正常操作的必要条件，所有影响填料传质性能的因素，比如液体分布器均匀分部的液相负荷范围、气体分布器最小分布气速等，都属于传质操作限制。流体力学极限是维持填料塔正常运行的充分条件，包括填料塔的泛点、压降、塔内流型等。

再冷凝器在 BOG 再冷凝处理工艺中连接了气相和液相流程，除受到填料塔操作限制的一般规律影响外，其操作弹性还受到工艺运行条件的限制。

将传质操作限制、流体力学极限和工艺条件限制绘制在以再冷凝器液相负荷为横坐标、气相负荷为纵坐标的直角坐标体系中即可构成再冷凝器的负荷性能图，如图 8-4 所示。

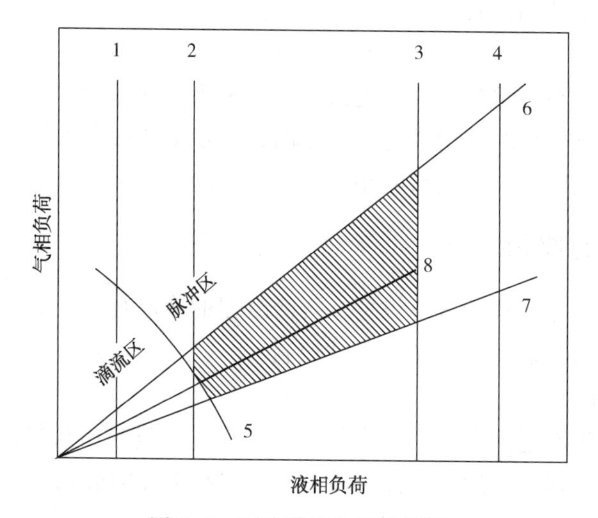

图 8-4　再冷凝器负荷性能图

1—气液分布器液相负荷下限；2—填料液相负荷下限；3—填料液相负荷上限；4—气液分布器液相负荷上限；5—脉冲区边界线；6—液气比下限；7—液气比上限；8—操作线

1. 再冷凝器负荷性能图的绘制方法

1）传质操作限制的确定

再冷凝器的结构简图如图 8-5 所示。内件①为气液分布器，保证 LNG 与 BOG 均匀的进入填料层；内件②为填料，为气、液两相提供足够的接触面积和接触时间；内件③为填料支撑。

2）分布器的最小液相负荷

分布器上液体分布不均匀将导致填料层达到特征分布所需的塔板高度增大，总体上使填料的润湿表面积减少，从而降低再冷凝器的处理效率。因此，需要维持液相负荷大于一定值以保证分布器所需要的最小液层厚度，使液体均匀的进入填料层。

根据制造商提供文件，气液分布器最小液相负荷可采用如下方程计算

$$L_{min,1}=A_h \cdot n \cdot C_D \cdot (2 \cdot g \cdot h)^{0.5} \tag{8-7}$$

式中 $L_{min,1}$——分布器最小进液量，kg/s；

A_h——分布器单孔流通面积，m^2；

n——孔数；

g——重力加速度，9.81m/s^2；

$C_D=0.6626$——流量系数；

h——最小液层高度，m。

依此可得到图 8-4 中曲线 1。

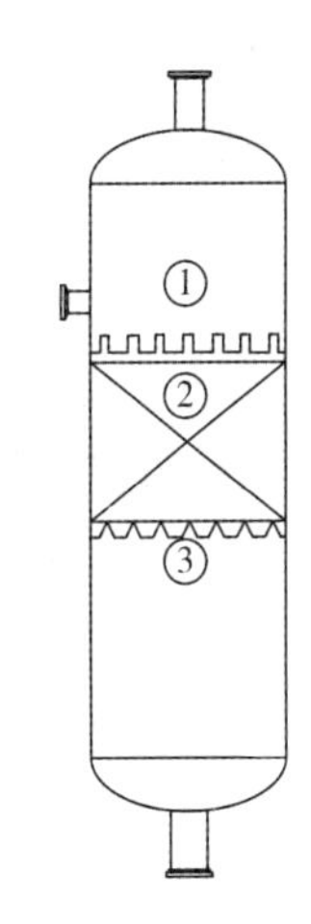

图 8-5 再冷凝器结构简图

①—分布器；②—填料层；③—填料支撑板

3）填料的最小液相负荷

填料的最小喷淋密度决定了填料的液相负荷下限。仅当喷淋密度足够大时，填料的表面方可得到充分润湿，使填料拥有较高的有效传质面积和传质效率。当液相负荷过小时，液体在填料间可能形成沟流流动，降低再冷凝器效率。

填料的最小喷淋密度可按方程(8-8)计算

$$L_{min,2}=1.33\times10^{-9} g \cdot \alpha / \left(v \cdot \varepsilon \cdot \frac{1+\cos\theta}{2}\right) \tag{8-8}$$

式中 $L_{min,2}$——填料最小进液量，kg/s；

g——重力加速度，9.81m/s^2；

α——填料的比表面积，m^2/m^3；

γ——液体运动黏度，m^2/s；

ε——填料的空隙率，无因次；

θ——填料倾角，(°)。

依此可得到图 8-4 中曲线 2。

4）分布器的最大液相负荷

由于分布器为气液共用，分布器的最大液层高度不能超过分布器上降气管的高度，否则液体将阻塞气体分布通道，影响再冷凝器运行平稳。

根据制造商提供文件，最大液相负荷可采用如下方程计算

$$L_{max,1}=A_h \cdot n \cdot C_D \cdot (2 \cdot g \cdot H)^{0.5} \tag{8-9}$$

式中 $L_{max,1}$——分布器最大进液量，kg/s；

A_h——分布器单孔流通面积，m^2；

n——孔数；

g——重力加速度，9.81m/s^2；

$C_D=0.4452$——流量系数；

H——最大液层高度，m。

依此可得到图 8-4 中曲线 4。

5）填料的最大流量

由于填料有较大的空隙率，一般情况下不会发生液相超负荷，有资料推荐填料塔的液相负荷不超过200m³/(m²·h)。本书采用推荐的最大喷淋密度200m³/(m²·h)作为填料的最大液相负荷，结合LNG平均密度，可得到图8-4中曲线3。

2. 流体力学极限的确定

并流填料塔在操作中存在多种流区。流区不同，其动力学特性也显著不同。

气液两相并流向下经过填料层，当气、液相负荷较低时，液相沿填料表面滴状留下，形成所谓的滴流；此时气相经填料空隙连续通过，气液间动量传递相当低，传热传质效率低下。

当喷淋液量和气量逐渐增大到一定值时，填料空隙变窄，液相开始集聚并堵塞气相流通通道，结果是使气体在中空部位的压差开始增大。当压差达到一定值时，气体突破阻塞，形成一股向下的气液相混合流，即所谓的脉冲流。

脉冲流状态下操作的填料塔，液相轴向返混小，传热传质效率高，所以并流填料塔一般应运行在脉冲区。

脉冲刚要发生时的气相负荷的流量可按如下方程计算

$$G=u\cdot\rho_g(\varepsilon-\Gamma_{LG})\cdot A \tag{8-10}$$

式中　G——气相负荷，kg/s；

u——气体流速，m/s；

ρ_g——气体黏度，m²/s；

ε——填料的空隙率，无因次；

Γ_{LG}——填料动态持液量；

A——填料层横截面积。

试差求得脉冲开始时气相负荷和液相负荷的关系，可得到图8-4中曲线5。

3. 工艺运行条件限制的确定

再冷凝器工艺简图如图8-6所示。

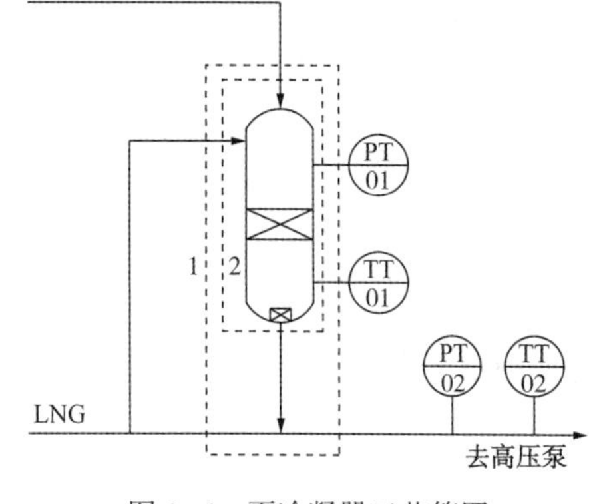

图8-6　再冷凝器工艺简图

再冷凝器的工艺目的是完全冷凝进入再冷凝器的BOG，并使流出再冷凝器的LNG温度满足工艺条件要求。

为实现上述目的，需要BOG冷凝并降温释放的热量小于或等于进入再冷凝器的LNG升温吸收的热量。同时，需要控制再冷凝器出口温度不能太低，以满足工艺运行要求。

1）BOG定压热容的计算

有资料指出，低压下烃类混合物的定压比热容计算可不计相互作用参数的影响，则BOG的定压比热容可按如下公式计算。

BOG的定压热容计算：

$$C_{p,V}=\sum_i y_i C_{p,i} \tag{8-11}$$

式中　$C_{p,V}$——BOG摩尔定压热容；

y_i——BOG 中 i 组分的摩尔分数；

$C_{p,i}$——BOG 中 i 组分的摩尔定压热容。

$C_{p,i}$ 可按定压热容与温度 T 的经验关联式计算，关联式形式为

$$C_{p,i}=a+bT+cT^2+dT^3 \tag{8-12}$$

2）BOG 冷凝潜热的计算

BOG 的冷凝潜热 ΔH_V 在数值上等于各单组份的蒸发焓的加和，即

$$\Delta H_V=\sum y_i \Delta H_{V,i} \tag{8-13}$$

各单组分的蒸发焓可按如下方程计算

$$\frac{\Delta H_{V,i}}{RT_C}=h\left(1-\frac{p_r}{T_r^m}\right)^{1/2} \tag{8-14}$$

式中 T_C——临界温度；

p_r——对比压力；

$T_r^{\ m}$——对比温度。

3）LNG 定压热容的计算

LNG 的定压热容可采用如下方程计算：

$$C_{p,L}=\sum_i x_i C'_{p,i} \tag{8-15}$$

式中 $C_{p,L}$——LNG 摩尔定压热容；

x_i——LNG 中 i 组分的摩尔分数；

$C'_{p,i}$——LNG 中 i 组分的摩尔定压热容。

$C'_{p,i}$ 可采用对比状态法，根据 Bondi 方程计算如下

$$\frac{C'_{p,i}-C_{p,i}}{R}=2.56+0.436\,(1-T_r)^{-1}+\omega\left[2.91+4.28\,(1-T_r)^{1/3}\cdot T_r^{\ -1}+0.296\,(1-T_r)^{-1}\right] \tag{8-16}$$

式中 T_r——对比温度；

ω——偏心因子。

4）LNG 与 BOG 质量关系计算

根据 LNG 升温释放的冷量等于 BOG 冷凝降温吸收的冷量，即

$$m_L\cdot C_{p,L}\cdot \Delta T_1=m_V\cdot (C_{p,V}\cdot \Delta t_1+\Delta H_V) \tag{8-17}$$

依此方程可得图 8-4 中曲线 6。

再冷凝器运行时，一般要求再冷凝器出口 LNG 温度不低于某个值，以保证工艺运行平稳，即

$$m_L\cdot C_{p,L}\cdot \Delta T_2=m_V\cdot (C_{p,V}\cdot \Delta t_2+\Delta H_V)$$

依此方程可得图 8-4 中曲线 7。

图 8-4 中线曲线 1~7 所包围的阴影区域即再冷凝器弹性操作区。

四、再冷凝器操作难点

（1）由图 8-4 可看出，再冷凝器在低负荷时的弹性操作区域小于高负荷时的弹性操作区域。在低负荷下，液相或气相负荷的小幅度变化即可能使再冷凝器偏离稳定运行区域。

（2）当液相组成发生变化，重组分增加时，根据上述研究方法，图 8-4 中曲线 2 和曲线 5 会向左移动，曲线 6 和曲线 7 会向下移动，造成低负荷下的弹性操作区域缩小，再冷凝器可调节性降低。

（3）当 LNG 的轻组分含量较高时，适当降低液气比，提高气相负荷，可以使填料层内两相流动形态更早进入脉冲区，促进 BOG 的冷凝吸收。

第三节　接卸组分变化对装置运行的影响

随着液化天然气行业的发展，每个 LNG 接收站都可能会接卸来自世界不同地域 LNG 工厂加工生产的 LNG，其组分差异明显。LNG 密度较大的有巴布亚新几内亚的巴新 LNG 项目，密度达到 $470kg/m^3$左右；密度较小的有澳大利亚格拉德斯通 LNG 项目，密度仅 $420kg/m^3$ 左右。

一、卸船对接收站运行的影响

接卸不同组分的 LNG 时，只要正确选择进料方式，一般不会对储罐运行造成影响。

LNG 储罐均安装有顶部和底部进料管线，接卸高密度 LNG 时使用顶部进料管线，接卸低密度 LNG 时使用底部进料管线。

接卸高密度 LNG 时，储罐内 LNG 流动较为强烈，LNG 混合充分，不会出现 LNG 分层现象。顶部卸料时，LNG 从卸料管线喷出后直接接触储罐气相空间，因储罐内压力较低 LNG 蒸发量较大，需要关注储罐压力变化。

控制储罐压力的方法有卸料前罐压控制和卸料中罐压控制。卸料前控制的方法是根据接收站运行情况，提前降低储罐压力，预留储罐压力升高的空间。卸料中压力控制方法一是提高接收站 BOG 压缩机的负荷，增加 BOG 处理量；二是与 LNG 船协商，增大船舱返气量。

接卸低密度 LNG 时，LNG 从底部进料管线进入储罐，根据经验总结观察，储罐底部会留有约 1m 高度的高密度 LNG，储罐的密度检测系统会提示出现 LNG 分层。此时，需要启动储罐内低压泵，尽快将 LNG 输出，或采用储罐内循环方法，消除 LNG 分层。

二、组分变化对液位的影响

目前，接收站内许多在用的压力容器液位测量均采用差压液位计，如再冷凝器、分液罐和高压泵罐等。应用于不同场合的差压液位计，其初始植入密度均有差别，一般通过接收站设计时选取典型 LNG 组分经物料平衡计算而确定。

随着接收站长期运行，接卸 LNG 的气源更加广泛，组分也更加多样化。因此，组分与设计之初选取的典型组分出现差异时，就会导致差压液位计的测量值与真实液位高度出现偏差，无法准确地反映工艺运行状态。但此种偏差仍在可接受范围内，不会对设备运行产生较大影响。

三、组分变化对装车的影响

组分变化不影响装车工艺运行，主要影响在于装车计量。装车计量的方法是使用地磅称量 LNG 的质量，然后采用 LNG 的组分数据计算 LNG 气化后的标准体积，作为结算和盘库的依据。

LNG 密度变化的本质原因是 LNG 组分变化。当不同密度的 LNG 混输装车时，因装车管线内 LNG 留存，管线内 LNG 在一定时间内难以达到均匀混合状态，LNG 组分分析会存在一定偏差。

四、组分变化对再冷凝器的影响

再冷凝器稳定运行与否主要体现在其液位、压力和底部温度的参数变化上。

LNG 组分变化对再冷凝器液位的影响既包括其对差压液位计的测量影响，还包括对再冷凝器内真实液位波动的影响。同等质量下，不同 LNG 组分所携带的冷能大小不同，因此会导致再冷凝器的冷凝回收能力增强，液位升高；反之，则液位降低。

LNG 组分变化对压力和底部温度的影响，与其对液位真实高度的影响类似，均是导致再冷凝器的冷凝能力变化造成的参数波动。

第四节 高含砂海水对站场运行的影响

海水作为接收站气化外输 LNG 的重要热源，对接收站运行的经济性作用明显。但因各接收站所处地理位置的不同，其所利用的海水质量也差别很大。对接收站而言，海水含砂量的高低便是其质量优劣的主要体现。

高含砂海水对接收站运行的影响主要涉及开架式气化器、海水泵、海水消防系统和电解制氯系统，对此类设备和系统的使用寿命和运行稳定性有很大影响。

一、对开架式气化器的影响

开架式气化器本质上就是利用海水作为热源，气化 LNG 的气化器，这些装置通常由肋状铝合金管构成，管上喷热涂层，用于保护热交换表面。由于热交换器表面的热涂层外表长期经受海水的冲刷、剥蚀，会出现厚度减薄、部分脱落等现象，因此海水中含砂量的大小便直接影响了开架式气化器的使用寿命和安全性。

开架式气化器的设备制造商通常对其设备使用的海水含砂量均有不同程度的要求。神户制钢要求其设备使用的海水含砂量应小于 10ppm（$1ppm=10^{-6}$），可接受 80ppm；住友精密要求其设备使用的海水温度为 5℃以上，含砂量应小于 5ppm，可接受 25ppm。

海水含砂量小于 80ppm，为开架式气化器使用海水的参考值，但并非上限。当海水含砂量小于 80ppm 时，开架式气化器的热涂层寿命为 5 年以上。在更高海水含砂量下（高于 80ppm）使用的开架式气化器，有可能缩短热涂层的寿命。印度 Hazira 接收站项目采用的开架式气化器，其使用的海水质量极差，海水中固态悬浮物的浓度范围在 800~1000ppm，比国内江苏 LNG 接收站处海水中固态悬浮物的浓度高 3~4 倍。前者于 2005 年开始运行，但截至目前，开架式气化器运行可靠。

二、对海水泵的影响

接收站采用的海水泵，其导向轴承冷却方式通常为淡水冷却和海水自冷却。若采用海水自冷却方式的海水泵在海水含砂量大的环境下使用，海水中的沙粒会加剧海水泵的轴承、轴套磨损，造成间隙值增大，导致海水泵的振动过大，无法正常运转。

此外，某些国内较早建成的接收站，其采用的海水泵原轴承的结构设计不合理，没有径向和轴向的约束。海水泵运行时，会产生轴向力以及流体产生的吸入压力，流体中又含有大量的泥砂，这样，在不断地运行冲刷中就会造成轴承的磨损甚至破碎、移位。

三、对消防系统的影响

高含砂海水对消防系统的影响表现在两个方面：海水消防泵本体和管道、阀门。

海水消防泵结构与海水泵类似，因此高含砂海水对其影响也与海水泵类似。

海水消防系统管线与淡水消防管线互联互通，当对海水消防系统进行定期测试或间歇性使用时，就会导致高含砂海水进入消防管线内，在管道、过滤器和阀门等处形成积沙，造成管道流通能力下降、过滤器堵塞和阀门密封面损坏等现象，严重影响了消防系统的可靠性。

四、对电解制氯系统的影响

高含砂海水对电解制氯系统的影响主要表现在以下几个方面：

（1）电解制氯系统水泵、余氯分析水泵的机械密封磨损较快，出现泄漏，需定期更换。

（2）电解制氯产品次氯酸钠储罐中容易积沙，需定期排污。

（3）余氯在线监测系统抽水管道经常堵塞，导致仪表故障、分析异常。

第五节　ORV 涂层检测及修复

一、ORV 涂层防腐原理

铝锌涂层对基体的防腐蚀防护分为两个阶段：第一阶段为壁垒保护阶段，涂层空隙率低，通过阻挡屏蔽 H_2O、O_2 和 Cl_2 等腐蚀因子接触基体，防腐效应主要受涂层厚度、孔隙率和腐蚀产物的分布等因素的影响，涂层呈片状结构具有平行基体表面定向排列的趋势，提高壁垒作用效率。同时，当腐蚀介质进入空隙后形成的腐蚀产物也会阻塞腐蚀介质与基体接触。在此阶段，涂层以较小的速率腐蚀。第二阶段为牺牲阳极保护阶段，涂层通过自身的牺牲阳极作用对基体进行阴极保护。腐蚀产生 Al_3O_2 和 ZnO 等产物，Al_3O_2 和比 ZnO 具有更高的致密稳定性，容易在表面出现腐蚀产物形成膜化保护，而 ZnO 会稍溶于水，形成半导体，因此涂层的防腐寿命更多地取决于涂层的厚度和涂层中的铝含量。

二、ORV 涂层检测方法

涂层质量检测标准 GB/T 8642—2002 中涂层检测方法：涂层与基体结合强度可采用划格法、拉拔法。通常在涂层喷涂完成后 2 天内选取试验处进行该项拉拔测试工作测涂层界面结合强度，拉拔力大于 8MPa 为合格。

涂层厚度测量需要采用专用测量 Al-Zn 涂层的涡流非磁性膜式测厚仪，其原理是利用高频电场在非磁性金属表面诱发的涡流大小和磁场金属表面距离（皮膜厚度）之间的电气关联性来达到测量金属上绝缘性皮膜的厚度。涂层厚度一般在喷涂后 1h 左右测量，翅片涂层厚度在 250~350μm 为优，汇管涂层厚度不低于 400μm，接缝处涂层厚度不得高于 550μm。测量位置如图 8-7 所示：

涂层表面孔隙率可以通过分析电子显微镜(SEM)或能谱仪(EDS)进行检测和分析，鉴定微小毛细孔隙缺陷和裂纹，确定封孔层的渗透能力。SEM 图像显示必须无毛细孔隙缺陷、裂纹和固化颗粒视为合格。

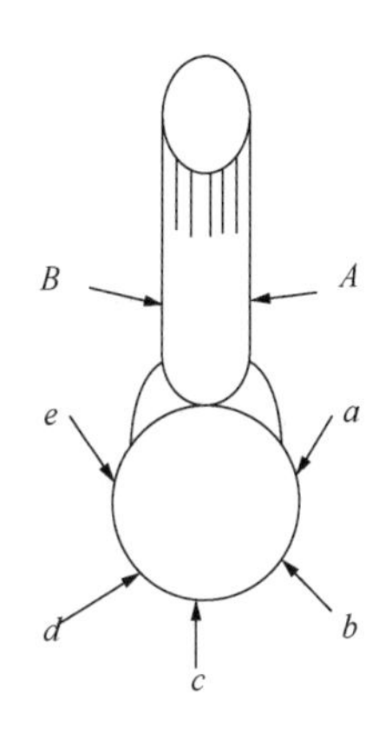

图 8-7 ORV 涂层测量位置

三、ORV 涂层修复方法

(1) 提供场地搁置设备，准备公共设施(风、水、电等)。

(2) 清洗翅片及水坑(水压小于 5MPa，含氯小于 25ppm)。

(3) 现场准备。搭建隔离围挡，防止作业区域进入风、雨等。

(4) 研磨去除原有涂层。

(5) 表面检查，目测是否适合。

(6) 表面准备。使用氧化铝依据 ASME 表面处理标准 SSPC-SP-5 将表面处理到 Sa3 级别(非常洁净)。处理时，湿度小于 85%，压缩空气露点小于-5℃。

(7) 表面粗糙度检查。测量表面粗糙度，Ra 需在 16~30μm。

(8) 表面准备后目测检查。表面合适，且 24h 后才可喷入。

(9) 热喷涂。氧气-燃料气热喷涂锌铝涂层。

(10) 喷涂厚度检查。使用测厚仪或卡尺测量厚度需在 100~450μm。

(11) 封孔。环氧树脂封堵涂层表面的孔隙。环境有要求。

(12) 目测检查。封孔完成后，目测检查表面。

四、ORV 涂层喷涂控制难点

涂层喷涂质量主要取决于喷涂程序控制，要求承包商必须具备现场喷涂 ORV 涂层成功的经验，现场施工人员具备 5 年以上现场喷涂 ORV 修复的经验。承包商需要提供现场喷涂 ORV 的用户质量证明和施工人员现场作业记录材料。

承包商需要了解需要修复的 ORV 的材质和实际运行情况，能在此基础上有针对性地制定施工程序、质量控制措施、质量保证检测程序、各步骤实施时间、HSE 等方案，方案中必须明确喷涂过程中各个步骤的质量控制项和检测参数，施工过程严格按照程序控制过程质量。

承包商必须制备与现场 ORV 相同材质的喷砂和喷涂试材，现场施工人员必须按照程序在试材上考试合格后才可以实施喷砂和喷涂作业。

必须进行涂层结合强度、涂层厚度和涂层表面孔隙率成像三个检测报告，且三项均合格。要求涂层界面结合强度大于 8MPa；翅片涂层厚度在 250~350μm 的测定点在总测定点数的 90%以上，350~400μm 的测定点在总测定点数的 10%以内，汇管涂层厚度在 400~550μm 的测定点在 90%以上，包括结合区所有检测点 100%小于 550μm 即为合格；涂层表面 SEM 图像显示必须无毛细孔隙缺陷、裂纹和固化颗粒，封孔层表面无鼓泡脱落和涂层不均匀的现象视为合格。

ORV 喷涂完成后质保期为 1 年，使用寿命为 3 年，承包商需要提供每年一次的涂层厚度检测和分析服务。

第六节 电力系统的匹配

一、功率因数的控制

凡实行功率因数调整电费的用户，应装设带有防倒装置的无功电度表，按用户每月实用有功电量和无功电量，计算月平均功率因数；凡装有无功补偿设备且有可能向电网倒送无功电量的用户，应随其负荷和电压变动及时投入或切除部分无功补偿设备，电业部门并应在计费计量点加装有防倒装置的反向无功电度表，按倒送的无功电量与实用无功电量两者的绝对值之和，计算月平均功率因数。

功率因素低的情况下对用电户及电力企业不利：降低发电、供电设备能力，降低用电设备的利用率，增大设备投资。增大系统电压损失，容易造成电压波动，电能质量严重下降，用电设备寿命受影响，企业产品质量下降。大大增加电能输送过程的损耗(因设备出力在不变的情况下，功率因素越低所需电流越大，电能损失自然增大，$P=UI\text{COS}\phi$）增加用户电费费用。

用电功率因数的考核标准与用电变压器容量有关，变压器容量≥160kVA 的考核标准为0.9。用电功率因数低于考核标准将罚款，高于考核标准奖励。供电公司规定用电功率因数在0.9~1.0，功率因数低于0.9或向电网倒送无功均将罚款，接收站变电所正常运行时控制功率因数在0.96~0.99。

为了保证LNG接收站用电功率因数在0.96~0.99，需合理各母线的设备，均匀各母线用电负荷。

二、设备的匹配

在设备运行切换时，需要考虑供电母线电流电压的平衡，尤其需要匹配高压泵、BOG压缩机和海水泵的运行。

2条线以上运行时，同一类型设备分别启动不同母线上的设备。尤其必须保证每条母线上均至少有一台高压泵、压缩机及海水泵。

第七节 极端天气对接收站工艺设备运行影响

接收站多数建设在沿海，分布在我国的海岸线上，还有部分接收站建设在离岸数十公里的外海人工岛上。对于建设在海边的接收站来讲，任何极端天气，诸如台风、高温、寒潮都将影响到正常的生产运行。

一、台风

季节性台风是在位于沿海接收站面临的重要极端天气，台风伴随的大风、降雨、大浪都将直接或间接影响到接收站工艺设备正常运行。

台风来临前，接收站应做好防台预案，并按着防台预案进行工艺设备安全检查，检查范围包括高处坠物、设备接地、地面排水。台风雷雨天气时，工艺设备较易发生被雷击的情况，造成工艺系统停车；长明灯熄灭，火炬系统运行风险增加；高空坠物，造成设备损坏或管线泄漏，甚至伤人事件。同时，台风期间，海面风浪较大，不利于船舶靠泊，由此将造成接收站的接卸能力大幅下降，储罐储存 LNG 有限的情况下，台风将间接影响接收站的正常工艺运行。

二、高温

接收站内受高温天气影响最大的是以空气为冷却介质，采用风扇强制通风对设备进行换热降温。接收站受高温环境影响的设备有空气压缩机、增压机、BOG 压缩机冷却水系统、海水泵电机、增压机工艺介质级间冷却等屋内或露天设备。夏季高温天气，露天温度高达 45℃，在这样的环境下，接收站要加强对电机，冷却系统的检查，对出现温度高的设备要及时处理。

三、寒潮

寒潮是整个冬季主要的极端天气，位于高纬度上的接收站将易受到寒潮的影响。寒潮到来时，将在短时间内使环境温度下降 10℃或者更多，造成低温天气，还时常伴随着大风、冰雪天气，给工艺设备稳定运行带来了较大的安全隐患。

寒潮带来的短时间低温大风雨雪天气主要影响接收站的生产生活水系统及其仪表，极易发生水管线冻裂，仪表冻坏的情况，进而影响到正常生产。冬季的长时间低温天气将使海水温度降至 ORV 正常运行温度以下，甚至海水的冰点，造成接收站内的 ORV 无法正常使用，或者只能选择降低负荷使用。寒潮期间，海面风浪都比较大，不适合船舶进港靠泊。

因此，冬季运行中的接收站，要做好水管线保温和伴热检查工作，合理调整 ORV 气化器负荷，确保换热管束结冰高度在正常范围，根据天气合理安排船期，做好外输量和库容的匹配。

第八节　槽车装车对站场运行的影响

一、装车过程返气对 BOG 系统的影响

LNG 槽车储罐由于长途运输、环境温度变化及长时间搁置，罐内气相空间温度较高，充装时会产生较多的 BOG，这部分 BOG 具有状态不稳定、产生时间随机等特点。进入回气管道后置换出管道前端长期处于吸热和静止状态下的高温 BOG，然后进入接收站 BOG 系统，对压缩机、再冷凝器等设备的平稳运行造成了较大影响。

二、装车瞬时流量的变化对低压系统的影响

首先，装车时的流速不能超过低压泵的承受范围，应根据实际情况合理安排装车数量；控制室操作员应时刻关注装车情况，并做好匹配调节，同时现场人员应避免车辆同时停止，造成压力波动较大。

三、装车过程中 LNG 的泄漏对站场的安全影响

(1) 火灾爆炸事故。LNG 泄漏到地面或水面上形成液池后，被点燃产生的池火；LNG/天然气泄漏后经蒸发、扩散，在开阔地带形成可燃性蒸气云，然后遇到点火源而引发的闪火等。(2)其他人身伤害事故。低温 LNG 对人体的冻伤；(3)设备事故。泄漏的低温 LNG 对常温设备设施的损坏。

相对而言，LNG/天然气泄漏事故和火灾爆炸事故是槽车充装站的主要危险。在 LNG 槽车装车过程中，人的不安全行为、设备设施的质量或故障以及其他因素的不利影响是风险识别需要考虑的主要因素。

第九节　应急操作

一、卸船期间 ESD 触发

1. ESD 触发条件

为防止 LNG 船舶在卸料期间发生紧急情况时对卸料臂造成严重的机械损伤，卸料臂自身设计了 ESD 系统进行自我保护。通常可能导致卸料臂 ESD 触发的条件包括：

(1) LNG 船与卸料臂相对位置移动大，造成卸料臂偏离安全工作范围。

(2) 卸料臂 ESD 保护仪表故障。

(3) 船岸连接系统出现故障。

(4) 人为触发。

(5) 误触发。

2. 应急操作

卸料臂 ESD 触发后的应急操作应分为 ESD-1 触发和 ESD-2 触发两种情况。若 ESD-1 触发后经确认原因并已排除故障，可直接打开卸料臂双球阀恢复卸料；若 ESD-2 触发必须收回卸料臂，待所有故障排除后重新连接。

1) ESD1 触发后

(1) 准备工作。

① 码头操作员携带遥控器、备用 PERC 钥匙等工具登船。

② 确认卸料臂双球阀及工艺阀门关闭。

(2) 船侧排净

① 由船上氮气接口接入氮气，加压船上管汇至双球阀之间的管段至 0.5MPa。

② 打开船上排净阀进行排净。

③ 重复以上步骤直至确认船上管汇法兰处已排净。

④ 将 QCDC 法兰处除冰，并将卸料臂进行放空和泄压。

(3) 收回卸料臂。

① 首先排净合格的卸料臂由码头操作员在 S80 处插上 PERC 钥匙，关闭 PERC 锁止阀。

② 取下 PERC 轴，同时通知岸上从 LCP 上拔下钥匙。

③ 断开卸料臂的 QCDC，检查密封面，安装盲法兰，并将卸料臂移至安全位置锁定。

④ 码头操作员回到岸上，将气相返回臂收回并锁定。

(4) 岸上的排净。

① 操作液相臂将内侧臂收回到锁定状态，将液相臂外侧臂操作到和水平成 10°夹角位置。

② 打开液相臂排净阀，将工艺管线中的 LNG 以重力的方式排净到码头排净罐。

③ 打开液相臂卸料臂氮气吹扫阀，用氮气加压至 0.4MPa。

④ 再次打开液相臂排净阀，将内侧臂中的 LNG 排净。

⑤ 重复以上排净步骤，将卸料臂排净。

(5) 吹扫。

① 打开卸料臂氮气吹扫阀，用氮气将液相臂加压至 0.4MPa。

② 打开各卸料臂管线上的泄压阀进行泄压，并检测烃含量是否合格。

③ 气相臂加压至 0.2MPa，打开泄压阀进行泄压，并检测烃含量是否合格。

④ 将烃含量检测合格的卸料臂依次收回至储存位置。

(6) 恢复。

① 确认卸料臂状态正常之后在就地控制盘上复位 ESD-1。

② 船岸连接系统复位。

③ 中控室复位。

④ 打开双球阀。

⑤ 恢复卸料。

2) ESD-2 触发后的紧急断开步骤。

(1) 确认工作。

确认 ESD-2 触发时下球阀和 QCDC 都停留在船上，质量大约 1.5t，是由机械千斤顶承受这部分质量。

(2) 收回气相臂。

① 立即在选择阀组内手动选择所有紧急断开的卸料臂。

② 操作气相臂，将内侧臂置于储存位置，外侧臂锁定。

(3) 排净。

① 操作卸料臂，将液相臂的外侧臂操作到和水平成 10°的夹角位置。

② 打开卸料臂排净阀，将内侧臂和外侧臂中的 LNG 通过自重排净到码头排净罐。

(4) 收回液相臂。

① 将外侧臂收回，并将 PERC 钥匙插回 Style80 已缩回液压缸拉杆。

② 重复以上步骤将三台液相臂收回到安全位置。

③ 锁定内侧臂和外侧臂。

④ 在选择阀组上手动取消卸料臂的选择。

由于卸料臂是不平衡的，需要尽快收回，必要时用吊索帮助平衡。。

(5) 恢复。

① 在就地控制盘上复位 ESD-2。

② 待一切正常后执行 PERC 法兰连接的程序。

③ 重新恢复卸料臂。

二、单体设备跳车

接收站单线运行，是指接收站维持一台低压泵，一台高压泵，一台海水泵，一台ORV，一台BOG压缩机及再冷凝器的运行状态。此种运行状态下，同一梯度的设备如果出现故障停车，将影响到整个工艺的运行，甚至中断外输。为了在设备出现故障时及时有效地将工艺恢复到正常运行状态，需要制定相应的应急操作，以下将以单线运行时海水泵跳车为例，描述操作员的应急操作。

(1) 确认海水泵、ORV状态，同时通知值班领导。

(2) 中控室操作员将接收站零输出循环时连接高压LNG总管与高压排净的流量调节阀打开约30%，密切关注该管道的流量变化。

(3) 待流量稳定后，调节该流量调节阀的开度，控制流量约为100~130t/h。

(4) 关小低压泵出口HCV阀，保证低压输出总管压力基本恒定。

(5)关注再冷凝器液位和运行压力，若液位上升较快及时进行干预。

(6) 密切关注储罐压力变化趋势。

(7) 外操到海水区准备启动海水泵。

(8) 外操到气化器区确认连接高压LNG总管与高压排净的流量调节阀状态，并检查联锁停车的ORV状态。

(9) 运行监督到电气工程师站确认海水区设备供电情况，确定启动海水泵位号。

(10) 将ORV入口LNG流量调节阀手动全关。

(11) 将ORV海水供应管线上的流量调节阀关闭。

(12) 若ORV触发LNG入口压力低低联锁，通知仪表工程师屏蔽联锁。

(13) 将跳车海水泵入口电动阀关闭(若供电未恢复，现场手动关闭)。

(14) 按照海水泵启机操作卡进行启机前检查，并启动海水泵。

(15) 调节ORV海水流量。

(16) 按下逻辑复位按钮，进行逻辑复位。

(17) 打开连锁停用的ORV入口气动切断阀。

(18) 现场确认ORV入口气动切断阀和出口气动切断阀均已打开。

(19) 缓慢关闭连接高压LNG总管与高压排净的流量调节阀，并逐渐开大ORV入口流量。调节阀。

(20) 关注再冷凝器、高压泵的运行状态并及时调节。

(21) 密切关注低压输出总管压力变化趋势。

(22) 完全关闭连接高压LNG总管与高压排净的流量调节阀。

(23) 现场确认连接高压LNG总管与高压排净的流量调节阀已完全关闭。

(24) 待ORV入口流量稳定后，将外输调至额定值，并将ORV入口流量调节阀置于自动。

(25) 根据电解制氯系统操作卡，恢复电解制氯系统。

(26) 打开海水泵流道加药阀。

三、接收站停电应急操作

接收站停电分为瞬时失电、短时间停电和长时间停电。

(1) 瞬间失电：接收站开闭所 20kV 进线及主变处于备自投状态，发生故障时接入此线路的设备停车，1~1.5s 后，高压或低压侧的母联自动合闸，此时两台主变并列运行或一台主变带两端中压母联运行。

(2) 短时间停电：线路故障未实现 1~1.5s 自动合闸，4h 内可以排除故障恢复正常供电。

(3) 长时间停电：线路故障未实现 1~1.5s 自动合闸，需要 4h 以上才能恢复正常供电。

停电事故发生后运行设备都会停车，操作员需要及时对工艺系统和设备进行调整。运行监督联系电气人员确认停电原因和恢复时间，确认后启动与之相对应的应急操作。

接收站配置一台应急柴油发电机，可保证接收站零外输工况下的最小用电负荷。

1. 停电工艺应急操作

(1) 确认应急发电机已自启。

(2) 隔离再冷凝器，关闭工艺阀门。

(3) 卸船时，通知船方降低卸料速度，维持正常的返气量。

(4) 检查确认自启设备运行状态，包括保压泵、空压机。

(5) 检查确认长明灯运行正常，确认燃料气供气压力正常。

(6) 检查 BOG 压缩机、高压泵、ORV 系统状态，设置工艺阀门，确保工艺管线流程处于停车状态。

(7) 停止装车，设置工艺阀门。

(8) 加强工艺参数监控，重点关注低压输出总管及再冷凝器参数变化、全厂管线温度变化。

(9) 根据外输情况确定是否建立零输出循环。

2. 失电重启操作

1) 瞬时停电重启操作

(1) 经电气工程师确认，接收站供电恢复正常，可以进行外输。

(2) 确认恢复供电后仪表风系统、保压泵等已自启并运行正常。

(3) 运行监督分配外操人员至低压泵、高压泵、压缩机、海水泵，做好启机之前的检查及阀门测试。

(4) 确认火炬长明灯正常。

(5) 进行全厂逻辑复位。

(6) 启动回流鼓风机，恢复全速卸料。

(7) 启动海水泵及其辅助系统，建立 ORV 海水流量。

(8) 设置工艺阀门，启动低压泵、高压泵给低压系统和高压系统充压，建立正常外输。

(9) 恢复码头保冷循环。

(10) 启动 BOG 压缩机及其辅助系统，投用再冷凝器，增减压缩机负荷，保持再冷凝器运行稳定。

(11) 恢复公用工程，检查空压机系统运行正常，制氮系统正常，启动海水制氯系统，检查污水系统运行正常。

(12) 恢复装车。

(13) 中控室操作员检查系统参数和阀门状态，确认工艺系统完全恢复。

2) 短时间停电重启操作

(1) 接收站发生停电后，运行监督联系电气工程师确认接收站应急发电机已经启动并且运行正常，并确认应急负荷供电正常，确认空压机已自启，仪表、工厂风系统、氮气系统运行正常。

(2) 联系电气工程师确认外电恢复正常。

(3) 确认应急发电机已停止，各母线供电恢复正常，应急发电机。

(4) 确认空气系统运行正常。

(5) 执行瞬时失电重启操作程序。

3) 长时间失电操作

接收站发生停电后，运行监督联系电气工程师确认接收站应急发电机已经启动并且运行正常，并确认应急负荷供电正常，确认空压机已自启，仪表、工厂风系统、氮气系统运行正常。根据电气工程师指令，确认外电故障，接收站将长时间处于停电状态。接收站做好长时间停电准备，执行零输出循环操作。若接收站在进行卸料操作，则降低卸速，保证船舱正常压力。

(1) 建立零输出循环

① 启动低压泵保证零输出循环。

② 打开低压总管至高压 LNG 总管的旁路阀门。

③ 检查确认码头保冷循环及低压 LNG 总管的工艺阀门处于正常位置，并按要求设定码头保冷循环流量。

④ 检查确认工艺流程畅通，低压泵出口管线、高压泵泵体保冷处于正常保冷状态。

⑤ 缓慢打开低压泵出口阀，同时调节高压 LNG 总管去高压排净的调节阀门，将保冷流量调整至工艺需求量，建立零输出循环。

⑥ 密切关注码头保冷循环流量、槽车站保冷流量、再冷凝器液位、低压 LNG 总管压力、储罐气相空间压力。

⑦ 密切监控卸料总管、低压外输总管和高压外输总管的表面温度计，监控管道的保冷循环和管线内 LNG 升温情况。

(2) 恢复供电重启操作

① 根据电气工程师指令，确认接收站外电恢复，应急发电机停止，接收站供电正常。

② 运行监督分配外操人员至高压泵、压缩机、海水泵，做好启机之前的检查及阀门测试，中控室进行全厂逻辑复位，准备恢复外输。

③ 启动海水泵及其冷却水泵，给海水总管充压，在 ORV 侧建立海水流量。

④ 利用低压总管的压力预冷 ORV，直至 ORV 入口管线温度低于-120℃。

⑤ ORV 预冷结束后，缓慢关闭低压 LNG 总管与高压 LNG 总管的跨接管线阀门，同时调整低压泵流量，关闭高压 LNG 总管与高压排净管线的流量调节阀，停止零输出循环。

⑥ 设置工艺阀门，启动高压泵给低压系统和高压系统充压，建立正常外输。

⑦ 恢复码头保冷循环。

⑧ 启动 BOG 压缩机及其辅助系统，投用再冷凝器，增减压缩机负荷，保持再冷凝器运行稳定。

⑨ 恢复公用工程，检查空压机系统运行正常，制氮系统正常，启动海水制氯系统，检查污水系统运行正常。

参 考 文 献

[1] Moorhouse J, Roberts P . Cryogenic Spill Protection and Mitigation[J]. Cryogenics, 1988, 28.

[2] 李龙娇，罗涛 . LNG 卸料过程中的控制要点[J]. 油气储运，2012，5：76-78.

[3] 陈伟，周运妮 . BOG 压缩机入口分液罐液相产生原因[J]. 油气储运，2014，B05：81-83.

[4] 李博洋，陈景元 . MOSS 型 LNG 船液货舱预冷规律分析[J]. 青岛远洋船员学院学报，2008，B05：22-25.

[5] 卢炜 . LNG 船舶薄膜型液货舱预冷工艺研究[J]. 大连：大连海事大学，2008，B05：22-25.

[6] 贾保印，白改玲 . 大气压变化对蒸发气压缩机处理能力的影响[J]. 油气储运，2016，35(2)：154-157.

[7] 李莹珂 . LNG 工艺中压缩机选型研究[J]. 油气加工，32，5.

[8] 顾安忠 . 液化天然气技术[M]. 北京：机械工业出版社，2003：157.

[9] 郑喜龙 . 往复式压缩机气量调节方式及优缺点浅析[J]. 中国科技博览，2017(20).

[10] 朱艳艳，郭雷，赵顺喜，等 . 液化天然气接收站内 BOG 再液化装置研究[J]. 化学工程与技术，2015，5，59-66.

[11] 码头附属设施技术规范[J]. JTJ 297—2001：11.

[12] 码头附属设施技术规范[J]. JTJ 297—2001：9.

[13] 刘先禹，霍金海 . 低温阀门特点的探讨[J]. 广州化工，2009，37(5)：198-199.

[14] 韩帅，沈孝凤 . LNG 工程保冷层施工[J] . 管道技术与设备，2013，6：24-25.

[15] 张国中，李涛 . 泡沫玻璃在 LNG 管道保冷中的应用[J] . 工程建设与设计，2015，6：102-103.

[16] 程明，徐克军 . LNG 管道保冷材料的应用和发展[J] . 腐蚀与防护，2013，31(5)：34-36.

[17] 林素辉 . LNG 接收站大管径管道冷却方式探索[J]. 天然气技术与经济，2011，z1(1)：25-26.

[18] 陈清兵，温庆城 . LNG 低温阀门使用中的常见故障及处理[J]. 天然气技术与经济，2011，z1：81-82.

[19] 赵世亮，等 . 冬季大外输量下再冷凝器波动分析[J]. 油气储运，2017(z1)：52-54.